NATURFÜHRER

PILZE

Dr. Peter W. Sattler, OStR.i.R.
Almenweg 6 · Unter Mossau
D-64756 MOSSAUTAL
Telefon + Fax: 0 60 62 / 43 52
E-Mail: sattler.mossautal@gmx.de

NATURFÜHRER

PILZE

SHELLEY EVANS
GEOFFREY KIBBY

DK
DORLING KINDERSLEY

DORLING KINDERSLEY
London, New York, Melbourne,
München und Delhi

DK LONDON
Bildredaktion Ina Stradins
Bildbetreuung Vanessa Thompson
Lektorat Angeles Gavira
Redaktion Georgina Garner
DTP-Design Adam Shepherd
Bildarchiv Neil Fletcher
Herstellung Elizabeth Cherry,
Melanie Dowland
Chefbildlektorat Phil Ormerod
Cheflektorat Liz Wheeler
Art Director Bryn Walls
Lektoratsleitung Jonathan Metcalf

DK DELHI
Gestaltung Romi Chakraborty, Mugdha Sethi,
Kavita Dutta, Shefali Upadhyay
Redaktion Anita Roy, Sheema Mookherjee, Ritu Malhotra, Dipali Singh, Glenda Fernandes,
Chumki Sen, Sunrita Sen, Bhavna Seth,
DTP-Design Sunil Sharma,
Balwant Singh, Jessica Subramanian
DTP-Koordination Pankaj Sharma
Chefbildlektorat Aparna Sharma

Für die deutsche Ausgabe:
Programmleitung Monika Schlitzer
Projektbetreuung Ilona Ehre, Gerald Fiebig,
Kathrin Schmidt
Herstellungsleitung Dorothee Whittaker
Herstellung Verena Salm

Bibliografische Information Der Deutschen Bibliothek
Die Deutsche Bibliothek verzeichnet diese Publikation in der Deutschen Nationalbibliografie; detaillierte bibliografische Daten sind im Internet über http://dnb.ddb.de abrufbar.

Titel der englischen Originalausgabe:
Pocket Nature Fungi

Übersetzung Till R. Lohmeyer
Redaktion alpha & bet VERLAGSSERVICE
Satz alpha & bet VERLAGSSERVICE

ISBN 3-8310-0672-5

Printed and bound by South China Printing

Besuchen Sie uns im Internet
www.dk.com

Inhalt

Aufbau des Buches

Dieser Taschenführer enthält über 440 Pilzarten. Sie sind in drei Hauptgruppen aufgeteilt und innerhalb dieser nach Habitus und Farbe geordnet; ähnliche Arten stehen daher nebeneinander. So findet man im Kapitel »Pilze mit Hut und Stiel« Pilze mit Lamellen, mit Stacheln oder Stoppeln und Pilze mit Röhren; im Kapitel »Porlinge, Schichtpilze und andere Holzbewohner« halbkreis-, kopf- oder konsolenförmige Arten mit Stacheln, Poren und Lamellen oder Runzeln; und im Kapitel »Kugelige, keulenförmige und andere Pilze« zunächst kugel- bis birnenförmige, dann becher- bis korallenförmige, keulige oder rosettenförmige Arten.

▽ EINFÜHRUNG IN DIE HAUPTGRUPPEN
Jede der drei Hauptgruppen beginnt mit einer Einführungsseite, auf der die gemeinsamen Merkmale erläutert werden. Fotos repräsentativer Arten zeigen die Formenvielfalt der betreffenden Gruppe.

▷ GANZSEITIGE BESCHREIBUNGEN
Einige wichtige Arten oder solche mit besonderen Merkmalskombinationen sind ganzseitig dargestellt.

ANMERKUNGEN
Hier finden Sie für die Bestimmung entscheidende Merkmale und/oder wichtige Hintergrundinformationen.

KAPITELÜBERSCHRIFT

DEUTSCHER NAME
Der deutsche Pilzname wird der Beschreibung vorangestellt. Vorsicht: Manche Pilze haben regional unterschiedliche Volksnamen!

WISSENSCHAFTLICHER NAME

BESCHREIBUNG
Enthält die wichtigsten Artmerkmale

DETAILS (AUF GETÖNTEM HINTERGRUND)
Zeigen bestimmte Teile des Pilzes genauer, z.B. Lamellen, Röhren, verschiedene Entwicklungsstadien und einen Längsschnitt

GRÖSSENVERGLEICH
Die Grafik zeigt die Höhe des Pilzes im Vergleich zur Höhe des Buches (s.a. Kasten S. 7, oben rechts).

▽ ARTBESCHREIBUNGEN

Auf den meisten Seiten sind zwei Arten dargestellt. Die Beschreibungen folgen alle dem gleichen, leicht zugänglichen Schema: Zu einem großen Foto, das den Pilz in seiner natürlichen Umgebung zeigt, kommen ein oder zwei Detailaufnahmen, Anmerkungen, die Hervorhebung wichtiger Kennzeichen am Hauptbild, ein Größenvergleich und (im Kasten) ein Überblick über die wichtigsten Merkmale.

GRÖSSENVERGLEICH

Die Höhe des Pilzes wird durch eine schematisierte Pilzsilhouette im Größenvergleich mit dem vorliegenden Buch dargestellt. Die Hut- oder Fruchtkörperbreiten in Zentimeter (cm) finden sich in der jeweiligen Beschreibung des Hauptbilds.

Pilzhöhe *15 cm*

Buchhöhe *19 cm*

FAMILIENNAME

GIFTPILZE

Eine Pilzvergiftung kann sich als Magenverstimmung äußern, sie kann aber auch zu Organversagen und zum Tod führen. Pilze, an deren Bestimmung Zweifel bestehen, sollten unbedingt einem Fachmann vorgelegt werden. Es empfiehlt sich, ein Exemplar von jeder im Pilzgericht verwendeten Art aufzubewahren. Im Verdachtsfall wenden Sie sich sofort an einen Arzt und nehmen die Belegexemplare zur Nachbestimmung mit. Giftpilze sind in diesem Buch so gekennzeichnet:

Giftig ☠ *Roh giftig; individuell unverträglich* ☠

ERLÄUTERUNG

Die Erläuterungen heben wichtige Bestimmungsmerkmale hervor.

ABBILDUNGEN

Die Fotos zeigen den Pilz in seiner natürlichen Umgebung.

VERBREITUNG

Viele im Buch dargestellte Arten kommen in ganz Europa vor. Die Auswahl bezieht sich jedoch hauptsächlich auf die grün gefärbten Gebiete.

STANDORT

Das Bild zeigt einen für die jeweilige Art typischen Standort.

BILDUNTERSCHRIFT

Der Text beschreibt den Standort oder die Standortstypen, in denen die Art am ehesten zu erwarten ist.

ANDERE WICHTIGE INFORMATIONEN

Die farbig unterlegten Textblöcke enthalten Informationen zu den folgenden Punkten:

SPORENPULVER *Die Farbe des Sporenpulvers*

ERSCHEINUNGSZEIT *Die Jahreszeiten, in denen am ehesten mit dem Auftreten des Pilzes zu rechnen ist*

VERBREITUNG *Hier finden Sie Häufigkeitsangaben (sehr häufig, verbreitet, ortshäufig, zerstreut, selten, sehr selten, gefährdet). Die Angaben beziehen sich auf Deutschland und Mitteleuropa.*

WERT *Hier steht, ob der Pilz essbar, giftig oder ungenießbar ist.*

ÄHNLICHE ARTEN *Enthält Hinweise auf ähnliche und/oder verwandte Arten, oft mit kurzen Hinweisen auf Unterscheidungsmerkmale. Bei Arten, die im Buch sonst nicht näher behandelt werden, wird immer ein Unterscheidungsmerkmal genannt.*

Der Aufbau des Pilzfruchtkörpers

Der »Fruchtkörper« ist der sichtbare Teil des Pilzes im Gegensatz zum unterirdisch wachsenden Myzel. Die Hauptfunktion aller Fruchtkörper, von den bekannten Formen mit Hut, Stiel und Lamellen bis hin zu jenen mit Stacheln, Röhren oder Leisten, besteht darin, die einzelligen, der Fortpflanzung dienenden Sporen hervorzubringen und unter oft widrigen Umweltbedingungen zu verbreiten. Alle Fruchtkörper haben eine »Fruchtschicht« (Hymenium), die Lamellen, Stacheln, Röhren, Leisten oder den ganzen Fruchtkörper überzieht, ja sogar dessen Inneres ausfüllen kann. Die unterschiedlichen Strukturen ermöglichen die Aufteilung und Klassifikation der Pilze. Detailmerkmale helfen Ihnen bei der Artbestimmung.

FLIEGENPILZ

GRAUER SCHEIDENSTREIFLING

Hut und Stiel

Der typische Fruchtkörper hat einen Hut, der einem zentralen Stiel aufsitzt. Die Hutunterseite ist mit Lamellen, Stacheln, Röhren oder fleischigen Leisten bedeckt; dort werden die Sporen erzeugt und freigesetzt. Form und Beschaffenheit von Hüten und Stielen sind wichtige Bestimmungsmerkmale.

Gesamthülle

Junge Pilze bedeckt oft eine spinnwebartige oder häutige Gesamthülle (Velum universale), die während des Wachstums aufreißt. Reste bleiben auf dem Hut, am Stiel und an der Stielbasis zurück.

Längsschnitt

Bei einem Längsschnitt durch den Fruchtkörper werden viele Bestimmungsmerkmale erkennbar, z. B. der Ansatz der Lamellen oder anderer Hymeniumsformen am Stiel sowie die Stielform. Man sieht auch, ob der Stiel vollfleischig oder hohl ist, und erkennt gut die ringförmigen Reste der Teilhülle (Velum partiale) im oberen Stieldrittel.

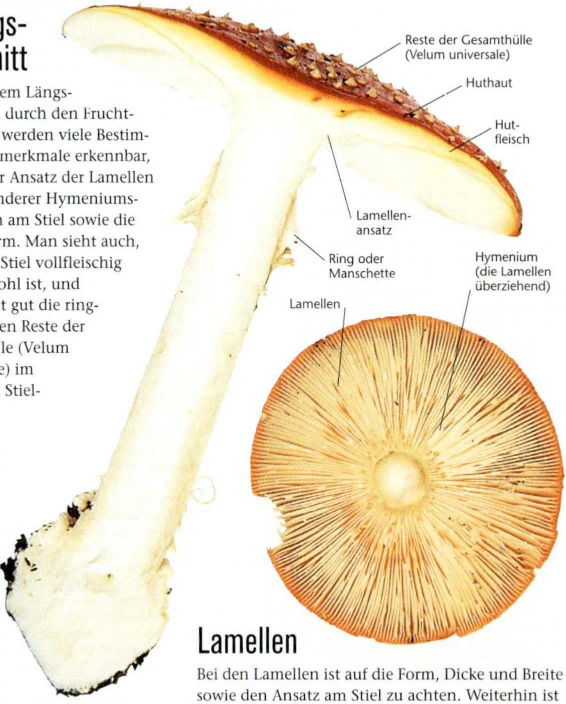

Lamellen

Bei den Lamellen ist auf die Form, Dicke und Breite sowie den Ansatz am Stiel zu achten. Weiterhin ist darauf zu achten, ob sie eng oder entfernt stehen und ob verkürzte Zwischenlamellen (Lamelletten) vorhanden sind. Die Lamellenfarbe lässt oft – nicht immer – Schlüsse auf die Sporenpulverfarbe zu.

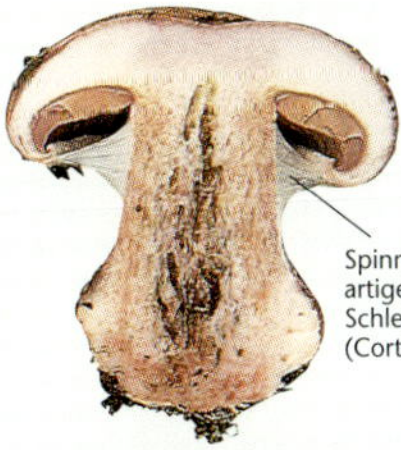

SCHLEIERLING (CORTINARIUS)

ANDERE OBERFLÄCHENSTRUKTUREN

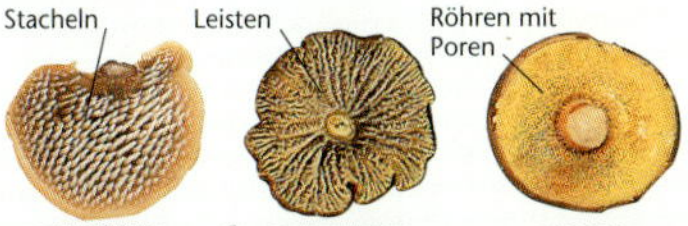

OHRLÖFFEL-STACHELING · TROMPETEN-PFIFFERLING · ZIEGEN-LIPPE

Sporen

Farbe, Größe und Form der Sporen sind hilfreiche Bestimmungsmerkmale. Die Sporenfarbe ermittelt man mit Hilfe eines Sporenpräparats (S. 12). Zur Beschreibung und Vermessung der Sporen ist ein gutes Mikroskop erforderlich, da die meisten Sporen kleiner als 0,02 mm sind.

SPOREN DES GLIMMERTINTLINGS

Pilzbestimmung

Zur Bestimmung sollten Sie sich bereits am Standort, solange die Fruchtkörper noch unberührt sind, Notizen machen. Um feine Oberflächenstrukturen nicht zu zerstören, ist beim Entnehmen der Pilze Vorsicht geboten. Betrachten Sie Details durch eine Handlupe. Wenn möglich, sollten stets mehrere Exemplare einer Art untersucht werden.

Fruchtkörperformen

Ihre Beurteilung ist oft der erste Bestimmungsschritt. Die Grobeinteilung der Pilze in diesem Buch erfolgt z.T. nach der oft ungewöhnlichen Gestalt. Es kommen die verschiedensten Formen vor, vom typischen gestielten Hutpilz mit Lamellen bis hin zu Gebilden mit tierartigen Armen oder Tentakeln.

RETTICHHELMLING, BUCKELTRAMETE, JUDASOHR, GOLDGELBE KORALLE, SPEISEMORCHEL, BLAUER RINDENPILZ, STINKMORCHEL, BLASENBECHERLING, HERBSTTROMPETE, RAUCHGRAUE KEULE, ERDSTERN, GITTERLING, KARTOFFELBOVIST, FRÜHJAHRSLORCHEL, KLEBRIGER HÖRNLING

Hutformen

Die Hutform muss genau notiert werden. Bei manchen Arten ist sie konstant und typisch, bei anderen verändert sie sich während des Reifeprozesses.

GOLDRÖHRLING, SCHWÄRZENDER SAFTLING

FUCHSIGER RÖTELRITTERLING, WOLLIGGESTIEFELTER SCHIRMPILZ, HERBSTLORCHEL, HOHE MORCHEL, KAHLER KREMPLING, FRÜHJAHRSLORCHEL, ROSA HELMLING, RÄDCHENTINTLING, KAHLER KREMPLING, ROTBRAUNER SCHEIDENSTREIFLING

Beschaffenheit des Hutes

Die Hutoberfläche kann sehr unterschiedlich gestaltet sein, von glatt und klebrig bis zu trocken, grob radialfaserig und schuppig. Bei manchen Arten ist sie auch mit dünnen, häutigen, spinnwebartigen oder sogar klebrigen Hüllresten versehen.

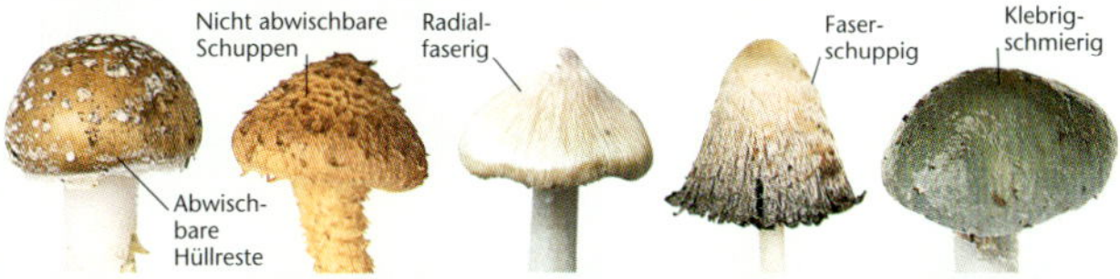

PANTHERPILZ · SPARRIGER SCHÜPPLING · KEGELIGER RISSPILZ · SCHOPFTINTLING · GRÜNSPAN-TRÄUSCHLING

Farbe

Die Farben der verschiedenen Fruchtkörperteile gehören zu den wichtigsten, aber auch zu den variabelsten und am schwersten zu definierenden Bestimmungsmerkmalen. Sehen Sie sich möglichst viele Exemplare einer Art von allen Seiten genau an. Die Unterseite des Hutes ist z. B. oft ganz anders gefärbt als die Oberseite. Die Farbe kann sich bei Druck und Verletzung sowie bei zunehmender Reife verändern.

BIRKENREIZKER · BUTTERRÜBLING

Stiel

Bei Pilzen mit Hut und Stiel kommt es u. a. auf die Relation von Hutbreite und Stiellänge sowie auf die Form, die Oberflächenstruktur und das Stielfleisch an. Besonders wichtig ist die Stielbasis, da sie spezielle, arttypische Merkmale haben kann. Auch ein Ring oder eine Manschette am Stiel können wichtige Hinweise geben.

RIESENRITTERLING · RÄDCHENTINTLING

ZITZENSCHIRMLING · STÄUBENDER ZWITTERLING · STEINPILZ · STINKTÄUBLING · GELBGESTIEFELTER SCHLEIMKOPF

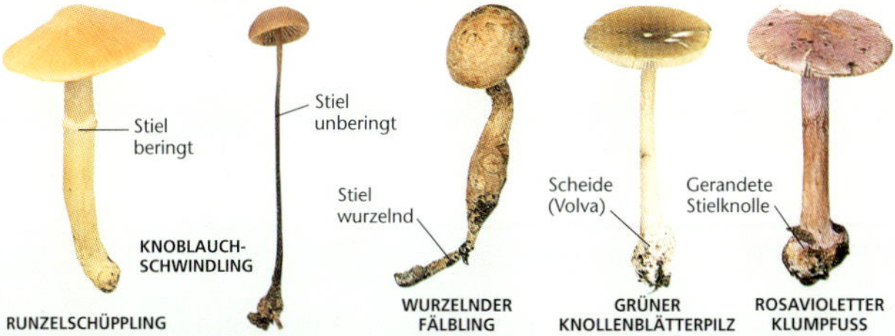

RUNZELSCHÜPPLING · KNOBLAUCH-SCHWINDLING · WURZELNDER FÄLBLING · GRÜNER KNOLLENBLÄTTERPILZ · ROSAVIOLETTER KLUMPFUSS

Fleisch

Der Längsschnitt durch einen Fruchtkörper liefert wichtige Informationen. Die Beschaffenheit des Fleischs variiert von Art zu Art. Es gibt sowohl sehr hart- und dickfleischige als auch ausgesprochen zierliche und brüchige Arten. Bei manchen Pilzen verfärbt sich das Fleisch auf Druck oder bei Verletzung, oder es sondert eine weiße oder farbige »Milch« ab.

EICHEN-MILCHLING

KORNBLUMEN-RÖHRLING

Lamellen

Die Farbe der Lamellen, ihr Abstand zueinander (eng oder dicht bzw. entfernt) und ihre Beschaffenheit (biegsam oder brüchig) sind Merkmale, auf die es ankommt. Beachten Sie den Lamellenansatz am Stiel (angeheftet, breit angewachsen, ausgebuchtet, am Stiel kurz oder weit herablaufend). Notieren Sie, ob bei Verletzung ein Milchsaft abgeschieden wird. Lamellenmerkmale sind oft arttypisch.

LAMELLENABSTAND

VIOLETTER RÖTELRITTERLING

WIESEN-ELLERLING

TRÄNENDER SAUMPILZ

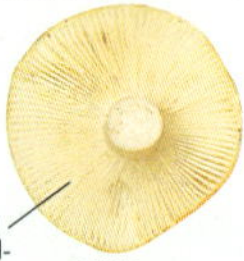

OCKER-TÄUBLING

LAMELLENANSATZ

KIRSCHROTER SAFTLING

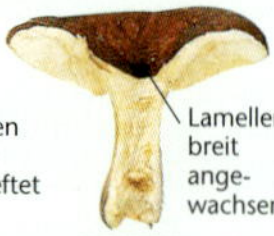

HERINGS-TÄUBLING

REHBRAUNER DACHPILZ

MÖNCHSKOPF

Sporenfarbe

Die Sporenfarbe lässt sich leicht ermitteln. Legen Sie den abgeschnittenen Hut eines reifen Fruchtkörpers mit den Lamellen nach unten auf ein Blatt weißes Papier und decken Sie ihn ab. Nach ein paar Stunden sind die Sporen ausgefallen. Sobald sie trocken sind, kratzen Sie sie zusammen und beurteilen die Farbe.

ROTSTIELIGER LEDERTÄUBLING

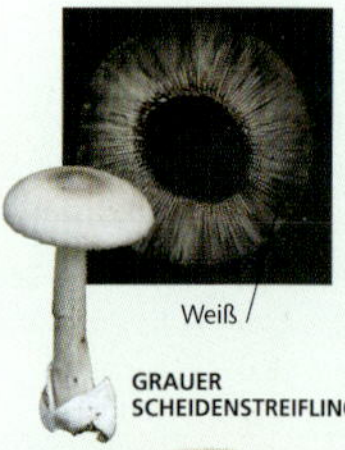

GRAUER SCHEIDENSTREIFLING

GLIMMER-TINTLING

BLAUSTIEL-SCHLEIMFUSS

RUNZELIGER DACHPILZ

Geruch

Manche Pilze riechen arttypisch, auch wenn die Gerüche oft nur schwach ausgeprägt und schwer interpretierbar sind. Riechen Sie an den Lamellen oder am frisch angeschnittenen Fleisch. Der Geruch intensiviert sich, wenn man den Pilz eine Zeit lang in einer geschlossenen Dose aufbewahrt.

GRÜNER KNOLLENBLÄTTERPILZ GELBER KNOLLENBLÄTTERPILZ KOKOSFLOCKENMILCHLING

Variationsbreite

Fruchtkörper ein und derselben Art können je nach Altersstufe stark variieren. Um eine Art gut kennen zu lernen, müssen Sie so viele Exemplare wie möglich untersuchen.

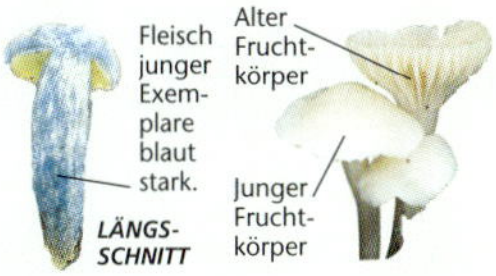

SCHWARZBLAUENDER RÖHRLING JUNGFERNELLERLING

Wuchsformen und Erscheinungszeit

An der Wuchsform lassen sich manche Pilze von ähnlichen unterscheiden. So können sie einzeln, büschelig oder in Ringen wachsen. Neben vielen häufigen Arten gibt es auch sehr seltene, deren Fund ein Erlebnis ist. Wieder andere erscheinen nur zu bestimmten Jahreszeiten.

BUNTSTIELIGER HELMLING

NELKENSCHWINDLING

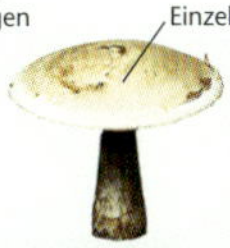

WURZELNDER FÄLBLING

GRÜNSPORSCHIRMLING IN EINEM HEXENRING

SCHWEFELPORLING

EICHENZUNGENPORLING

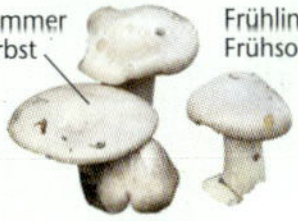

RIESENRÖTLING

MAIRITTERLING

Standorte

Viele Pilze haben spezielle Standortsansprüche. Einige wachsen in einer Lebensgemeinschaft (Mykorrhiza) mit bestimmten Baumarten, andere auf Falllaub, Holz oder sogar auf anderen Pilzen.

Laubwälder RETTICHFÄLBLING

Nadelwald mit Lärchen GOLDRÖHRLING

Falllaub SCHWARZGEZÄHNELTER HELMLING

Dünen WINTERSTIELBOVIST

Totholz ANGEBRANNTER RAUCHPORLING

Pilze mit Hut und Stiel

In Mittel- und Nordeuropa sind ca. 3000 Pilze mit Hut und Stiel nachgewiesen, und es werden immer neue entdeckt. Viele von ihnen haben weichfleischige Hüte und mehr oder weniger zentrale Stiele. Die meisten bekannten Speise- und Giftpilze gehören in diese Gruppe. Ihre Fruchtkörper sind oft nur kurzlebig. Der wichtigste Teil der Pilze ist das unterirdische Pilzgeflecht (Myzel). Die Sporen der hier erwähnten Arten entstehen im Hymenium auf der Hutunterseite und fallen nach der Reife aus. Das Hymenium überzieht Strukturen wie Lamellen, Röhren, Stacheln oder Leisten. Röhrenmündungen werden Poren genannt.

STOCK-SCHWÄMMCHEN

SPITZKEGELIGER KAHLKOPF

SCHOPFTINTLING

RING-DÜNGERLING

Kegelhütiger Knollenblätterpilz ☠

Amanita virosa (Amanitaceae)

Der tödlich giftige Pilz ist in allen Teilen rein weiß. Der oft etwas klebrige Hut ist jung eiförmig und schirmt später auf. Der schlanke, fetzig-faserige Stiel trägt einen Ring, der jedoch oft unvollständig oder zerrissen ist und sogar fehlen kann. Der Stielgrund ist von einer eiförmigen Scheide umschlossen.

In feuchten Wäldern auf sauren Böden, vor allem unter Nadelbäumen und Birken

SPORENPULVER *Weiß*
ERSCHEINUNGSZEIT *Sommer bis Spätherbst*
VERBREITUNG *Zerstreut, v.a. in Bergwäldern*
WERT *Tödlich giftig*
ÄHNLICHE ARTEN *Weiße Champignons* (Agaricus)*: jung sehr ähnlich, aber ohne Scheide; Lamellen erst rosa, später braun, Sporen dunkelbraun*

Rosablättriger Egerlingsschirmling

Leucoagaricus leucothites (Agaricaceae)

Alle Teile dieser ungenießbaren Art sind weiß bis blass cremefarben. Huthaut matt, im Alter bisweilen grauend. Lamellen engstehend, erst weiß, alt oft rosa. Stiel schlank, glatt, mit hochsitzendem, kragenartigem Ring. Sporenpräparate variieren bei dieser Art von weiß bis trübrosa.

Auf Wiesen und Weiden, Rasenflächen und in Gärten

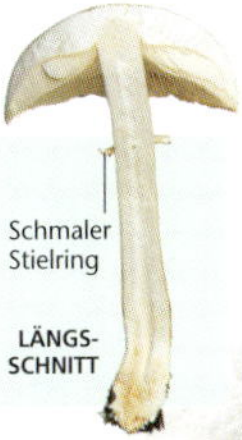

SPORENPULVER *Weiß bis rosa*
ERSCHEINUNGSZEIT *Sommer bis Spätherbst*
VERBREITUNG *Zerstreut bis häufig*
WERT *Ungenießbar*
ÄHNLICHE ARTEN *Champignons (S. 21) haben braunes Sporenpulver, Knollenblätterpilze (s.o.) haben eine Scheide am Stielgrund.*

In Laub- und Nadelwäldern auf Kalkboden, auch unter Einzelbäumen in Alleen und Parks, gern an grasigen, sonnigen Stellen

Fransenwulstling

Amanita strobiliformis (Amanitaceae)

Der Fransenwulstling ist eine große, dickfleischige Art mit cremeweißem Hut, der mit dicken, angedrückten, weichen Velumresten bedeckt ist. Die Lamellen sind engstehend und blass cremefarben. Der massive, an der Basis knollige und tief im Boden eingesenkte Stiel ist mit einem Ring von sahneartiger Konsistenz geschmückt. Der Geruch erinnert an alten Schinken.

SPORENPULVER *Weiß*
ZEIT *Sommer bis Spätherbst*
VORKOMMEN *Selten bis zerstreut, im Süden häufiger als im Norden*
WERT *Giftverdächtig*
ÄHNLICHE ARTEN *Igelwulstling* (Amanita echinocephala) *mit kegelig-spitzen Hutschuppen*

Im Falllaub oder an moosigen Stellen in Laubwäldern auf saurem Boden

Seidiger Ritterling

Tricholoma columbetta (Tricholomataceae)

Der gebuckelte weiße Hut ist seidig-glatt und manchmal etwas klebrig. Die weißen Lamellen sind am Ansatz des glatten bis faserig-rauen Stiels ausgebuchtet. Oft finden sich kleine blaue oder rosa Flecke auf dem Hut oder an der abwärts verjüngten Stielbasis.

SPORENPULVER *Weiß*
ZEIT *Sommer bis Spätherbst*
VORKOMMEN *Zerstreut bis ortshäufig*
WERT *Ungenießbar*
ÄHNLICHE ARTEN *Widerlicher Ritterling* (Tricholoma lascivum) *mit blass elfenbeinfarbenem bis blassbraunem Hut und stechendem, gasartigem Geruch*

Schuppiger Sägeblättling

Lentinus lepideus (Polyporaceae)

Auf Stümpfen und toten Nadelholzstämmen, manchmal auch an verbautem Holz

Auf blassbraunem Grund ist der anfangs gewölbte, später ausgebreitete, zähfleischige Hut mit dunkleren, angedrückten Schuppen bedeckt. Die Schneiden der engstehenden, blass cremefarbenen Lamellen sind fein gesägt, während der zähe, wurzelnde, oft exzentrisch ansitzende Stiel einen deutlichen Ring trägt und darunter schuppig gebändert ist. Im Schnitt riecht das Fleisch aromatisch.

SPORENPULVER *Weiß*
ZEIT *Sommer bis Spätherbst*
VORKOMMEN *Selten bis zerstreut, vor allem im Bergland*
WERT *Ungenießbar*
ÄHNLICHE ARTEN *Getigerter Sägeblättling (S. 85): klein, dünnfleischig, an Laubholz, vor allem in Flussauen*

Riesen-Krempentrichterling

Leucopaxillus giganteus (Tricholomataceae)

In niedrigem Gras an Waldrändern, in Parks und Gärten, auch in Wäldern, oft in Hexenringen, wo er das Gras zum Absterben bringt

Der trichterförmige Hut dieser oft sehr großen, ungenießbaren Art ist weiß bis cremefarben und fühlt sich an wie Wildleder. Bei jungen Exemplaren ist der Hutrand eingerollt. Die Lamellen sind engstehend und laufen weit am kurzen, zähfleischigen, weißen Stiel herab. Sie wachsen oft in großen Kreisen und haben einen angenehmen, aromatischen Rettichgeruch.

SPORENPULVER *Weiß*
ZEIT *Sommer bis Spätherbst*
VORKOMMEN *Weit verbreitet, vor allem im Bergland.*
WERT *Ungenießbar*
ÄHNLICHE ARTEN *Der Wollige Milchling* (Lactarius vellereus) *sondert im Schnitt einen weißen Milchsaft ab.*

Weit verbreitet im Falllaub, vor allem unter Buchen, selten unter Nadelbäumen

Pfeffermilchling

Lactarius piperatus (Russulaceae)

Der weiße bis cremefarbene Pilz hat einen festfleischigen, trichterförmigen Hut mit auffallend engstehenden Lamellen, die kurz am Stiel herablaufen. Die Hutoberfläche ist trocken-feinsamtig, das Fleisch brüchig. Hutbreite und Stiellänge sind ungefähr identisch. An verletzten Stellen tritt eine weiße, pfeffrig-scharfe Milch aus, die beim Eintrocknen stumpf olivgrün verfärbt. Alte Fruchtkörper sind oft braunfleckig. Scharf gebraten kann der Pilz gegessen werden, doch verträgt ihn nicht jeder.

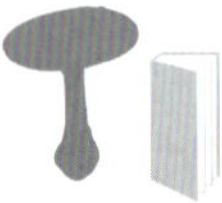

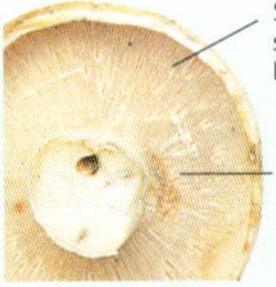

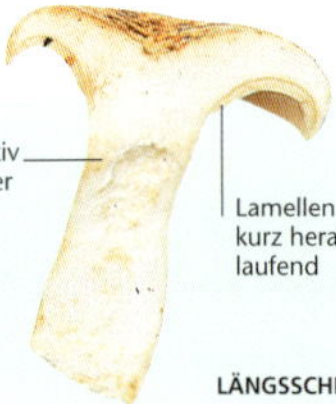

ANMERKUNG

Kein anderer weißmilchender Milchling hat so engstehende Lamellen. Fahren Sie mit dem Fingernagel über die Lamellen. Die sofort austretende Milch trocknet bald ein und ruft dann olivgrüne Flecke hervor.

SPORENPULVER *Weiß*
ZEIT *Sommer bis Spätherbst, oft schon ab Ende Juni*
VORKOMMEN *In Buchenwäldern häufig*
WERT *Essbar, aber nicht jedem bekömmlich*
ÄHNLICHE ARTEN *Rosascheckiger Milchling* (L. controversus)*: Hut cremefarben, Lamellen mit Rosaton, nicht so engstehend; unter Pappeln und Weiden; seltener*

Jungfern-Ellerling

Hygrocybe virginea (Hygrophoraceae)

Der schmierige, elfenbeinweiße, oft felderig gezonte Hut dieses kleinen bis mittelgroßen Pilzes ist anfangs gewölbt, breitet sich aber bald aus und verflacht schließlich. Zurück bleiben ein kleiner Buckel oder eine kleine Vertiefung in der Hutmitte. Die wachsartigen weißen Lamellen laufen bogig am abwärts verjüngten Stiel herab.

Auf Wiesen, Weiden, Almen, in Dünen, Parks und auf Friedhöfen, seltener auch in Wäldern und moosreichen Gebüschen

LÄNGSSCHNITT

SPORENPULVER *Weiß*
ZEIT *Herbst bis Winter*
VORKOMMEN *In extensiv genutztem Grasland nicht selten*
WERT *Essbar*
ÄHNLICHE ARTEN *Darf nicht mit Weißen Gifttrichterlingen (S. 20) verwechselt werden, die an ähnlichen Standorten vorkommen*

Mehlpilz (Mehlräsling)

Clitopilus prunulus (Entolomataceae)

Der weiße bis weißlichgraue Hut ist in der Form sehr variabel; er kann gewölbt bis flach oder sogar trichterförmig sein. Die erst weißen, reif jedoch rosafarbenen Lamellen sind engstehend und laufen am Stiel herab. Der weißliche Stiel ist oft kürzer als der Hut breit. Auffallend ist der kräftige Geruch nach frischem Mehl.

Unter Laub- und Nadelbäumen in Wäldern, Gärten und Parks, meist in Trupps

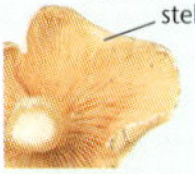

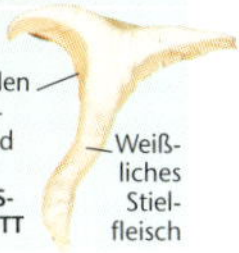

LÄNGSSCHNITT

SPORENPULVER *Rosa*
ZEIT *Sommer bis Spätherbst*
VORKOMMEN *In weiten Teilen Mitteleuropas sehr häufig*
WERT *Essbar*
ÄHNLICHE ARTEN *Weiße Gifttrichterlinge (S. 20) haben weißes Sporenpulver.*

Weißer Gifttrichterling

Clitocybe dealbata (Tricholomataceae)

Auf Wiesen und Weiden, auch auf Rasenflächen in Gärten, Parks, Friedhöfen und in Dünen

Der kleine bis mittelgroße Wiesenpilz ist sehr giftig. Zu den Symptomen einer Vergiftung gehören eine verlangsamte Herztätigkeit, Schweißausbrüche, Tränenfluss und Magen-Darm-Beschwerden, die jedoch mit Atropininjektionen behandelt werden können. Der Hut ist trichterförmig oder flach, weiß bis blass cremerosa und mit einem weißlichen Reif überzogen, bisweilen auch gezont oder gefleckt und im Alter manchmal rissig. Die Lamellen sind weißlich bis cremegrau und laufen kurz am Stiel herab. Junge Feldtrichterlinge können nach Mehl riechen und leicht mit essbaren Arten verwechselt werden, zum Beispiel mit Nelkenschwindlingen (S. 47), die ebenfalls in Hexenringen und an den gleichen Standorten vorkommen, oder auch mit Mehlpilzen (S. 19). Beim Sammeln weißer oder weißlicher Lamellenpilze zu Speisezwecken ist immer Vorsicht geboten!

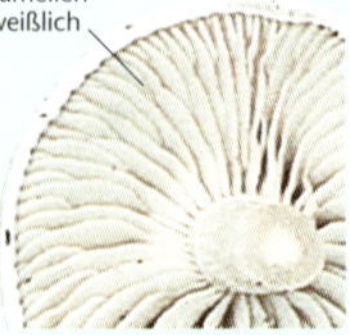

SPORENPULVER *Weiß*
ZEIT *Frühsommer bis Spätherbst*
VORKOMMEN *Weit verbreitet und mancherorts häufig*
WERT *Giftig*
ÄHNLICHE ARTEN *Andere Wiesenpilze, wie der blass ockerbraune Nelkenschwindling (S. 47) und an Waldrändern auch der Mehlpilz (S. 19), der jedoch rosa Sporenpulver hat und kräftiger nach Mehl riecht*

ANMERKUNG

Verwechslungsgefahr! Achten Sie auf die weißen, kurz am Stiel herablaufenden Lamellen und das weiße Sporenpulver sowie die konzentrischen Zonen oder Flecke auf dem Hut.

Oft in großer Zahl auf Wiesen und gedüngten Weiden, bildet mitunter Hexenringe

Wiesenchampignon

Agaricus campestris (Agaricaceae)

Der Pilz hat einen bald abgeflachten Hut und jung lebhaft rosafarbene Lamellen. Im Alter kann sich der Hut rosagraulich verfärben, während die Lamellen dunkelbraun werden. Der Stiel ist kurz, zylindrisch und hat einen vergänglichen Ring, der oft nur noch als eine schwache Zone im oberen Stieldrittel erkennbar ist.

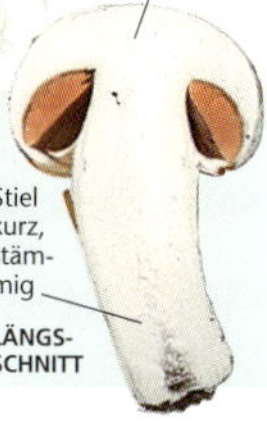

SPORENPULVER *Dunkelbraun*
ZEIT *Sommer bis Spätherbst*
VORKOMMEN *Zerstreut bis häufig*
WERT *Essbar*
ÄHNLICHE ARTEN *Rosablättriger Egerlingsschirmling (S. 15): Lamellen und Sporenpulver weiß bis rosa; Zwergchampignons* wie Agaricus lutosus *sind kleiner und seltener.*

In kleinen Gruppen in Laubwäldern, vor allem unter Buchen, auf neutralen bis basischen Böden

Schmalblättriger Weißtäubling

Russula chloroides (Russulaceae)

Der weiße bis schmutzig-gelbliche Hut ist in der Mitte niedergedrückt, der Rand lange eingerollt, die Oberfläche trockenrau und oft mit Erde und Humusresten bedeckt. Die engstehenden, weißen Lamellen und eine schmale Zone an der Spitze des kurzen, weißen Stiels haben einen blaugrünen Schimmer. Das weiße, harte, brüchige Fleisch verfärbt sich im Alter gelblich und riecht stark fruchtig.

SPORENPULVER *Blassocker*
ZEIT *Sommer bis Spätherbst*
VORKOMMEN *Zerstreut bis ziemlich häufig von Nordeuropa bis in den Mittelmeerraum*
WERT *Ungenießbar*
ÄHNLICHE ARTEN *Gemeiner Weißtäubling* (Russula delica): *meist ohne bläuliche Töne*

Oft truppweise an lichten Stellen in Laubwäldern auf lehmigen, kalkhaltigen Böden, vor allem unter Buchen und Eichen

Riesenrötling

Entoloma sinuatum (Entolomataceae)

Der Riesenrötling hat schon viele Vergiftungen hervorgerufen. Der stattliche Pilz hat einen großen, blass silbergrauen bis ockergrauen, in der Mitte meist gebuckelten Hut. Die nicht sehr dichtstehenden, am Stielansatz ausgebuchteten Lamellen sind anfangs blassgrau bis gelblich und reif satt lachsrosa gefärbt. Der Stiel ist blass cremegrau, festfleischig und zylindrisch oder leicht zugespitzt. Das Fleisch riecht kräftig nach Mehl, manchmal mit unangenehmer Komponente. Die Art ruft schwere Magen-Darm-Erkrankungen hervor und hat auch schon Todesfälle verursacht.

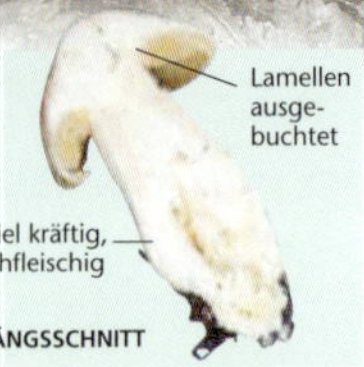

LÄNGSSCHNITT

SPORENPULVER *Rosa*
ZEIT *Sommer bis Spätherbst*
VORKOMMEN *Zerstreut bis selten in Laubwaldgebieten*
WERT *Sehr giftig*
ÄHNLICHE ARTEN *Der Veilchen-Rötelritterling (S. 54) hat einen grob längsfaserigen Stiel. Der Nebelgraue Trichterling (S. 171) hat weiße Sporen und niemals rosafarbene Lamellen. Beide Arten riechen nicht nach Mehl.*

ANMERKUNG

Zur Vermeidung von Verwechslungen achte man auf den Standort unter Bäumen, die gelben bis rosafarbenen Lamellen und den Geruch nach ranzigem Mehl. Der Mairitterling (S. 23) wächst im Frühjahr und Frühsommer und hat weißes Sporenpulver.

In Gruppen oder Ringen auf offenem Grasland, in Parks, Laub- und Nadelwäldern und Obstgärten, gern auf grasigen Wegen, vor allem auf kalkhaltigen Böden

Mairitterling

Calocybe gambosa (Tricholomataceae)

Dieser Speisepilz erscheint bereits Ende April bis Anfang Mai. Der fleischige, gewölbte, erst weiße und später blass ockerbräunliche bis schmutzig gelbbraune Hut hat eine glatte Oberfläche und einen anfangs eingerollten Rand. Manche Formen sind auch unregelmäßig gebuckelt oder höckerig. Die weißen, engstehenden Lamellen sind am meist eher untersetzten, festen, längsfaserigen und ebenfalls weißen Stiel angewachsen. Das Fleisch des Mairitterlings riecht kräftig nach frisch gemahlenem Mehl. Beim Kochen verliert der Geschmack etwas von seiner anfänglichen Strenge.

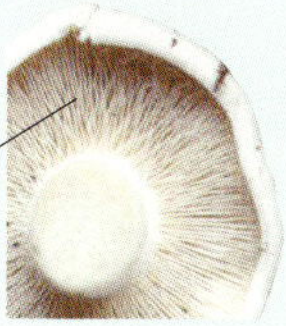

ANMERKUNG

Das Vorkommen im Frühjahr und Frühsommer, der intensive Geruch nach frischem Mehl und die weißen bis cremefarbenen Sporen unterscheiden diesen sehr begehrten Speisepilz von anderen Arten.

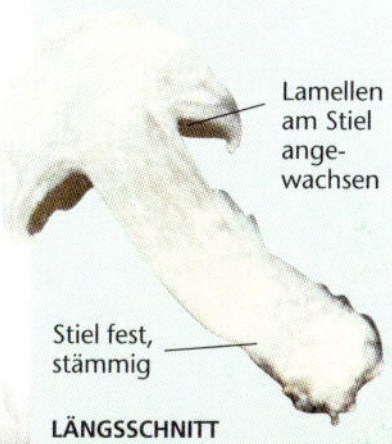

LÄNGSSCHNITT

SPORENPULVER *Weiß bis blass cremefarben*
ZEIT *Frühjahr bis Frühsommer*
VORKOMMEN *Überall in Europa verbreitet, in manchen Gebieten häufig*
WERT *Essbar*
ÄHNLICHE ARTEN *Ebenfalls im Frühjahr wachsen verschiedene Rötlinge. Sie haben jedoch rosa Sporenpulver. Vergleichen Sie auch die Merkmale des Riesenrötlings (Bild links) und des Ziegelroten Risspilzes* *(S. 69).*

Einzeln oder in kleinen Gruppen in Laubwäldern und auf Waldweiden, vornehmlich auf Kalkböden

Fleckender Schmierschirmling

Chamaemyces fracidus (Agaricaceae)

Der abgerundete, blassbraune bis cremeockerfarbene Hut ist bei Feuchtigkeit klebrig und oft fein gerunzelt. Die engstehenden Lamellen erreichen den Stiel nicht. Der Stiel ist unterhalb der schmalen Ringzone auf weißem Grund mit kleinen braunen Drüsenpünktchen übersät. Bei feuchtem Wetter sondert der Stiel bräunliche Tröpfchen ab.

SPORENPULVER *Cremefarben*
ZEIT *Sommer bis Spätherbst*
VORKOMMEN *Meist sehr zerstreut bis selten*
WERT *Ungenießbar*
ÄHNLICHE ARTEN *Mehrere kleine Schirmpilze, die jedoch keine braunen Tröpfchen am Stiel haben*

Einzeln oder in kleinen Gruppen in der Streu der Laub- und Nadelwälder auf besseren, kalkhaltigen Böden

Getropfter Schleimschirmling

Limacella guttata (Amanitaceae)

Der Pilz hat einen gewölbten, blass beigefarbenen Hut, der bei Feuchtigkeit schmierig-klebrig ist. Die sehr engstehenden, weißen Lamellen erreichen den Stiel nicht. Der hohe, keulige, weiße Stiel trägt im oberen Drittel einen breiten, häutigen Ring und ist darunter glatt und trocken. Der Ring ist mit hellen Guttationströpfchen besetzt, die beim Eintrocknen olivbraune Flecke hinterlassen. Das Fleisch riecht kräftig nach Mehl oder Gurke.

SPORENPULVER *Weiß*
ZEIT *Sommer bis Spätherbst*
VORKOMMEN *Ziemlich selten, nur in Kalkgebieten etwas verbreiteter*
WERT *Ungenießbar*
ÄHNLICHE ARTEN *Kegelhütige Knollenblätterpilze (S. 15) haben eine bescheidete Stielbasis und keine Tropfen auf dem Ring.*

Buchen-Ringrübling

Oudemansiella mucida (Tricholomataceae)

Der auffallende, essbare Pilz hat einen rein weißen bis blassgrauen, in der Mitte meist gerunzelten Hut, der so schleimig ist, dass man ihn kaum festhalten kann. Der sehr zähe, dünne Stiel trägt einen schmalen, oberseits weißen und unterseits grauen Ring. Die tief im befallenen Holz wurzelnde Stielbasis ist oft dunkelbraun gefärbt. Die breiten, engstehenden Lamellen sind am Stiel angewachsen.

In großen, individuenreichen Büscheln auf totem Buchenholz, an noch stehenden Stämmen oft hoch am Baum und mit der Stielbasis tief im Substrat wurzelnd

SPORENPULVER *Weiß*
ZEIT *Meist erst im Herbst und in milden Wintern*
VORKOMMEN *In mitteleuropäischen Buchenwäldern weit verbreitet, stellenweise häufig*
WERT *Essbar*
ÄHNLICHE ARTEN *Einige Holz bewohnende Helmlinge* (Mycena) *sind nicht schleimig, meist viel kleiner und haben keinen Stielring. Viele andere Lamellenpilze auf Holz haben gefärbtes Sporenpulver.*

ANMERKUNG

Die Merkmalskombination schleimiger, weißer Hut und deutlicher Ring ist unter den Holz bewohnenden Pilzen einzigartig.

Parasitischer Scheidling

Volvariella surrecta (Pluteaceae)

Wächst ausschließlich auf verfaulenden Fruchtkörpern des in Nadel- und Laubwäldern weit verbreiteten Nebelgrauen Trichterlings.

Der Parasitische Scheidling wächst auf den verfaulenden Resten des Nebelgrauen Trichterlings (S. 171). Die kleinen, anfangs halbkugeligen Hüte haben eine seidig-weiße bis grauliche, mit sehr feinen radialen Fasern durchzogene Oberfläche. Die freien Lamellen sind zunächst weißlich, werden aber bald rosa. Der schlanke weiße Stiel entspringt einer fragilen weißen Scheide.

SPORENPULVER *Rosa*
ZEIT *Meist erst im Spätherbst*
VORKOMMEN *In Europa weit verbreitet, aber überall selten*
WERT *Ungenießbar*
ÄHNLICHE ARTEN *Der Nadeln-Scheidling* (Volvariella hypopithys) *wächst im Nadelwald.*

Stäubender Zwitterling

Asterophora lycoperdoides (Tricholomataceae)

Wächst auf verfaulenden Milchlingen und Täublingen

Diese Art entwickelt sich auf verrottenden Hüten anderer Pilze. Der rundliche Hut ist schon bald mit einem bräunlichen Pulver, den so genannten Chlamydosporen, bedeckt. Die sehr dicken, stumpfen Lamellen sind auf flache Adern reduziert. Der sehr kurze weiße Stiel ist im Alter ebenfalls bepudert und wird schließlich schwarz.

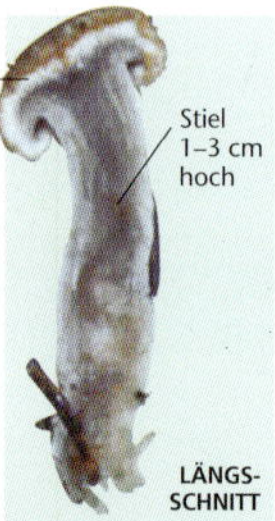

SPORENPULVER *Braun*
ZEIT *Sommer bis Spätherbst*
VORKOMMEN *In Mitteleuropa zerstreut bis selten*
WERT *Ungenießbar*
ÄHNLICHE ARTEN *Der Beschleierte Zwitterling* (A. parasitica) *wächst ebenfalls auf verfaulenden Pilzen, hat aber einen glatten Hut.*

Stinkschirmling

Lepiota cristata (Agaricaceae)

Der gewölbte Hut ist auf weißlichem Grund mit rotbraunen Schüppchen besetzt, die in der Mitte am dichtesten sind und zum Rand hin spärlicher und blasser werden. Die freien, engstehenden Lamellen sind weiß bis blass cremefarben. Der schlanke, oben weiße, zylindrische Stiel wird abwärts dunkler, hat eine seidig-faserige Oberfläche und trägt im oberen Drittel einen dünnen, leicht abfallenden Ring. Die Lamellen und das weiße Fleisch riechen unangenehm chemisch. Der Pilz ist giftig, aber nicht lebensgefährlich.

In kleinen Gruppen auf grasigen Waldwegen und an Feld- und Waldrändern, auf Wiesen und manchmal auch zwischen Brennnesseln, vorzugsweise auf humusreichen Böden

ANMERKUNG

Die obere Schicht der Hutbekleidung platzt schuppig auf und bleibt nur in der Mitte als dunkler Fleck erhalten. Der üble, chemische Geruch und der kleine Ring am Stiel, der manchmal abfällt, sind typische Merkmale.

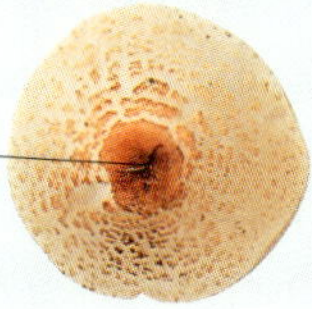

SPORENPULVER *Weiß*
ZEIT *Sommer bis Spätherbst*
VORKOMMEN *Überall häufig*
WERT *Giftig*
ÄHNLICHE ARTEN *Andere kleine Schirmlinge haben anders gefärbte Schuppen oder einen anderen Geruch. Einige von ihnen, insbesondere jene mit rosa oder weinbraunen Tönen, sind tödlich giftig und kommen bisweilen in Gärten vor.*

Wächst in Blumentöpfen, Treibhäusern und Terrarien, in warmen Gegenden bisweilen auch im Freiland oder auf Komposthaufen

Schwarzschuppiger Faltenschirmling

Leucocoprinus brebissonii (Agaricaceae)

Der Hut dieser sehr zierlichen, zerbrechlichen Art ist bis auf die dicht mit feinen schwarzen Schüppchen bedeckte Mitte nahezu schneeweiß. Weiß sind auch die freien, nicht sehr dichtstehenden Lamellen und der glatte, an der Basis keulig verdickte Stiel, der in der oberen Hälfte einen fragilen, weißlichen bis graulichen Ring trägt.

SPORENPULVER *Weiß*
ZEIT *Spätsommer bis Herbst*
VORKOMMEN *In Mitteleuropa sehr selten*
WERT *Ungenießbar*
ÄHNLICHE ARTEN *Häufiger ist der Gelbe Faltenschirmling (S. 131), der ebenfalls in Blumentöpfen wächst*

In Laub- und Nadelstreu verschiedener Waldtypen auf besseren Böden

Wolliggestiefelter Schirmpilz ☠

Lepiota clypeolaria (Agaricaceae)

Der Hut dieses mittelgroßen Pilzes ist mit feinen ockerbraunen Schüppchen bedeckt, die in der Mitte eine fast geschlossene Fläche bilden. Der Hutrand ist oft mit wolligen Velumfetzen behangen. Die Lamellen sind weiß bis cremefarben; der hohe, schlanke, blassbraune Stiel ist mit dichten, flockig-fetzigen Velumresten überzogen, die auch eine Ringzone bilden.

SPORENPULVER *Weiß*
ZEIT *Spätsommer bis Herbst*
VORKOMMEN *Weit verbreitet und vielerorts häufig*
WERT *Giftig*
ÄHNLICHE ARTEN *Der Gelbwollige Schirmling (S. 97) hat keine Ringzone und mehr gelbe bis orangebraune Farben.*

Karbolchampignon

Agaricus xanthoderma (Agaricaceae)

Auf Wiesen, in lichten Wäldern, an Waldrändern, in Parks und Gebüschen, auch auf Rindenmulch in Gärten und auf Friedhöfen

Auf den ersten Blick kann dieser Giftpilz leicht mit anderen, essbaren Champignons verwechselt werden. Jung ist er rein weiß, im Alter kann er stellenweise schmutzig orangebraun verfärben. Der glatte Stiel hat einen breiten, hängenden Ring, der auf der Unterseite zahnradartig aufplatzt, und meist eine knollig angeschwollene Basis. Junge Fruchtkörper verfärben bei der geringsten Verletzung chromgelb, vor allem in der Stielbasis (im Alter ist diese Reaktion weniger deutlich). Die anfangs graulichen Lamellen verfärben sich später rosa bis dunkelbraun. Typisch ist der unangenehme, chemische oder tintenartige Geruch, v.a. beim Kochen.

SPORENPULVER *Schokoladenbraun*
ZEIT *Sommer bis Herbst*
VORKOMMEN *Weit verbreitet, aber nur stellenweise häufig*
WERT *Giftig*
ÄHNLICHE ARTEN *Der Schafchampignon (S. 30) und einige andere essbare Champignons unterscheiden sich u.a. durch langsameres Gilben und angenehmen Anis- oder Bittermandelgeruch.*

ANMERKUNG

Bestes Bestimmungsmerkmal ist das kräftige, schnelle Gilben der Stielbasis bei Druck oder Reibung. Der unangenehme Geruch nach Phenol ist ebenfalls typisch für den Karbolchampignon.

Schafchampignon

Agaricus arvensis (Agaricaceae)

Auf Wiesen, in Parks und Laubwäldern, auch in Gärten auf gedüngten Böden

Der bekannte Speisepilz wurde früher in ländlichen Gebieten Englands sogar gezüchtet. Der junge, nahezu glatte weiße Hut ist jung halbkugelig gewölbt und verfärbt im Alter stumpf bronzegelb. Bei starker Sonneneinwirkung kann die Huthaut faserig aufspringen. Der ebenfalls weiße, zylindrische bis leicht keulenförmige Stiel ist an der Basis knollig verdickt, der Ring doppelt und auf der Unterseite zahnradförmig aufgeplatzt. Die engstehenden, freien Lamellen sind rosa bis dunkelbraun, das dicke, weiße Fleisch verfärbt langsam trübgelb und riecht nach Anis.

ANMERKUNG

Der angenehme Anisgeruch ist für den beliebten Speisepilz typisch. Achten sollte man auch auf die anfangs rosafarbenen, im Alter dunkelbraunen Lamellen.

SPORENPULVER *Dunkelbraun*
ZEIT *Sommer bis Spätherbst*
VORKOMMEN *Zerstreut bis häufig, in ganz Europa verbreitet*
WERT *Guter Speisepilz*
ÄHNLICHE ARTEN *Der Große Anischampignon* (A. macrocarpus) *wächst in Wäldern und ist größer und fester, der Stiel unter dem Ring wollig-faserig. Der Rundsporige Anischampignon* (A. nivescens) *ist schneeweiß, hat einen wollig-faserigen Stiel und zieht Kalkböden vor.*

Einzeln oder in kleinen Gruppen im Laubwald auf sandigen Böden, auch in küstennaher Dünenvegetation

Purpurfaseriger Champignon

Agaricus porphyrizon (Agaricaceae)

Der mittelgroße Pilz hat einen anfangs halbkugeligen, später ausgebreiteten Hut, dessen Oberfläche auf hellbraunem Grund mit feinen violettfarbenen bis violettbraunen Schüppchen besetzt ist. Der schlanke, weiße Stiel trägt einen hängenden Ring, der bei Berührung gilbt. Die blassgrauen Lamellen verfärben im Alter dunkelbraun. Das Fleisch verfärbt an verletzten Stellen stumpf messing- bis orangegelb und riecht nach Mandeln.

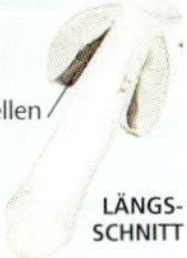

SPORENPULVER *Dunkelbraun*
ZEIT *Sommer bis Spätherbst*
VORKOMMEN *Zerstreut bis selten, häufiger im Küstenbereich*
WERT *Essbar*
ÄHNLICHE ARTEN *Der Braunschuppige Stinkchampignon* (A. impudicus) *ist dunkler braun und riecht im Schnitt nach Gummi.*

Truppweise im Falllaub, gern an Wald- und Wegrändern auf Kalkboden

Gerippter Ritterling

Tricholoma acerbum (Tricholomataceae)

Deutlichstes Merkmal dieser großen Art ist der grob gerippte, oft radialrissige Hutrand, der entfernt an eine Brotkruste erinnert. Der Hut ist blass cremefarben bis gelbbraun gefärbt, in der Mitte auch etwas dunkler. Die cremefarbenen, engstehenden Lamellen weisen oft rostrote Flecke auf. Der wie der Hut gefärbte Stiel ist am Hutansatz fein granuliert, das weiße Fleisch ist hart und schmeckt bitter.

SPORENPULVER *Weiß*
ZEIT *Sommer bis Spätherbst*
VORKOMMEN *Weit verbreitet in Mitteleuropa, aber vielerorts selten*
WERT *Ungenießbar*
ÄHNLICHE ARTEN *Gelbblättriger Ritterling (S 100): dunkler rotbraun, mit gelben Lamellen und gelbem Fleisch; unter Birken; häufig*

Auf gestörten – oft gedüngten oder mit Kompost versetzten – Böden an Weg- und Straßenrändern, Waldrändern und in Gärten

Zweisporiger Champignon

Agaricus bisporus (Agaricaceae)

Der Zweisporige Champignon, die Wildform des bekannten Zuchtchampignons, unterscheidet sich von der glatthütigen, weißen Handelsform durch den dunkleren, schuppigeren, am Rand oft wollig-flockigen Hut. Der Stiel ist kurz und kompakt und hat einen schmalen, doppelten Ring. Das Fleisch ist weiß und verfärbt sich an verletzten Stellen leicht rosabräunlich. Der schwache Geruch erinnert an Gras. Die mikroskopisch kleinen Sporenständer (Basidien) tragen jeweils nur zwei Sporen anstatt der sonst üblichen vier. Es gibt viele Zuchtformen – neben den glatthütigen, weißen auch braune, schuppige, die der Wildform sehr ähnlich sehen.

SPORENPULVER *Dunkelbraun*
ZEIT *Sommer bis Spätherbst*
VORKOMMEN *Die Wildform kommt zerstreut in ganz Europa vor.*
WERT *Schmackhafter Speisepilz*
ÄHNLICHE ARTEN *Der Stadtchampignon (*A. bitorquis*) hat einen abgeflachten Hut mit eingerolltem Rand und sehr engstehenden Lamellen; der Stiel ist kurz und dick und hat einen halskrausenartigen Ring.*

ANMERKUNG

Immer den gesamten Fruchtkörper aus dem Boden drehen, um Verwechslungen mit giftigen Knollenblätterpilzen zu vermeiden, die an der Stielbasis eine bescheidete Knolle haben.

Gruppenweise in grasigen Wäldern, oft an Wegrändern, in Parks und Gärten, sowohl unter Laub- wie unter Nadelbäumen

Tongrauer Tränenfälbling

Hebeloma crustuliniforme (Cortinariaceae)

Der deutsche Name bezieht sich auf die blassbraunen, sehr dicht stehenden Lamellen, die bei Feuchtigkeit kleine, helle Tröpfchen ausscheiden, d.h. sie »tränen«. Beim Eintrocknen an den Lamellenschneiden umschließen die Tröpfchen braune Sporen und hinterlassen entsprechende Flecke. Der blass cremefarbene bis hellbraune, flach gebuckelte Hut des Giftpilzes erinnert an Brotteig. Sein Rand ist anfangs eingerollt, die Oberfläche glatt und bei Feuchtigkeit ziemlich schmierig. Der zylindrische Stiel ist weiß bis cremefarben, seine Oberfläche flockig-feinkörnig. Das weiße Fleisch schmeckt bitter, und der gesamte Pilz riecht stark nach Rettich.

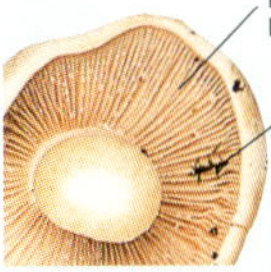

ANMERKUNG

Mit einer Lupe sind die winzigen Tröpfchen an den Lamellenschneiden und die körnig-flockige Stieloberfläche gut zu erkennen. Schmierige Hüte und der Geruch nach Rettich oder Kakao sind Kennzeichen vieler Fälblingsarten.

SPORENPULVER *Tabakbraun*
ZEIT *Sommer bis Spätherbst*
VORKOMMEN *Weit verbreitet und häufig*
WERT *Giftig, wenn auch kaum lebensbedrohend*
ÄHNLICHE ARTEN *Viele andere Fälblinge können nur mikroskopisch unterschieden werden. Einige von ihnen sind obendrein nicht so bitter oder riechen eher kakao- als rettichartig. Alle Fälblinge gelten als giftig.*

Voreilender Ackerling

Agrocybe praecox (Bolbitiaceae)

An Wegrändern, in Parks, Gärten und Wäldern, auf Brachen, auch auf Rindenmulch

Der blassbraune bis elfenbeinfarbene Pilz wächst im Frühjahr und Frühsommer. Die glatte Oberfläche des gewölbten bis abgeflachten Huts springt bei Trockenheit felderig auf. Der schlanke, an der Basis oft verdickte Stiel hat einen hängenden Ring, der auch abgefallen sein kann. Die blassbraunen Lamellen werden im Alter dunkler. Der Pilz riecht nach Mehl und ist bitter.

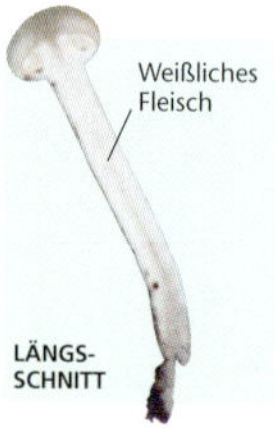

SPORENPULVER *Mittelbraun*
ZEIT *Frühjahr bis Frühsommer*
VORKOMMEN *Weit verbreitet, in manchen Jahren häufig*
WERT *Ungenießbar*
ÄHNLICHE ARTEN *Der Leberbraune Ackerling (A. erebia) hat einen dunkelbraunen Hut und wächst im Sommer und Herbst.*

Weißer Ackerling

Agrocybe molesta (Bolbitiaceae)

An Wegrändern, in Parks und Gärten

Der ungenießbare Pilz ist in allen Teilen sehr blass elfenbeinfarben bis nahezu weiß. Die Oberfläche des gewölbten Huts ist glatt, springt bei Trockenheit aber felderig auf. Die jung blassbraunen Lamellen werden bei der Reife dunkelbraun. Der zylindrische Stiel hat oben eine feine, unregelmäßige Ringzone und an der Basis oft wurzelartige Rhizomorphen (Myzelstränge).

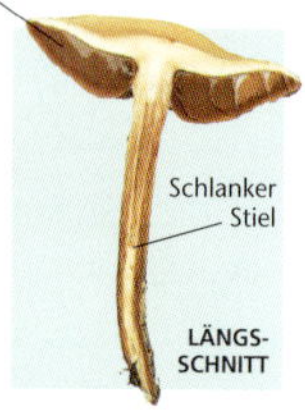

SPORENPULVER *Mittelbraun*
ZEIT *Sommer bis Spätherbst*
VORKOMMEN *Weit verbreitet und z. T. häufig*
WERT *Ungenießbar*
ÄHNLICHE ARTEN *Der Robuste Ackerling (A. putaminum) wächst vor allem an geschreddertem Holz und Rindenmulch; der Stiel ist stark längsstreifig und hat keinen Ring.*

Mönchskopf

Clitocybe geotropa (Tricholomataceae)

Truppweise oder in Hexenringen in Laub- und Nadelwäldern, meist auf kalkhaltigen Böden

Der auch Ledergelber Riesentrichterling genannte Pilz kann sehr groß werden. Der blass creme- bis beigefarbene, trokkene und weiche Hut ist im Alter trichterig, doch bleibt die Mitte meist gebuckelt. Die weißen, engstehenden Lamellen laufen am keuligen, grob längsfaserigen und hohen Stiel herab. Die Größe und die typische Gestalt ermöglichen ein rasches Erkennen. Hinzu kommt ein etwas ranziger Geruch.

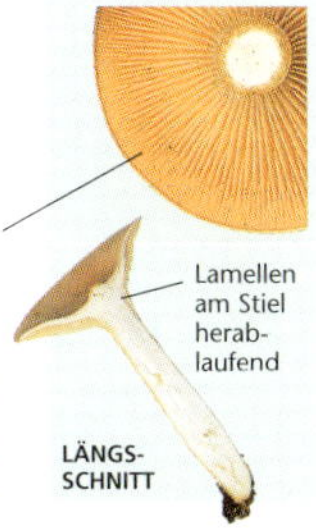

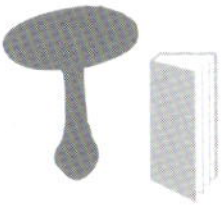

SPORENPULVER *Weiß*
ZEIT *Meist erst im Herbst und Spätherbst*
VORKOMMEN *Weit verbreitet bis häufig*
WERT *Essbar*
ÄHNLICHE ARTEN *Der Riesen-Krempentrichterling (S. 17) wird noch größer und hat einen kürzeren Stiel. Der Fuchsige Rötelritterling (S. 105) ist deutlich kleiner.*

Ockerbrauner Trichterling

Clitocybe gibba (Tricholomataceae)

In kleinen Gruppen in Laub- und Mischwäldern, meist in der Streu, gern an Wegrändern

Der trichterförmige, in der Mitte oft leicht gebuckelte Hut und der Stiel dieses eher grazilen Speisepilzes sind blassbraun bis fleischockerfarben. Die Hutoberfläche ist trocken und feinfilzig, die dünnen, engstehenden Lamellen laufen am schlanken, längsfaserigen Stiel herab. Das Fleisch schmeckt mild und hat einen schwachen, an Bittermandeln erinnernden Geruch.

SPORENPULVER *Weiß*
ZEIT *Sommer bis Spätherbst*
VORKOMMEN *Weit verbreitet und häufig*
WERT *Essbar; nicht verwechseln mit S. 36!*
ÄHNLICHE ARTEN *Duftender Gifttrichterling (S. 36); Feinschuppiger Trichterling* (Clitocybe squamulosa)*: Hut rotbraun, feinschuppig; Mehlgeruch; im Nadelwald*

In kleinen Gruppen oder Ringen in der Nadelstreu

Duftender Gifttrichterling

Clitocybe amoenolens (Tricholomataceae)

Der ursprünglich aus Marokko beschriebene Pilz scheint sich inzwischen in Teilen Frankreichs und Italiens auszubreiten. Er hat einige schwere Vergiftungen verursacht, die mit sehr starken Schmerzen in den Extremitäten und anderen neurotoxischen Symptomen einhergingen. Der blass elfenbeinfarbene bis ockerbraune, in der Mitte oft leicht niedergedrückte und im Alter trichterige Hut ist im Normalfall glatt, doch kann die Huthaut auch wie bereift aussehen und stellenweise rissig aufplatzen. Der Rand ist eingerollt und bisweilen gerieft. Die Lamellen laufen am kurzen, kräftigen, wie der Hut gefärbten Stiel herab und sind cremefarben bis blassocker. Der süßliche Geruch erinnert an Jasmin oder überreife Birnen.

ANMERKUNG

Der bisher in Europa nur selten beobachtete Giftpilz darf nicht mit anderen Trichterlingen und Rötelritterlingen verwechselt werden. Ein gutes Erkennungszeichen ist der Geruch nach Blumen (Jasmin) oder reifen Birnen.

SPORENPULVER *Weiß*
ZEIT *Herbst bis Winter*
VORKOMMEN *In Europa bisher nur in Frankreich und Italien*
WERT *Sehr giftig*
ÄHNLICHE ARTEN *Ockerbrauner Trichterling (S. 35) mit fleischockerfarbenem Hut; Fuchsiger Rötelritterling und nahestehende Arten mit rotbraunen bzw. orangegelben Hüten (S. 105)*

Punktiertstieliger Samtschneckling

Camarophyllopsis atropuncta (Hygrophoraceae)

In Wäldern und auf Wiesen, meist unter Laubgehölzen (vor allem Hasel) auf feuchtem, kalkhaltigem Boden

Der kleine Pilz hat einen gewölbten, schmutzig graubraunen Hut mit gerieftem Rand. Die graubraunen, dicken, entferntstehenden Lamellen sind auffallend bogig und laufen fächerförmig am Stiel herab. Der blassgraue Stiel ist abwärts verjüngt; seine Oberfläche ist schwarz punktiert.

SPORENPULVER *Weiß*
ZEIT *Herbst*
VORKOMMEN *In Mitteleuropa selten bis sehr selten, in Nordeuropa etwas häufiger*
WERT *Ungenießbar*
ÄHNLICHE ARTEN *Juchten-Ellerling* (Hygrocybe russocoriacea): *Hut wachsartig, Geruch nach Zedernholz, Stiel nicht punktiert*

Rotbrauner Nabeling

Omphalina pyxidata (Tricholomataceae)

In kleinen Gruppen an Wegrändern, oft zwischen Moosen in offenem Gelände, meist auf kiesigen oder sandigen Böden

Ein hell rotbrauner Hut mit einer vertieften (»genabelten«) Mitte und einem mit dunklen, radialen Streifen gerieften, oft welligen oder gezähnten Rand. Die blass cremerosafarbenen, entferntstehenden Lamellen laufen weit am Stiel herab. Der schlanke, glatte, etwas glänzende Stiel ist oft viel länger als der Hut breit.

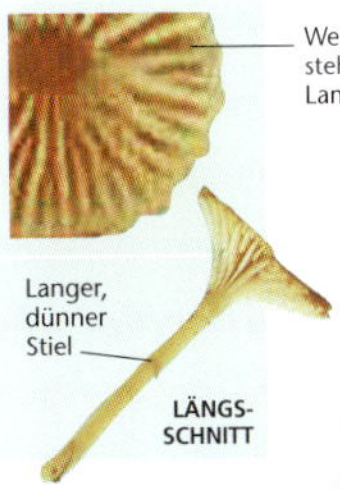

SPORENPULVER *Weiß*
ZEIT *Sommer bis Spätherbst*
VORKOMMEN *Zerstreut, häufiger vor allem im Küstenbereich*
WERT *Ungenießbar*
ÄHNLICHE ARTEN *Es gibt viele andere Nabelinge, darunter die in Mooren wachsenden Arten* O. oniscus *und* O. sphagnophila.

Oft in großen Scharen auf toten Laubholzstümpfen oder auf dem Erdboden neben abgestorbenen Stämmen

Gesäter Tintling

Coprinus disseminatus (Coprinaceae)

Der winzige Pilz wächst in großen Gruppen. Die blass ockergrauen, stark radial gefurchten Hüte sehen aus wie Fallschirme. Die Hutoberfläche ist mit winzigen farblosen Härchen bedeckt. Die engstehenden Lamellen sind dunkel graubraun bis schwarz und verflüssigen sich im Gegensatz zu denen anderer Tintlinge bei der Reife kaum. Die zerbrechlichen Stielchen sind schmutzig weißlich.

SPORENPULVER *Schwarz*
ZEIT *Frühjahr bis Spätherbst*
VORKOMMEN *In ganz Europa weit verbreitet und häufig*
WERT *Ungenießbar*
ÄHNLICHE ARTEN *Der Zwerg-Faserling* (Psathyrella pygmaea) *hat einen glatteren, unbehaarten Hut.*

Einzeln oder in kleinen Gruppen auf Wiesen, Rasenflächen und an ähnlichen Standorten

Rädchentintling

Coprinus plicatilis (Coprinaceae)

In offenem, grasigem Gelände sehr häufig. Der erst glockige, bis auf die dunkel orangebraune Mitte radial gefurchte Hut breitet sich rasch aus. Härchen auf der Hutoberfläche fehlen, und die dünnen, schwärzlichen Lamellen laufen in einem Kollar um den Stielansatz zusammen. Der hohe, zerbrechliche Stiel ist weiß. Das Pilzchen erscheint oft über Nacht und welkt rasch.

SPORENPULVER *Schwarz*
ZEIT *Frühjahr bis Spätherbst*
VORKOMMEN *In ganz Europa verbreitet und häufig*
WERT *Ungenießbar*
ÄHNLICHE ARTEN *Der Braunhaarige Tintling* (Coprinus auricomus) *ist braun und etwas größer.*

Schopftintling

Coprinus comatus (Coprinaceae)

Der Schopftintling, ein beliebter Speisepilz, ist unverwechselbar. Er hat einen hohen, ei- bis walzenförmigen Hut, der jung mit faserigen weißen Schuppen bedeckt ist. Wenn der Hutrand sich allmählich vom Stiel löst, bleibt ungefähr in der Stielmitte ein schmaler Ring zurück. Der Hut und die anfangs weißen Lamellen färben sich bei der Reife allmählich schwarz und lösen sich schließlich vom Hutrand her in eine schwarze tintenartige Flüssigkeit auf. Dadurch werden die Sporen freigesetzt. Schopftintlinge sind schmackhafte Speisepilze, solange die Schwärzung noch nicht begonnen hat. Sie sollten möglichst noch am Tag des Pflückens zubereitet werden.

Meist in kleinen oder größeren Gruppen an grasigen Standorten wie Rasenflächen und Sportplätzen; auch in Wäldern

SPORENPULVER *Schwarz*
ZEIT *Spätes Frühjahr bis Spätherbst*
VORKOMMEN *In ganz Europa verbreitet und häufig*
WERT *Jung guter Speisepilz*
ÄHNLICHE ARTEN *Es gibt einige Arten, die jung ähnlich aussehen. Im Zweifel schneide man den Fruchtkörper längs durch und überprüfe die zylindrische Form des ungeöffneten Huts und den Stielring. Ähnlich groß wird auch der Spechttintling (S. 176).*

ANMERKUNG

Sammeln Sie nur junge, möglichst noch geschlossene Fruchtkörper, die noch nicht schwärzen.

Ringdüngerling

Panaeolus semiovatus (Coprinaceae)

Einzeln oder in kleinen Gruppen in Grasland auf Dung von Rindern und anderen Weidetieren

Der Ringdüngerling hat einen blass elfenbein- bis beigefarbenen Hut, der bei Feuchtigkeit glatt und schmierig ist und bei Trockenheit glänzt. Die engstehenden grauen bis schwarzen Lamellen sind dunkler grau oder schwärzlich gesprenkelt. Der starre, aber zerbrechliche Stiel ist blass- bis dunkelbraun und trägt einen deutlichen Ring, der oft von ausgefallenen Sporen schwarz gefleckt ist. Die Größe des Fruchtkörpers ist – wie bei vielen Dungpilzen – vom Nahrungsangebot abhängig und daher sehr variabel. Man findet Exemplare von nur wenigen Zentimetern Höhe und solche, die bis 15 cm hoch werden.

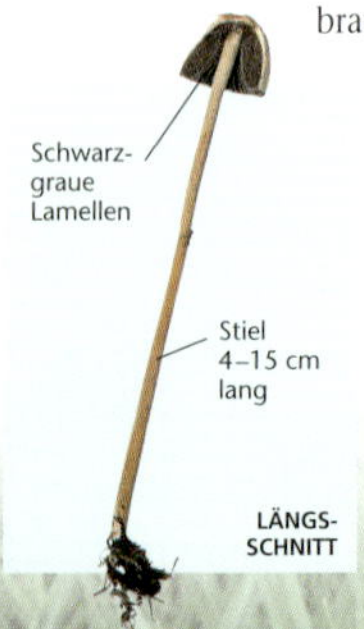

SPORENPULVER *Schwarz*
ZEIT *Frühjahr bis Spätherbst*
VORKOMMEN *Verbreitet, aber nur stellenweise häufig*
WERT *Ungenießbar*
ÄHNLICHE ARTEN *Es gibt mehrere andere Düngerlinge, die jedoch meist kleiner und dunkler sowie stets unberingt sind. Sie kommen an ähnlichen Standorten vor.*

ANMERKUNG

Der klebrige Hut und der beringte Stiel weichen von anderen Panaeolus-Arten ab. Er wird daher oft in eine eigene Gattung gestellt.

Rillstieliger Seitling

Pleurotus cornucopiae (Polyporaceae)

Die tief trompeten- oder tütenförmigen Hüte dieses Speisepilzes sind blass cremefarben bis hellbraun und haben eine glatte Oberfläche. Die schmalen Lamellen laufen weit am Stiel herab und bilden dort ein Netz aus erhabenen Rippen. Die Stiellänge variiert je nach dem Ansatz des Fruchtkörpers am Substrat.

In dichten, am Grunde zusammengewachsenen Büscheln an abgestorbenen, wenn auch oft noch stehenden Laubbäumen, vor allem Ulmen

SPORENPULVER *Weiß*
ZEIT *Spätes Frühjahr bis Spätherbst*
VORKOMMEN *In Mitteleuropa vor allem in Auwäldern, zerstreut bis selten*
WERT *Guter Speisepilz*
ÄHNLICHE ARTEN *Lungenseitling* (Pleurotus pulmonarius): *Hut halbkreisförmig, flach, Stiel fehlend oder nur rudimentär*

Wolliger Scheidling

Volvariella bombycina (Pluteaceae)

Der anfangs eiförmig-geschlossene, später ausgebreitete und in der Mitte gebuckelte Hut hat eine seidig-haarige, weiße, cremefarbene oder gelbliche Oberfläche. Die sehr breiten, freien Lamellen sind zunächst weiß und bei der Sporenreife dunkelrosa. Hut und Stiel entspringen einer hohen, lappigen, braunen Scheide. Verwandt ist der in der asiatischen Küche geschätzte Reisstrohpilz *(Volvariella volvacea)*.

Einzeln oder in kleinen Büscheln in Astlöchern von verschiedenen Laubbäumen, vor allem Ulmen, hoch am Stamm

SPORENPULVER *Rosa*
ZEIT *Sommer bis Spätherbst*
VORKOMMEN *Selten bis sehr selten*
WERT *Essbar, aber zu schonen*
ÄHNLICHE ARTEN *Blaugrauer Scheidling* (Volvariella caesiotincta): *Kleiner, graubraun, oft mit bläulichem Schimmer, Volva graulich, an morschem Laubholz.*

Oft in großer Zahl auf Rindenmulch, Reisighaufen und anderen Holzabfällen in Wäldern, Parks und Gärten

Raufuß-Weichritterling

Melanoleuca verrucipes (Tricholomataceae)

Der Raufuß-Weichritterling galt lange Zeit als sehr selten. Seit Ende der 1970er Jahre tritt er jedoch immer häufiger auf, vor allem auf Rindenmulch. Wichtigstes Erkennungsmerkmal ist der schwarz punktierte Stiel. Der oft recht fleischige Hut ist gebuckelt, die anfangs weißen, am Stiel ausgebuchteten Lamellen werden im Alter cremefarben. Das weiße Fleisch des ungenießbaren Pilzes ist ziemlich zäh und riecht obstartig oder käsig. Auf Rindenmulch wachsen auch noch andere Weichritterlinge, doch haben die meisten von ihnen braune oder graue Hüte.

ANMERKUNG

Die Weichritterlinge (Melanoleuca) *gehören zu den am schwersten bestimmbaren Lamellenpilzen. Ein so klares Merkmal wie der Stiel bei* M. verrucipes *ist eine Ausnahme.*

SPORENPULVER *Weiß*
ZEIT *Sommer bis Spätherbst*
VORKOMMEN *Selten bis zerstreut, aber deutlich in Zunahme begriffen*
WERT *Ungenießbar*
ÄHNLICHE ARTEN *Ebenfalls hellhütig sind der Almen-Weichritterling* (Melanoleuca subalpina) *und der nahestehende* Melanoleuca strictipes, *deren Stiele jedoch nicht schwarz punktiert sind und die an grasigen Standorten oder in der Laubstreu wachsen.*

Weißer Zärtling

Entoloma sericellum (Entolomataceae)

Der rein weiße bis blassgelbliche Hut ist jung glockenförmig gewölbt, breitet sich aber im Alter aus. Die anfangs weißen, engstehenden Lamellen stehen im Alter weiter entfernt, werden mit der Sporenreife rosa und laufen kurz am Stiel herab. Der weiße, seidig-faserige Stiel ist sehr zerbrechlich.

Auf Feuchtwiesen und moosreichen Rasenflächen in Gärten und Parks, auch in lichten, feuchten Wäldern

SPORENPULVER *Rosa*
ZEIT *Sommer bis Spätherbst*
VORKOMMEN *Zerstreut bis selten*
WERT *Ungenießbar*
ÄHNLICHE ARTEN *Kleine Scheidlinge* (Volvariella) *sehen ähnlich aus und kommen an den gleichen Standorten vor, haben aber eine Scheide am Stielgrund.*

Grünblättriger Zwergschirmling

Melanophyllum eyrei (Aqaricaceae)

Eine der ganz wenigen Pilzarten mit blaugrünen Lamellen. Sie erreichen den Stiel nicht und stehen nur mäßig eng. Der dünnfleischige, weißliche Hut bräunt im Alter, seine Oberfläche ist mit einer feinen, puderartigen Granulation überzogen. Der sehr schlanke, zerbrechliche Stiel ist weiß und an der Basis blassbraun. Er hat eine matte, körnig bepuderte Oberfläche und keinen Ring.

An humusreichen, oft etwas feuchten Stellen, vor allem auf gestörten Böden; meist einzeln oder in kleinen Gruppen

SPORENPULVER *Blaugrün*
ZEIT *Sommer bis Spätherbst*
VORKOMMEN *Sehr selten, in Deutschland nur von wenigen Standorten bekannt*
WERT *Ungenießbar*
ÄHNLICHE ARTEN *Es gibt zwar zahlreiche andere kleine weiße Arten, aber keine hat blaugrüne Lamellen.*

In moosreichen Nadelwäldern in der Streu, seltener auch im Falllaub, auf sauren Böden

Starkriechender Körnchenschirmling

Cystoderma carcharias (Tricholomataceae)

Der gewölbte oder gebuckelte Hut ist anfangs weiß, dann rosagrau mit dunkler rosafarbener Mitte; der Rand ist fransig behangen. Die am Stiel abgerundeten, ziemlich engstehenden Lamellen riechen streng und muffig. Der blassrosa Stiel ist körnig bepudert und hat einen hochsitzenden, markanten, aufsteigenden Ring.

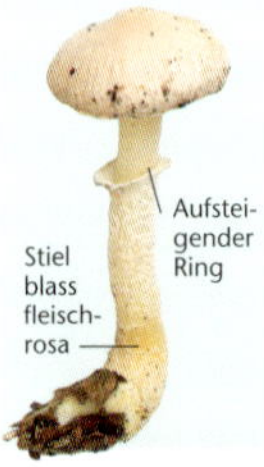

SPORENPULVER *Weißlich*
ZEIT *Sommer bis Spätherbst*
VORKOMMEN *In Mitteleuropa weit verbreitet, im Bergland stellenweise häufig*
WERT *Ungenießbar*
ÄHNLICHE ARTEN *Der Weiße Körnchenschirmling* (C. ambrosii) *ist fast weiß und nur im Alter gelblich oder bräunlich überhaucht.*

Unter Birken in feuchten Wäldern und Parks, oft zwischen Moosen und Falllaub

Blasser Kokosflockenmilchling

Lactarius glyciosmus (Russulaceae)

Typisch ist sein kräftiger Geruch nach Kokosflocken. Der abgeflachte, in der Mitte niedergedrückte Hut ist graulich bis blassocker mit einem leichten Stich ins Rosafarbene. Die Oberfläche ist trocken und filzig. Die engstehenden, blass cremerosafarbenen Lamellen scheiden bei Verletzung kleine Tröpfchen einer weißen Milch aus.
Auch der Stiel ist blass fleischfarben.

LÄNGSSCHNITT

SPORENPULVER *Blassgelb*
ZEIT *Sommer bis Spätherbst*
VORKOMMEN *In Mitteleuropa weit verbreitet, in Mooren stellenweise häufig*
WERT *Ungenießbar*
ÄHNLICHE ARTEN *Der Dunkle Kokosflockenmilchling* (L. mammosus) *riecht ähnlich, ist aber dunkler und wächst im Nadelwald.*

Langstieliger Knoblauchschwindling

Marasmius alliaceus (Tricholomataceae)

Auf abgefallenen Laubholzzweigen, seltener auch auf Falllaub, vor allem unter Buchen auf Kalkböden

Der starke Knoblauchgeruch und der lange, schwarze, steife, glatte bis feinsamtige und innen hohle Stiel sind gute Erkennungsmerkmale. Der beigefarbene bis lederbraune, glatte oder radialrunzelige Hut ist gewölbt oder abgeflacht. Die dichtstehenden, am Stiel angehefteten Lamellen sind blassocker. Die Art ist als Würzpilz verwertbar.

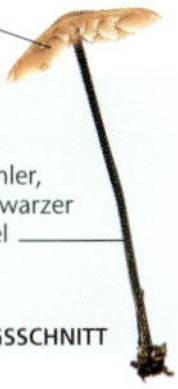

SPORENPULVER *Weiß*
ZEIT *Sommer bis Spätherbst*
VORKOMMEN *In Gebieten mit kalkhaltigen Böden verbreitet bis häufig*
WERT *Essbar*
ÄHNLICHE ARTEN *Echter Mousseron: ist kleiner und wächst im Nadelwald. Stinkschwindling: ist kleiner und riecht nach faulem Kohl.*

Rosshaarschwindling

Marasmius androsaceus (Tricholomataceae)

Auf der Streu und auf kleinen Zweigen in Nadelwäldern und Heiden, oft in großen Scharen

Eine sehr zierliche Art mit einem kleinen, blass rotbraunen, radial gefurchten und in der Mitte genabelten Hut. Die sehr entferntstehenden, am Stiel angehefteten Lamellen sind fleischbräunlich, der glänzende, schwarze Stiel ist zäh und dünn und unten oft mit rosshaarähnlichen Myzelsträngen (Rhizomorphen) besetzt.

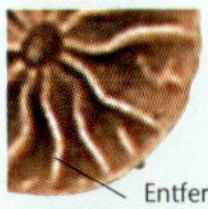

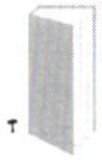

SPORENPULVER *Weiß*
ZEIT *Sommer bis Spätherbst*
VORKOMMEN *In Nadelwäldern überall in Mitteleuropa häufig*
WERT *Ungenießbar*
ÄHNLICHE ARTEN *Halsbandschwindling* (M. rotula): *Hut weißlich, Stiel kürzer, Lamellen am Stiel in einem Kollar zusammengefasst*

Knopfstieliger Büschelrübling

Collybia confluens (Tricholomataceae)

In Laub- und Nadelwäldern, vor allem im Falllaub und in der Nadelstreu

Das büschelige Wachstum und der aromatische Geruch sind gute Erkennungsmerkmale. Der gewölbte bis flache Hut ist hell fleischbraun bis ockergrau, das Fleisch dünn und zäh. Die sehr engstehenden, schmalen Lamellen sind weiß bis cremefarben. Der hell ockerbraune bis dunkelbraune, trockene Stiel ist hohl und strieglig-filzig.

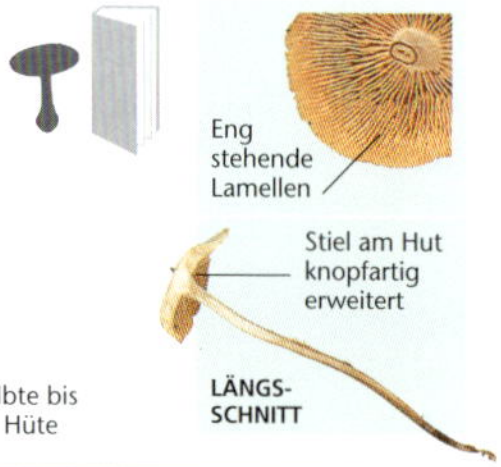

SPORENPULVER *Cremefarben*
ZEIT *Sommer bis Spätherbst*
VORKOMMEN *Vielerorts sehr häufig*
WERT *Ungenießbar*
ÄHNLICHE ARTEN *Unverschämter Rübling* (C. impudica): *Hut dunkler braun, Stiel rotbraun mit filziger Basis; wesentlich seltener*

Rotstieliger Büschelrübling

Collybia erythropus (Tricholomataceae)

Auf moosüberwachsenen Stümpfen und im Boden vergrabenem Moderholz in Laubwäldern

Die blassen Hüte in Kombination mit den satt rotbraunen Stielen sind artkennzeichnend. Die glatten, am Rand leicht gerieften Hüte sind dünnfleischig und anfangs abgerundet, aber schon bald verflachend. Die ziemlich breiten Lamellen sind weißlich bis satt cremefarben, während die glatten, bereiften Stiele fast blutrot bis dunkelbraun sind.

SPORENPULVER *Cremefarben*
ZEIT *Sommer bis Spätherbst*
VORKOMMEN *Zerstreut bis regional häufig, vor allem in wärmeren Gebieten*
WERT *Ungenießbar*
ÄHNLICHE ARTEN *Rotbraunstieliger Büschelrübling* (Collybia acervata): *Büschelig an Nadelholz, Lamellen dichterstehend*

Nelkenschwindling

Marasmius oreades (Tricholomataceae)

Der beliebte Speisepilz hat sehr zähfleischige Fruchtkörper. Der gesamte Pilz ist mehr oder weniger blass ockerbraun gefärbt. Bei Feuchtigkeit wird er dunkler, bei Trockenheit blasst er stark aus. Der zunächst rundliche, glatte Hut breitet sich bald aus, bleibt in der Mitte jedoch lang flach gewölbt. Die breiten, entferntstehenden Lamellen sind am Stiel frei oder locker angeheftet; der zähe, feste Stiel ist trocken und fühlt sich leicht körnig an. Der Nelkenschwindling hat einen angenehmen Geschmack und riecht schwach bittermandelartig. Zur Zubereitung eignen sich vor allem die Hüte, während man die zähen Stiele besser entfernt.

In Hexenringen und Reihen auf kurzgrasigen Wiesen in Gärten, Parks, an Straßenrändern und auf Viehweiden

SPORENPULVER *Weiß*
ZEIT *Frühjahr bis Spätherbst*
VORKOMMEN *Einer der häufigsten Wiesen bewohnenden Pilze*
WERT *Guter Speisepilz*
ÄHNLICHE ARTEN *Weiße Gifttrichterlinge (S. 20) wachsen ebenfalls in Ringen und sind sehr giftig. Sie haben leicht herablaufende Lamellen, der Stiel ist weniger zäh und die Hüte sind weiß bis ockerlich und bereift.*

ANMERKUNG

Achten Sie bei der Bestimmung auf die fast freien, breiten, entferntstehenden Lamellen, den sehr zähen, biegsamen Stiel und die einheitlich blass ockerbraune Farbe.

In Scharen oder in Büscheln auf Holzhäckseln und Rindenmulch in Gärten, Parks und entlang von Waldwegen, seltener auch auf Holzabfällen und Streu in Wäldern.

Blauender Kahlkopf ☠

Psilocybe cyanescens (Strophariaceae)

Der Pilz hat sich in letzter Zeit stark ausgebreitet. Der dunkelbraune Hut blasst schon bald von der Mitte her cremeockerfarben aus, während die Randzone noch dunkel ist. Die Huthaut ist glatt und bei Feuchtigkeit etwas schmierig. Die Lamellen sind dunkelbraun, und der weiße Stiel verfärbt sich bei Berührung und im Alter blaugrün.

SPORENPULVER *Purpurbraun*
ZEIT *Spätherbst bis Winterbeginn*
VORKOMMEN *Selten bis zerstreut, regional bereits häufig*
WERT *Giftig und halluzinogen*
ÄHNLICHE ARTEN *Der Wurzelnde Sumpf-Schwefelkopf* (Hypholoma myosotis) *wächst in Mooren und verfärbt nicht blau.*

Wiesen, Weiden, Feldwege usw., auf Dung von Weidetieren

Halbkugeliger Träuschling

Stropharia semiglobata (Strophariaceae)

Der kleine, blass cremegelbe, glatte und bei Feuchtigkeit klebrige Hut ist halbkugelig bis konvex und breitet sich auch im Alter nicht vollständig aus. Die breiten, dunkel olivgrauen Lamellen sind am Stiel angewachsen und haben weißliche Schneiden. Der schlanke Stiel ist blassgelb und unter dem oft nur noch undeutlich erkennbaren Ring schmierig.

SPORENPULVER *Purpurbraun*
ZEIT *Spätes Frühjahr bis Spätherbst*
VORKOMMEN *Zerstreut, in Nordeuropa ziemlich häufig*
WERT *Ungenießbar*
ÄHNLICHE ARTEN *Der Krönchen-Träuschling* (Stropharia coronilla) *hat einen oberseits gefurchten Ring und ist meist kleiner.*

Kleiner Waldchampignon

Agaricus silvaticus (Agaricaceae)

Das weiße Fleisch dieses Pilzes läuft im Schnitt tief blutrot an. Der anfangs fast kugelig geschlossene, auf blassbraunem Grund mit dunkler braunen, dreieckigen Schuppen bedeckte Hut schirmt bald auf und verflacht. Die freien Lamellen sind graurosa und werden später dunkelbraun; der glatte Stiel ist cremefarben bis hellbraun und hat einen breiten, hängenden Ring.

In kleinen Gruppen in Laub- und Nadelwäldern, vor allem unter Fichten; manchmal auch unter Einzelbäumen in Gärten und Parks

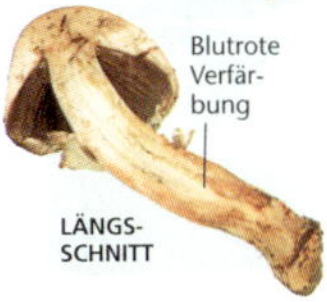

SPORENPULVER *Dunkelbraun*
ZEIT *Sommer bis Spätherbst*
VORKOMMEN *Ziemlich häufig*
WERT *Guter Speisepilz*
ÄHNLICHE ARTEN *Der Große Waldchampignon* (Agaricus langei) *ist größer und kräftiger, hat breitere Hutschuppen und größere Sporen. Das Fleisch färbt noch tiefer rot.*

Brauner Kompostchampignon ☠

Agaricus vaporarius (Agaricaceae)

Eine schwere Art mit rundem, in der Mitte oft abgeflachtem Hut, der meistens dicht mit breiten, angedrückten braunen Schuppen bedeckt ist, aber auch nur braun sein kann. Die Lamellen sind anfangs blass graurosa und werden mit der Sporenreife dunkelbraun; der dicke, harte Stiel ist unter dem leicht vergänglichen Ring bräunlich.

Auf Komposthaufen, an Straßen- und Wegrändern, in Gärten und Parks sowie auf gedüngten Wiesen, oft in dicht gedrängten Büscheln

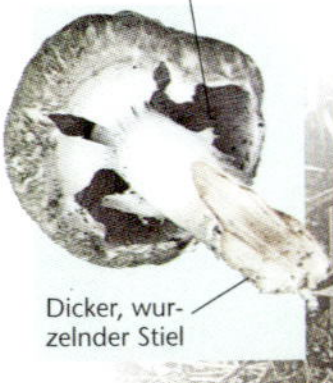

SPORENPULVER *Dunkelbraun*
ZEIT *Spätes Frühjahr bis Spätherbst*
VORKOMMEN *Ziemlich selten*
WERT *Unbekannt, giftverdächtig*
ÄHNLICHE ARTEN *Ebenfalls büschelig wächst der Spindelfüßige Champignon* (Agaricus bohusii)*; er hat jedoch dichte, abstehende, spitze Hutschuppen und ist äußerst selten.*

Einzeln oder in kleinen Gruppen auf Lichtungen in Laubwäldern, in Parks und an Wegrändern, bisweilen auch auf Wiesen.

Zitzen-Riesenschirmpilz

Macrolepiota mastoidea (Agaricaceae)

Der elegante Pilz hat einen blass cremefarbenen Hut, der lediglich in der gebuckelten Mitte dunkler braun ist. Die Oberfläche ist mit feinen, kleiigen Schüppchen bedeckt, die zum Rand hin spärlicher werden. Weitere Merkmale sind die breiten, dichtstehenden Lamellen und der schlanke, unterhalb des doppelten Rings glatte oder feinschuppig gebänderte Stiel.

SPORENPULVER *Weiß*
ZEIT *Sommer bis Spätherbst*
VORKOMMEN *Weit verbreitet, z. T. häufig*
WERT *Guter Speisepilz*
ÄHNLICHE ARTEN *Der Acker-Riesenschirmpilz* (Macrolepiota excoriata) *ist kleiner und wächst auf Wiesen und Weiden; die obere Huthautschicht reißt sternförmig auf.*

In der Streu der Nadelwälder, auf Komposthaufen und an Weg- und Straßenrändern; meist in Gruppen oder Hexenringen

Safran-Riesenschirmpilz ☠

Macrolepiota rhacodes (Agaricaceae)

Der fleischige, in der Mitte gebuckelte Hut ist auf weißlichem Grund mit aufgebogenen braunen Schuppen bedeckt. Die freien Lamellen sind weiß; der kräftige, glatte, mit einem dicken, doppelten Ring versehene Stiel ist schmutzig weißlich bis hellbraun und am Grund knollig angeschwollen. Die Lamellen flecken bräunlich.

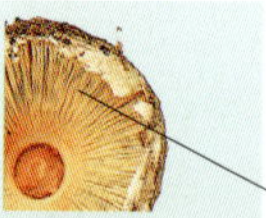

SPORENPULVER *Weiß*
ZEIT *Sommer bis Spätherbst*
VORKOMMEN *Weit verbreitet und häufig*
WERT *Guter Speisepilz, wird aber nicht von jedem vertragen; roh giftig*
ÄHNLICHE ARTEN *Der nahestehende* M. olivieri *ist einheitlich dunkelbraun und etwas schmächtiger; vor allem im Nadelwald.*

In Laub- und Nadelwäldern, aber auch in offenem Grasland, in Dünen und an Straßenrändern

Parasol (Riesenschirmpilz)

Macrolepiota procera (Agaricaceae)

Der Parasol ist ein bekannter Speisepilz, der sehr groß werden kann. Der anfangs eiförmige, bald aufschirmende, in der Mitte aber stets gebuckelte Hut ist auf blassbraunem Grund mit locker verteilten, zum Rand hin spärlicher werdenden dunkelbraunen Schuppen bedeckt. Die freien, breiten Lamellen sind weiß bis cremefarben, der hohe, keulige, sehr feste Stiel ist auf blassem Grund braunschuppig genattert. Der breite, doppelte Ring lässt sich bei alten Fruchtkörpern am Stiel auf und ab schieben. Das weiße Fleisch verfärbt sich nicht oder allenfalls sehr langsam rötlichgelb.

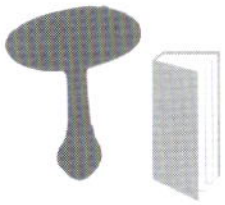

SPORENPULVER *Weiß*
ZEIT *Sommer bis Spätherbst*
VORKOMMEN *Weit verbreitet und häufig*
WERT *Guter Speisepilz*
ÄHNLICHE ARTEN *Dunkler Riesenschirmpilz* (Macrolepiota fuliginosa): *Hut graubraun, mit dunkelbraunen Schuppen; Rötender Riesenschirmpilz* (Macrolepiota permixta): *mit rosa überhauchten Lamellen und rötendem Fleisch; vgl. auch Grünsporschirmling (S. 52).*

ANMERKUNG

Laien verwechseln den Parasol manchmal mit dem roh giftigen Perlpilz (S. 87), der aber abwischbare Hutflocken hat und rötet.

In Europa fast nur in Treibhäusern und botanischen Gärten

Grünsporschirmling

Chlorophyllum molybdites (Agaricaceae)

Der in den Tropen verbreitete Pilz erinnert sehr an den essbaren Parasol (S. 51), ist in Europa aber nur ein seltener, exotischer Gast. Wie der Parasol hat er einen gewölbten cremefarbenen Hut mit konzentrischen braunen Schuppen und einen beweglichen, doppelten Stielring. Der gleichfarbige oder blassbraune Stiel läuft an Druckstellen rötlich an. Der Hauptunterschied sind die schon bald deutlich blassgrünen Lamellen und das graugrüne Sporenpulver. Im natürlichen Verbreitungsgebiet des Pilzes kommt es oft zu Vergiftungen, die sich in schweren Magen-Darm-Störungen äußern.

SPORENPULVER *Grau- bis olivgrün*
ZEIT *Ganzjährig, vor allem im Sommer und Herbst*
VORKOMMEN *In Europa sehr selten, häufiger in den Tropen*
WERT *Giftig*
ÄHNLICHE ARTEN *Der essbare Parasol (S. 51) und der roh schwach giftige Safran-Riesenschirmpilz (S. 50) haben jung ähnliche Lamellen, aber keine grünen Sporen. Im Zweifelsfall lege man einen reifen Hut auf ein weißes Blatt Papier und lasse den Pilz aussporen.*

ANMERKUNG

In den Tropen und Subtropen (z. B. in Florida) ist es zu Vergiftungen unter Europäern gekommen, die den Pilz mit dem bekannten Parasol verwechselten.

Dunkelfleischiger Weichritterling

Melanoleuca polioleuca (Tricholomataceae)

Düster wirkende Art mit glattem, gebuckeltem, dunkel graubraunem Hut, der einen auffallenden Kontrast zu den weißen bis blass cremefarbenen, engstehenden und am Stiel ausgebuchteten Lamellen bildet. Der wie der Hut gefärbte Stiel ist längsstreifig, das Fleisch im Schnitt normalerweise tief dunkelbraun und in der Stielbasis schwarzbraun.

Einzeln oder in kleinen Gruppen an grasigen Wegrändern, auf Wiesen und in Wäldern

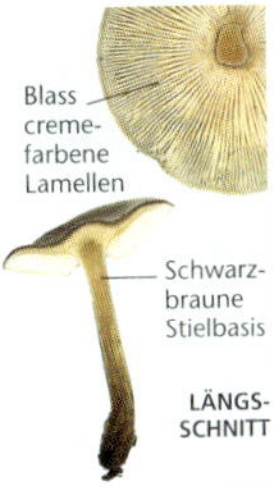

SPORENPULVER *Blass cremefarben*
ZEIT *Spätes Frühjahr bis Spätherbst*
VORKOMMEN *Weit verbreitet, in manchen Gebieten häufig*
WERT *Essbar*
ÄHNLICHE ARTEN *Zahlreiche andere Weichritterlinge, die aber nur mit Hilfe des Mikroskops bestimmbar sind.*

Behangener Saumpilz (Candoll)

Psathyrella candolleana (Coprinaceae)

Ein in allen Teilen zerbrechlicher Pilz mit gewölbtem bis gebuckeltem, blass ockerbraunem bis elfenbeinweißem Hut und dünnen flockigen Velumresten am im Alter oft radial einreißenden Rand. Die schmalen, engstehenden, anfangs grauen Lamellen verfärben erst lilabraun und bei der Sporenreife dunkelbraun. Die dünnen weißen Stiele sind glatt und hohl.

An oder in der Nähe von morschem oder vergrabenem Holz in Parks, Gärten und Wäldern; meist büschelig

SPORENPULVER *Dunkelbraun*
ZEIT *Frühjahr bis Spätherbst*
VORKOMMEN *In ganz Europa verbreitet und häufig*
WERT *Genießbar*
ÄHNLICHE ARTEN *Es gibt viele andere, z. T. nur schwer bestimmbare Saumpilze, die meisten sind jedoch dunkler braun gefärbt.*

Meist an toten oder geschädigten Pappeln, Ulmen, Erlen und Weiden in Auwäldern

Südlicher Ackerling

Agrocybe cylindracea (Bolbitiaceae)

In Südeuropa wird dieser beliebte Speisepilz auf Totholz gezüchtet. Er hat einen gewölbten, blass elfenbeinfarbenen bis blassbraunen, oft gerunzelten oder rissigen Hut. Die langen, an der Basis büschelig verwachsenen Stiele sind zylindrisch oder zugespitzt und tragen im oberen Viertel einen leicht abfallenden Ring, dessen Oberseite oft von Sporen braun gefärbt ist.

SPORENPULVER *Mittelbraun*
ZEIT *Spätes Frühjahr bis Spätherbst*
VORKOMMEN *In Süd- und Westeuropa, nördlich der Alpen sehr selten*
WERT *Guter Speisepilz*
ÄHNLICHE ARTEN *Verschiedene Seitlinge* (Pleurotus), *die jedoch kürzere Stiele und weißes Sporenpulver besitzen.*

In Gärten, Parks, Wäldern, aber auch in offenem Gelände, meist in Gruppen oder in Hexenringen

Veilchen-Rötelritterling

Lepista irina (Tricholomataceae)

Die Rötelritterlinge sind eine artenarme Gattung. Dieser Pilz hat einen gewölbten, grau- oder beigebraunen bis blassbraunen, glatten Hut mit einem oft welligen Rand. Die blass fleischfarbenen Lamellen sind am Stielansatz ausgebuchtet. Der blass graubraune Stiel ist fest und kräftig und mit dunklen Längsfasern durchzogen. Das weiße Fleisch riecht im Schnitt stark parfümiert oder nach Veilchenwurzeln.

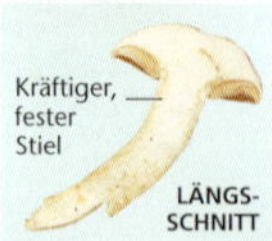

SPORENPULVER *Cremerosa*
ZEIT *Meist im Herbst und Spätherbst*
VORKOMMEN *Weit verbreitet bis häufig, auch im Gebirge*
WERT *Essbar, aber nicht jedem bekömmlich*
ÄHNLICHE ARTEN *Lilastiel-Rötelritterling* (L. personata): *mit auffallend blauviolettem Stiel, im Herbst auf Wiesen und Weiden; essbar*

Wurzelnder Marzipan-Fälbling

Hebeloma radicosum (Cortinariaceae)

Dieser Pilz hat ungewöhnliche ökologische Ansprüche: Über seinen tief wurzelnden, braunen Stiel ernährt er sich vom Kot von Kleinsäugern. Die Stieloberfläche ist unregelmäßig wollig-schuppig und trägt einen dicken Ring. Der vor allem bei Feuchtigkeit stark schmierig-klebrige Hut ist beige-ockerlich und mit Schuppen besetzt. Er riecht nach Bittermandeln oder Marzipan.

Auf dem Erdboden in Wäldern, einzeln oder in kleinen Gruppen; der Stiel wurzelt in unterirdischen Kleinsäugergängen, z.B. von Wühlmäusen

SPORENPULVER *Mittelbraun*
ZEIT *Sommer bis Spätherbst*
VORKOMMEN *In Mitteleuropa weit verbreitet*
WERT *Ungenießbar*
ÄHNLICHE ARTEN *Andere Fälblinge* (Hebeloma): *mit Kakao- oder Rettichgeruch; manche Schüpplinge* (Pholiota): *meist an Totholz, nie mit Bittermandelgeruch*

Schwefelfüßiger Faserling

Psathyrella cotonea (Coprinaceae)

Der gewölbte Hut dieses seltenen Pilzes ist auf blassgrauem, bisweilen auch blasslila überhauchtem Grund mit dunkelbraunen, zugespitzten Schüppchen bedeckt. Die engstehenden Lamellen sind anfangs blass graurosa und verfärben sich später dunkelbraun. Der weiße Stiel ist wollig-filzig, vor allem an der gelb gefärbten und mit gelben Myzelsträngen besetzten Basis. Auch das weiße Fleisch ist an der Stielbasis gelb durchgefärbt.

In dichten Büscheln an Laubholzstümpfen und in deren Nähe; nur selten an Nadelholz

SPORENPULVER *Dunkelbraun*
ZEIT *Sommer bis Spätherbst*
VORKOMMEN *In Mitteleuropa zerstreut bis ziemlich selten*
WERT *Ungenießbar*
ÄHNLICHE ARTEN *Das Medusenhaupt* (P. caput-medusae) *hat einen noch viel kräftiger fetzig-geschuppten, blassbraunen Hut.*

In oft dicht gedrängten Büscheln an oder in der Nähe von alten Baumstümpfen

Rosablättriger Helmling

Mycena galericulata (Tricholomataceae)

Von anderen Arten der großen Gattung *Mycena* unterscheidet sich diese Art durch den zähen Stiel und die anfangs blassgrauen, im Alter rosa verfärbenden, breiten und nicht sehr engstehenden Lamellen. Der zunächst glockige Hut ist graubraun. Die glänzenden, glatten Stiele sind zäh und haben oft eine tief im Substrat wurzelnde Basis.

SPORENPULVER *Weiß*
ZEIT *Sommer bis Spätherbst*
VORKOMMEN *Sehr häufig in weiten Teilen Europas*
WERT *Ungenießbar*
ÄHNLICHE ARTEN *Der Buntstielige Büschelhelmling (S. 61) hat einen ranzigen Geruch, und die Stiele sind zur Basis hin tief rotbraun.*

Einzeln oder in kleinen Gruppen auf Baumstümpfen oder in deren Nähe, oft auch auf vergrabenem Holz, vor allem in Buchenwäldern

Wurzel-Schleimrübling

Xerula radicata (Tricholomataceae)

Ein eleganter, sehr häufiger Pilz mit gelb- bis dunkelbraunem, gebuckeltem bis flachem, radial gerunzeltem und bei Feuchtigkeit schleimig-klebrigem Hut. Die entferntstehenden, weißen Lamellen sind breit, laufen ein kleines Stück am Stiel herab und können bräunliche Schneiden haben. Der hohe, schlanke, längsfaserige Stiel ist oben weißlich und abwärts zunehmend braun. Die Stielbasis wurzelt tief im Boden.

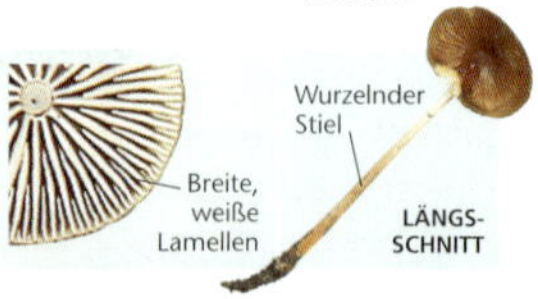

SPORENPULVER *Weiß*
ZEIT *Sommer bis Spätherbst*
VORKOMMEN *In großen Teilen Europas weit verbreitet und häufig*
WERT *Ungenießbar*
ÄHNLICHE ARTEN *Der Braunhaarige Samtrübling (X. pudens) hat auf Hut und Stiel einen dichten, trockenen Haarfilz.*

Kupferroter Gelbfuß

Chroogomphus rutilus (Gomphidiaceae)

Vor allem unter Kiefern auf sandigen Böden, einzeln oder auch in kleinen Gruppen

Der in der Größe recht variable Pilz hat einen anfangs rundlich geschlossenen, bald verflachenden, aber in der Mitte stets gebuckelten Hut mit orangebrauner bis weinroter, glatter, bei Feuchtigkeit schmieriger Oberfläche. Die dicken Lamellen sind erst olivbraun und später schwarz, haben weiße Schneiden und laufen weit am Stiel herab. Der kräftige, längsfaserige, rötlichbraune Stiel ist zur Basis hin zugespitzt. Das Fleisch ist in der Stielbasis weinrot bis chromgelb gefärbt.

SPORENPULVER *Schwarz*
ZEIT *Sommer bis Spätherbst*
VORKOMMEN *In Mitteleuropa ziemlich häufig*
WERT *Ungenießbar*
ÄHNLICHE ARTEN *Kuhmaul (S. 83): Hut graulila, Lamellen schwarzbraun, Stielbasis lebhaft gelb, meist unter Fichten*

Rußbrauner Milchling

Lactarius fuliginosus (Russulaceae)

Im Falllaub unter Laubbäumen, besonders Eichen und Buchen, meist in Gruppen

Die Oberfläche des dunkel graubraunen Huts fühlt sich feinsamtig an, der Rand ist jung eingerollt, der zylindrische, glatte Stiel ist blassbraun. Die eher entferntstehenden, blass cremefarbenen bis hell ockerfarbenen Lamellen laufen nur kurz am Stiel herab. Im Schnitt sondert das Fleisch eine weiße Milch ab, die allmählich rosa verfärbt und scharf schmeckt.

SPORENPULVER *Ocker*
ZEIT *Sommer bis Spätherbst*
VORKOMMEN *In Mitteleuropa zerstreut, in Laubwaldgebieten häufiger*
WERT *Ungenießbar*
ÄHNLICHE ARTEN *Rauchfarbener Milchling* (Lactarius azonites): *Hut blasser, rauchgrau, Stiel weiß, Fleisch rosarot fleckend*

Bei Laub- und Nadelbäumen in Wäldern, Anlagen und Gärten, auch in Feuchtgebieten, oft sehr zahlreich

Kahler Krempling

Paxillus involutus (Paxillaceae)

Dem Pilz werden, obwohl er in manchen Regionen nach wie vor gegessen wird, eine Reihe von schweren Pilzvergiftungen zugeschrieben. Der Giftgehalt ist entweder schwankend oder kumulativ und seine Wirkung bis heute noch nicht eindeutig geklärt. Der gelbbraune Hut hat jung einen stark eingerollten, wollig-filzigen Rand und einen zentralen Buckel; später breitet er sich aus und wird trichterförmig. Bei feuchtem Wetter kann die Oberfläche schleimig sein. Die gelblichen, weichen, dicken und leicht ablösbaren Lamellen laufen am kurzen braunen Stiel herab und verfärben sich auf Druck braun.

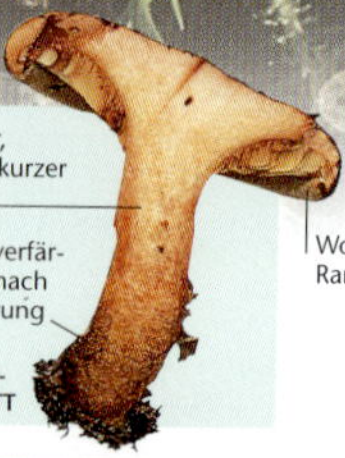

SPORENPULVER *Braun*
ZEIT *Spätes Frühjahr bis Spätherbst*
VORKOMMEN *In Mitteleuropa zerstreut bis ziemlich selten*
WERT *Giftig*
ÄHNLICHE ARTEN *Der Erlenkrempling* (Paxillus rubicundulus) *wächst ausschließlich unter Erlen. Die Art ist normalerweise etwas kleiner und hat rötlich braune, angedrückte Schuppen auf dem Hut; die Lamellen sind gelbocker und verfärben sich bei Verletzung rotbraun.*

ANMERKUNG

Die Verfärbung des Fleisches auf Druck oder Verletzung gibt oft wertvolle Bestimmungshinweise. Fahren Sie mit dem Finger über die Lamellen und/oder zerschneiden Sie einen Fruchtkörper. Die Lamellen färben dort dunkelbraun.

Gifthäubling

Galerina marginata (Cortinariaceae)

Dieser sehr giftige, sogar lebensgefährliche Pilz enthält Toxine, die denen der Knollenblätterpilze ähneln. Jeder Speisepilzsammler sollte ihn daher kennen, um Vergiftungen mit ähnlichen Arten wie dem Stockschwämmchen (S. 60) auszuschließen. Der kleine bis mittelgroße, ziemlich dünnfleischige, satt rotbraune bis – in trockenem Zustand – honigbraune Hut ist anfangs konvex und breitet sich später aus, wobei der Rand oft wellig verbogen und bei Feuchtigkeit durchscheinend gerieft ist. Die schmalen, engstehenden, erst blassockerfarbenen und im Alter rostbraunen Lamellen laufen kurz am Stiel herab. Der längsfaserige Stiel ist ähnlich gefärbt wie der Hut und trägt einen dünnen, leicht einreißenden und manchmal nur unvollständigen Ring, der von den ausgefallenen Sporen oft braun gefärbt ist.

Büschelig oder in kleinen Gruppen auf morschem Laub- und Nadelholz; in jüngerer Zeit auch öfter in Gärten auf Rindenmulch

ANMERKUNG

Achten Sie stets auf das Vorhandensein eines Rings, der bei dieser und ähnlichen Arten sehr fragil und manchmal nur noch rudimentär vorhanden und im Alter sogar gänzlich abgestreift sein kann.

SPORENPULVER *Braun*
ZEIT *Frühjahr bis Spätherbst, manchmal auch in milden Wintern*
VORKOMMEN *Ziemlich häufig, vor allem in Bergwäldern*
WERT *Sehr giftig; das gleiche gilt auch für einige andere kleine Häublinge*
ÄHNLICHE ARTEN *Kann verwechselt werden mit dem essbaren Stockschwämmchen (S. 60), dessen Stiel unter dem Ring geschuppt ist. Der essbare Hallimasch (S. 96) hat weißes Sporenpulver.*

Auf toten Laubholzstämmen und -stümpfen, in kleineren oder größeren Büscheln; Vorkommen auf Nadelholz sind selten.

Stockschwämmchen

Kuehneromyces mutabilis (Strophariaceae)

Der gewölbte, dattelbraune bis ledergelbe Hut dieses beliebten Speisepilzes breitet sich später aus, bleibt aber in der Mitte lange gebuckelt. Die Oberfläche ist bei Feuchtigkeit glatt oder sogar klebrig. Die typische Zweifarbigkeit rührt daher, dass der Hut beim Trocknen von der Mitte her ausblasst. Die Lamellen sind ockerbaun und laufen am Stiel mit einem kleinen Zähnchen herab. Der dunkelbraune Stiel ist unterhalb des hochsitzenden Rings deutlich geschuppt und darüber glatt und blasser. Die ausfallenden Sporen färben den Ring oft ockerbraun.

SPORENPULVER *Braun*
ZEIT *Frühjahr bis Spätherbst*
VORKOMMEN *Ziemlich häufig, vor allem in Buchenwäldern*
WERT *Essbar*
ÄHNLICHE ARTEN *Verwechslungsgefahr besteht mit dem Gifthäubling (S. 59), der mehlartig riecht und dessen Stiel unter dem Ring faserig, aber nicht geschuppt ist. Der essbare Hallimasch (S. 96) hat weißes Sporenpulver.*

ANMERKUNG

Dieser Speisepilz kann leicht mit einigen sehr giftigen Arten verwechselt werden. Achten Sie immer auf den dunkelbraunen Stiel, der unterhalb des Rings mit spitzen Schüppchen geschmückt ist.

Büschelig auf toten Stämmen und Stümpfen von Eichen, gelegentlich auch an noch stehenden Stämmen

Buntstieliger Büschelhelmling

Mycena inclinata (Tricholomataceae)

Die in dichten Büscheln wachsende Art hat anfangs grauweißliche und später bräunliche, glockige und glatte Hüte, die oft einen gezähnelten Rand haben. Die weißen bis cremefarbenen Lamellen sind schmal und am Stiel angeheftet; der Geruch erinnert an Seife. Die glatten, glänzenden Stiele sind oben cremefarben und unten dunkel rotbraun; die Basis ist oft mit einem weißen Myzelfilz bedeckt.

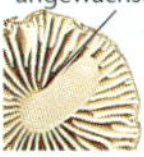

SPORENPULVER *Weiß*
ZEIT *Sommer bis Spätherbst*
VORKOMMEN *Ziemlich häufig*
WERT *Ungenießbar*
ÄHNLICHE ARTEN *Der Gefleckte Büschelhelmling* (M. maculata) *hat einen glatten Hutrand. Der Stiel ist violettbraun, Hutoberfläche und Lamellen sind rotbraun gefleckt.*

Büscheliger Faserling

Psathyrella multipedata (Coprinaceae)

An grasigen Straßen- und Wegrändern, oft in bebautem Gebiet auf lehmigem oder tonigem Untergrund; büschelig

Die charakteristischen wurzelnden Stielbasen sind nur zu erkennen, wenn man sie ausgräbt. Die glockigen, anfangs dattelbraunen Hüte blassen beim Trocknen hellbraun aus. Die breiten, engstehenden, dunkel purpurbraunen Lamellen sind am Stiel angewachsen und haben helle Schneiden. Die gemeinsame Basis der langen, weißen bis cremefarbenen Stiele erinnert an eine Pfahlwurzel.

SPORENPULVER *Schwärzlich*
ZEIT *Sommer bis Spätherbst*
VORKOMMEN *In Mitteleuropa ziemlich selten*
WERT *Ungenießbar*
ÄHNLICHE ARTEN *Büschelig wachsende Helmlinge können ähnlich aussehen, haben aber alle weißes Sporenpulver.*

Heuschnittpilz

☠

Panaeolina foenisecii (Coprinaceae)

Auf Grasflächen aller Art, auch in Anlagen und Gärten, nach Regenfällen oft sehr schnell und in großer Stückzahl erscheinend.

Der giftige Pilz gehört zu den häufigsten Pilzen Mitteleuropas. Er erscheint oft gleich nach der Mahd auf Zierrasen und Golfplätzen. Die glockigen, anfangs dattelbraunen und fein schülferigen Hüte blassen beim Trocknen rasch hell ockerbraun aus. Die dunkel schokoladenbraunen Lamellen sind mit helleren Partien gescheckt; die Stiele sind glatt und zerbrechlich.

SPORENPULVER *Schwärzlich*
ZEIT *Ganzjährig*
VORKOMMEN *In Europa weit verbreitet und häufig*
WERT *Schwach giftig*
ÄHNLICHE ARTEN *Verschiedene Arten aus der nahestehenden Gattung* Panaeolus *(Düngerlinge), die aber glatte Sporen haben*

Runzeliger Dachpilz

Pluteus phlebophorus (Pluteaceae)

Auf dem Erdboden oder an Holzresten und im Falllaub; in Laubwäldern und Parks, vor allem unter Buchen und Birken

Der dunkelbraune, bei Trockenheit etwas ausblassende Hut hat eine deutlich aderig-runzelige Oberfläche. Die breiten, freien Lamellen sind anfangs weiß, verfärben sich aber bei der Reife rosa. Der blassbraune, zur Basis hin etwas dunklere Stiel ist längsfaserig, das nahezu weiße Fleisch riecht säuerlich.

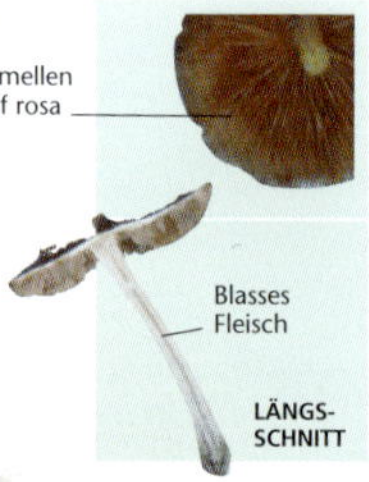

SPORENPULVER *Rosa*
ZEIT *Sommer bis Spätherbst*
VORKOMMEN *In Mitteleuropa zerstreut bis selten, aber vermutlich auch oft übersehen*
WERT *Ungenießbar*
ÄHNLICHE ARTEN *Gelbstieliger Dachpilz* (P. romellii): *Stiel außen und innen goldgelb; häufiger*

Weißvioletter Dickfuß

Cortinarius alboviolaceus (Cortinariaceae)

Hut und Stiel sind blass lavendelfarben mit einem silbrigen Schimmer oder fast weiß. Der anfangs halbkugelig gewölbte Hut behält auch nach dem Aufschirmen einen breiten zentralen Buckel. Die erst blaugrauen Lamellen verfärben sich im Alter tief rostbraun. Der keulenförmige, längsfaserige Stiel ist dickfleischig.

In kleinen Gruppen in Laubwäldern auf sauren Böden; selten auch unter Nadelbäumen

SPORENPULVER *Rostbraun*
ZEIT *Meist erst im Herbst*
VORKOMMEN *In Mitteleuropa weit verbreitet, aber nur stellenweise häufiger*
WERT *Ungenießbar*
ÄHNLICHE ARTEN *Lila Dickfuß, S. 64: mit deutlicheren Violetttönen und safranfarbenem Stielfleisch*

Wohlriechender Dickfuß

Cortinarius torvus (Cortinariaceae)

Der rundliche Hut ist graubraun bis ockergrau und mit feinen, dunklen Radialfasern durchzogen. Die breiten, entferntstehenden Lamellen sind rostbraun und duften nach reifen Birnen. Der kräftige, braune Stiel ist auf dunklem Grund mit einem blass cremefarbenen bis ockerlichen Velum überzogen. Das bräunliche Fleisch ist in der Stielspitze leicht violett getönt.

In kleinen Gruppen in Laubwäldern, vor allem unter Buchen und Eichen

SPORENPULVER *Rostbraun*
ZEIT *Spätsommer bis Spätherbst*
VORKOMMEN *In mitteleuropäischen Laubwaldgebieten verbreitet*
WERT *Ungenießbar*
ÄHNLICHE ARTEN *Es gibt viele braune Cortinarius-Arten. Man achte auf das strumpfartige Velum und den typischen Geruch.*

In kleinen Gruppen in Laub- und Nadelwäldern, besonders unter Buchen, Eichen und Fichten

Bitterer Schleimkopf ☠

Cortinarius infractus (Cortinariaceae)

Die Hutfarbe schwankt zwischen olivgrau, blaugrau und tongrau; die Oberfläche ist eingewachsen faserig und etwas fleckig sowie bei Feuchtigkeit schmierig-klebrig. Die Lamellen sind satt olivgrau bis olivbraun. Der untersetzte, vergleichsweise kurze Stiel ist blasser braun bis blassocker und hat eine violett getönte Spitze. Das weißliche Fleisch schmeckt sehr bitter.

SPORENPULVER *Rostbraun*
ZEIT *Spätsommer bis Spätherbst*
VORKOMMEN *Weit verbreitet und häufig*
WERT *Ungenießbar, schwach giftig*
ÄHNLICHE ARTEN *Der Reihige Klumpfuß (C. glaucopus) hat einen ähnlich eingewachsen-faserigen Hut, doch ist die Stielbasis knollig, und das Fleisch schmeckt mild.*

Einzeln oder in kleinen Gruppen im Falllaub und in der Streu von Laub- und Nadelwäldern, vor allem auf sauren Böden

Lila Dickfuß

Cortinarius traganus (Cortinariaceae)

Der Pilz hat einen faserig-schuppigen Hut, dessen Farbe zwischen blass blaulila, ocker und dunkelocker variiert. Die breiten Lamellen sind gelbocker und bei Sporenreife kräftig rostbraun. Der am Grund keulig angeschwollene Stiel ist blass lilabläulich bis fast weiß und hat oben eine spinnwebförmige Zone (Cortina). Das safranrötliche Fleisch riecht streng nach Azetylengas oder überreifen Birnen.

SPORENPULVER *Rostbraun*
ZEIT *Spätsommer bis Spätherbst*
VORKOMMEN *Weit verbreitet, aber nicht in Kalkgebieten*
WERT *Ungenießbar*
ÄHNLICHE ARTEN *Der Bocks-Dickfuß hat einen glatteren Hut, einen blass lavendelfarbenen Stiel und riecht nach Ziegenstall.*

Violetter Rötelritterling

Lepista nuda (Tricholomataceae)

Der beliebte Speisepilz hat einen violetten bis graublauen, anfangs rundlichen, bald aufschirmenden und zentral gebuckelten Hut, dessen Rand lange eingerollt bleibt. Die dichtstehenden Lamellen sind blass lilablau bis violett in der Jugend und können im Alter fleischfarben überhaucht sein. Der kräftige, relativ kurze Stiel ist grob längsfaserig und beim jungen Pilz tief blauviolett, im Alter auch mit bräunlichem Beiton, und an der Spitze weißlich bereift. Das in Hut und Stiel blass lilablaue, blassockerlich marmorierte Fleisch riecht aromatisch.

In großen Scharen oder in Hexenringen in der Streuschicht der Laub- und Nadelwälder, auch in Gärten und an mit Komposterde gedüngten Stellen

ANMERKUNG

Die violetten Farben von Stiel und Lamellen, der blass violette bis ockerbräunliche Hut und die fleischrosafarbenen Sporen kennzeichnen die Art gut. Sie erscheint meist erst im Spätherbst oder sogar in milden Winterphasen .

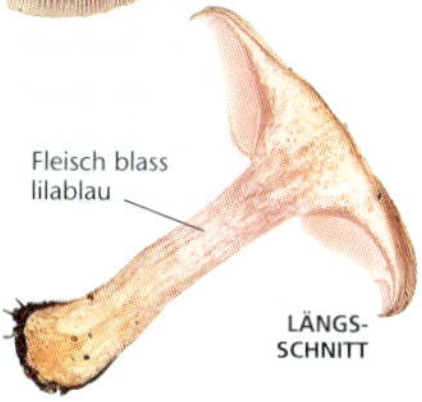

SPORENPULVER *Fleischrosa*
ZEIT *Spätherbst und milde Winter, sehr selten schon im Frühjahr*
VORKOMMEN *In Mitteleuropa verbreitet und häufig*
WERT *Guter Speisepilz*
ÄHNLICHE ARTEN *Der Purpurnfleckende Klumpfuß (S. 66) und andere violette* Cortinarius-*Arten haben rostbraunes Sporenpulver. Der Schmutzige Rötelritterling (*L. sordida*) ist kleiner und brauner und hat etwas kleinere Sporen.*

Purpurnfleckender Klumpfuß

Vor allem in Nadelwäldern auf sauren Böden; Laubwaldfunde werden einer nahestehenden Form zugeordnet (var. largusoides)

Cortinarius purpurascens (Cortinariaceae)

Gehört innerhalb der artenreichen Gattung *Cortinarius* (Schleierlinge) zur Untergattung *Phlegmacium*, die u.a. durch schmierige Hüte gekennzeichnet ist. Auch der anfangs halbkugelig geschlossene und bläulich getönte, später ausgebreitete und dunkler dattel- bis rotbraune, mit radialen dunkleren Fasern durchzogene Hut von *C. purpurascens* ist bei Feuchtigkeit sehr schmierig. Die Lamellen sind tief blauviolett bis lilagrau, bevor sie ihre rostbraune Altersfarbe annehmen. Der dicke, fleischige, dunkelviolette bis blass lilafarbene, mit dunkleren Längsfasern gestreifte Stiel ist an der Basis oft (aber nicht immer) mit einer deutlichen, gerandeten Knolle versehen. Alle Teile des Fruchtkörpers, vor allem aber Stiel und Lamellen, verfärben sich an Druckstellen tief violett.

SPORENPULVER *Rostbraun*
ZEIT *Spätsommer bis Herbst*
VORKOMMEN *Vereinzelt, in Bergnadelwäldern häufiger*
WERT *Ungenießbar*
ÄHNLICHE ARTEN *Der Violette Rötelritterling (S. 65) hat unveränderliches Fleisch, blass lilafarbene Lamellen und mehr fleischbraunes Sporenpulver. Der Purpurfüßige Klumpfuß* (C. porphyropus) *verfärbt auf Druck violett, hat einen blasseren, blauockerlichen Hut und ist schlanker.*

ANMERKUNG

Laub- und Humusreste auf dem Hut können bei trockenem Wetter ein Hinweis sein, dass die Art bei Feuchtigkeit schmierig oder schleimig ist.

Bruchreizker (Maggipilz) ☠

Lactarius helvus (Russulaceae)

In feuchten Wäldern, vor allem in Mooren unter Birken, Fichten und Kiefern, oft in Torfmoospolstern.

Der Pilz hat einen markanten Geruch nach Maggiwürze. Nach dem Aufschirmen ist der Hut meist leicht vertieft und hat einen zentralen Buckel. Die blass ockerrötliche bis ockerbraune Oberfläche ist trocken und feinfilzig. Die dichtstehenden, brüchigen Lamellen sind ockergelb; sie flecken an Druckstellen kaum. Der glatte Stiel ist etwas heller als der Hut. Lamellen und Fleisch sondern an verletzten Stellen einen wässrigen Milchsaft ab.

SPORENPULVER *Rahmgelblich*
ZEIT *Sommer bis Herbst*
VORKOMMEN *In Gebieten mit sauren Böden ziemlich häufig*
WERT *Schwach giftig*
ÄHNLICHE ARTEN *Der Kahle Krempling (S. 58) hat einen breiten, niedergedrückten Hut, aber weiche, gelbliche Lamellen, die bräunen.*

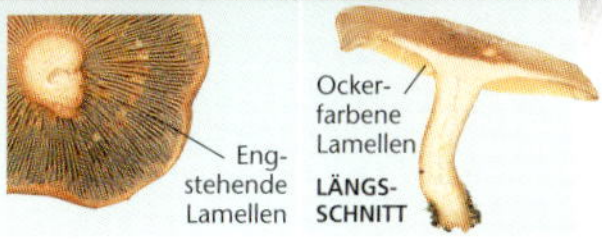

Eichenmilchling

Lactarius quietus (Russulaceae)

Streng an die Eiche gebundene Art, oft in großen Gruppen und Reihen

Typisch ist der Geruch nach Blattwanzen oder Lokomotive. Der erst gewölbte und reif niedergedrückte Hut ist rötlich- bis graubraun mit leicht dunkleren Zonen. Die Lamellen sind ockerbraun, während der glatte Stiel meist dunkler als der Hut und zylindrisch ist. Die an verletzten Stellen austretende Milch verfärbt sich langsam gelblich.

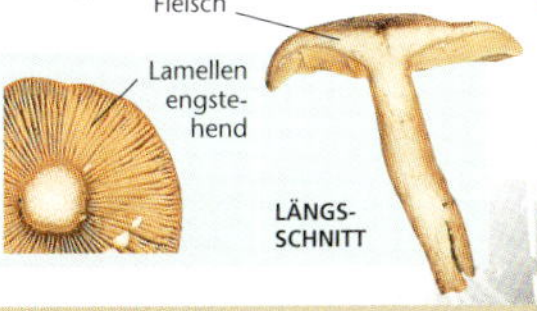

SPORENPULVER *Rahmgelblich*
ZEIT *Sommer bis Herbst*
VORKOMMEN *In weiten Teilen Europas häufig bis sehr häufig*
WERT *Ungenießbar*
ÄHNLICHE ARTEN *Goldflüssiger Milchling (S. 116): mit blasserem, gelberem Hut und an der Luft rasch goldgelb verfärbender Milch*

Ringloser Hallimasch

Armillaria tabescens (Tricholomataceae)

Wächst meist parasitisch am Fuß von Laubbäumen, besonders an Eichenwurzeln

Die Wärme liebende, in dichten Büscheln wachsende Art hat einen anfangs rundlich-geschlossenen, bald verflachenden, blass honigbraunen und in der Mitte mit winzigen schwärzlichen Schüppchen versehenen Hut. Die mäßig engstehenden Lamellen sind blassockerlich und laufen leicht am längsfaserigen Stiel herab. Das weißliche Fleisch ist roh giftig und muss daher vor der Zubereitung gekocht werden.

SPORENPULVER *Blasscreme*
ZEIT *Sommer bis Herbst*
VORKOMMEN *In Deutschland sehr selten; häufiger im Süden und Südosten Europas*
WERT *Roh giftig, gekocht essbar*
ÄHNLICHE ARTEN *Es gibt mehrere, z. T. sehr häufige Hallimascharten, die jedoch einen häutigen oder flockig-faserigen Ring haben.*

Sternsporiger Risspilz

Inocybe asterospora (Cortinariaceae)

Unter Laubgehölzen wie Buchen und Haseln, zwischen Falllaub oder auf nacktem Boden

Risspilze sind generell schwer bestimmbar, doch dieser ist recht leicht zu erkennen. Er hat einen in der Mitte gebuckelten, auf hellerem Grund mit rotbraunen Radialfasern gestreiften Hut und dunkelbraune Lamellen. Der Stiel ist braun und auf ganzer Länge bereift, die Basis gerandet-knollig. Wichtigstes Merkmal sind die sternförmigen Sporen.

SPORENPULVER *Braun*
ZEIT *Sommer bis Spätherbst*
VORKOMMEN *Weit verbreitet, aber nur stellenweise häufig*
WERT *Giftig, wie die meisten Risspilze*
ÄHNLICHE ARTEN *Es gibt weitere Risspilze mit gerandeter Stielknolle, wie* I. margaritispora *und* I. mixtilis; *sie haben hellere Stiele.*

Duftender Risspilz ☠

Inocybe bongardii (Cortinariaceae)

Unter Laubbäumen wie Buchen und Eichen zwischen Falllaub, gern auf tonigen Böden

Der Pilz riecht nach überreifen Birnen. Der gewölbt-gebuckelte Hut ist blass rötlichocker und mit breiten, dunkelbraunen Schuppen bedeckt. Die Lamellen sind anfangs ockerrosa und dunkeln später rosabräunlich nach. Der längsfaserige Stiel hat keine Knolle an der Basis. Das Fleisch kann an Druck- und Schnittstellen leicht röten.

SPORENPULVER *Braun*
ZEIT *Sommer bis Spätherbst*
VORKOMMEN *Weit verbreitet und ziemlich häufig*
WERT *Giftig, wie die meisten Risspilze*
ÄHNLICHE ARTEN *Grünscheiteliger Risspilz (S. 136): grünliche Hutmitte; Birnen-Risspilz* (I. pyriodora): *hellerer Hut*

Ziegelroter Risspilz ☠

Inocybe erubescens (Cortinariaceae)

Unter Laubbäumen, vor allem Buchen und Linden, auf kalkhaltigen Böden; gern an südgeneigten Böschungen in Alleen und an Waldrändern

Der Pilz ist ein gefährlicher Giftpilz. Anfangs ist der Fruchtkörper mit seinem rundlich-geschlossenen, gebuckelten Hut einheitlich elfenbeinweiß. Die Huthaut reißt später radial ein. Die Lamellen sind am Stielansatz fast frei, der Stiel ist kräftig und voll und an der Basis knollig verdickt. Alt sowie auf Druck und an verletzten Stellen verfärben sich alle Teile langsam rot. Der Pilz wächst schon früh im Jahr, riecht angenehm und kann z. B. mit dem Mairitterling (S. 23) verwechselt werden.

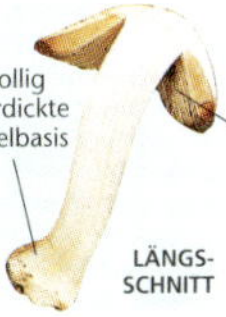

SPORENPULVER *Braun*
ZEIT *Meist zwischen Mai und Juli*
VORKOMMEN *In Kalkgebieten verbreitet*
WERT *Sehr giftig*
ÄHNLICHE ARTEN *Der Weiße Risspilz* (Inocybe fibrosa) *ist größer und rötet nicht. Der Rötende Risspilz* (I. godeyi) *ist kleiner und hat eine gerandete Stielknolle.*

Unter Laub- und/oder Nadelbäumen in Wäldern, Parks und Gärten, an Wegrändern, manchmal auch an Brandstellen

Dunkelscheibiger Fälbling

Hebeloma mesophaeum (Cortinariaceae)

Dieser giftige Fälbling hat einen in der Mitte dattelbraunen, nach außen zu blasseren Hut mit cremefarbenen Velumresten. Die blass ockerbraunen Lamellen verfärben sich später tongrau. Der Geruch erinnert an Rettich oder Schokolade. Der oben weißliche und mit einer spinnwebartigen Ringzone versehene Stiel ist unten braun.

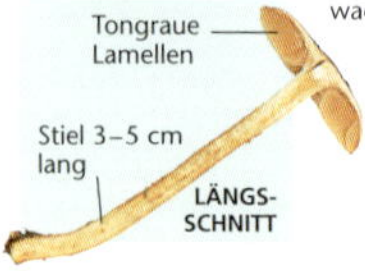

SPORENPULVER *Braun*
ZEIT *Frühjahr bis Spätherbst*
VORKOMMEN *In ganz Europa weit verbreitet und häufig*
WERT *Giftig*
ÄHNLICHE ARTEN *Mehrere andere kleine Fälblinge, die nur anhand mikroskopischer Merkmale sicher abgegrenzt werden können*

Unter Laubbäumen (Buchen, Eichen) auf Kalkböden

Gefleckblättriger Purpurschneckling

Hygrophorus russula (Hygrophoraceae)

Der rundliche Hut ist im Alter leicht trichterförmig vertieft. Die Oberfläche ist blass weinrosa und mit dunkler purpurrötlichen Fasern, Flecken oder Zonen durchsetzt oder gestreift. Die entferntstehenden Lamellen sind anfangs weiß, später auch rosa oder purpurrötlich gefleckt. Der kräftige, abwärts verjüngte Stiel hat weiße Flecken und purpurrötliche Streifen, kann aber im Alter auch einheitlich weinrot sein.

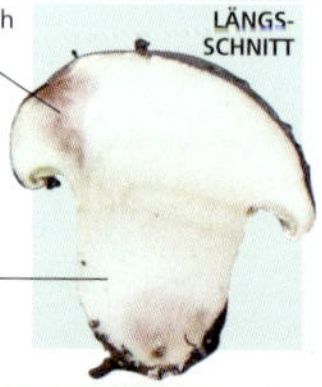

SPORENPULVER *Weiß*
ZEIT *Meist erst im Herbst und Spätherbst*
VORKOMMEN *Zerstreut bis selten in Kalkgebieten*
WERT *Essbar*
ÄHNLICHE ARTEN *Trockener Schneckling* (Hygrophorus penarius): *elfenbeinfarben, Lamellen weit herablaufend, selten*

Pantherpilz ☠

Amanita pantherina (Amanitaceae)

In Laub- und Nadelwäldern auf sauren bis neutralen Böden

Der Pantherpilz enthält erhebliche Mengen an Muskarin und ist daher hochtoxisch. Der glatte, anfangs rundlich geschlossene, hell- bis dunkelbraune Hut schirmt im Alter auf und hat einen deutlich gerieften Rand. Die Huthaut ist mit zahlreichen rundlichen oder zugespitzten weißen Hüllresten gesprenkelt. Die weißen Lamellen sind frei. Der Stiel hat eine deutlich gerandete knollige Basis und darüber oft eine oder mehrere schmale Gürtelzonen. Der Ring, der ungefähr auf halber Höhe ansitzt, ist ungerieft – ein wichtiges Bestimmungsmerkmal.

ANMERKUNG

Die deutlich gerandete Knolle, der geriefte Hutrand und der glatte Ring sind entscheidende Merkmale bei der Bestimmung des Pantherpilzes.

SPORENPULVER *Weiß*
ZEIT *Sommer bis Herbst*
VORKOMMEN *Weit verbreitet, aber in der Häufigkeit sehr schwankend*
WERT *Sehr giftig*
ÄHNLICHE ARTEN *Grauer Wulstling* (Amanita spissa): *Hut graubraun, Velumreste graulich, Stielknolle nicht gerandet, Ring meist höher am Stiel und deutlich gerieft*

In Wäldern, Parks und Gärten auf totem Laub- und Nadelholz, auch auf Sägemehldeponien

Rehbrauner Dachpilz

Pluteus cervinus (Pluteaceae)

Der hell- bis dunkelbraune, bei Feuchtigkeit schmierige Hut ist in Größe und Farbe variabel. Die Mitte ist feinfilzig. Die Lamellen sind anfangs weißlich bis creme und werden bei der Sporenreife rosa bis rosabräunlich. Der keulige Stiel ist auf weißem Grund mit schwärzlichen Längsfasern durchzogen. Das weiße, dicke Fleisch riecht rettichartig.

SPORENPULVER *Rosa bis braunrosa*
ZEIT *Frühjahr bis Herbst und milde Winter*
VORKOMMEN *In ganz Europa verbreitet und häufig*
WERT *Essbar*
ÄHNLICHE ARTEN *Der Schwarzschneidige Dachpilz* (Pluteus tricuspidatus) *hat dunkelbraune bis schwärzliche Lamellenschneiden.*

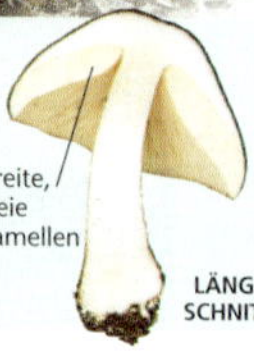

In Nadelwäldern, gern bei Kiefern, vor allem in Bergwäldern über Kalk

Riesenritterling

Tricholoma colossus (Tricholomataceae)

Der Riesenritterling steht in Deutschland auf der »Roten Liste der gefährdeten Großpilze«. Der trockene, feinfilzige bis leicht faserige, bei Feuchtigkeit schmierige Hut ist beigebraun bis rötlichbraun. Die weißen bis cremefarbenen Lamellen sind am Stielansatz ausgebuchtet. Der fleischige Stiel ist oben weiß und unter einer schmalen Ringzone wie der Hut gefärbt.

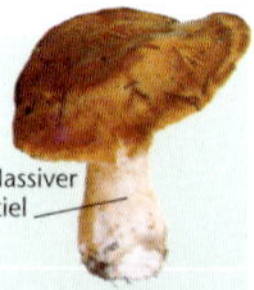

SPORENPULVER *Weiß*
ZEIT *Spätsommer bis Herbst*
VORKOMMEN *In Deutschland sehr selten*
WERT *Essbar, aber als Seltenheit zu schonen*
ÄHNLICHE ARTEN *Bitterer Eichenritterling* (Tricholoma ustaloides): *kleiner, in Laubwäldern, Hut kastanienbraun, Stiel mit deutlicherer Ringzone*

Butterrübling

Collybia butyracea (Tricholomataceae)

Der häufige Pilz hat einen leicht gebuckelten, rot- bis graubraunen Hut mit meist dunklerer Mitte. Die sich fettig anfühlende Huthaut ist ein gutes Bestimmungsmerkmal. Die weiß bis blass cremefarbenen Lamellen sind am Stiel fast frei. Der oben schmale, abwärts breitkeulig geschwollene Stiel ist trocken, faserig und an der Basis dunkler.

In Laub- und Nadelwäldern, oft sehr gesellig und/oder in Ringen in der Streu

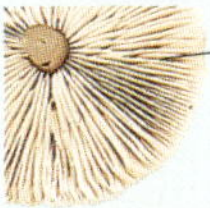

SPORENPULVER *Weiß*
ZEIT *Frühsommer bis Spätherbst*
VORKOMMEN *In Mitteleuropa weit verbreitet und sehr häufig*
WERT *Ungenießbar*
ÄHNLICHE ARTEN *Keulenfüßiger Trichterling (S. 166): Lamellen am Stiel herablaufend, Hut nicht »fettig«*

Gurkenschnitzling

Macrocystidia cucumis (Tricholomataceae)

Der Geruch dieses Pilzes erinnert an eine Mischung aus Hering und Gurke. Der feinflaumige, konische oder glockige Hut ist satt rotbraun, der Rand bisweilen gelblich. Die breiten, engstehenden Lamellen sind cremefarben bis blassrötlich, und der schlanke, feinsamtige Stiel ist dunkelbraun und an der Basis fast schwarz.

Laub- und Nadelwälder, Wegränder, Gärten, auch auf Rindenmulch

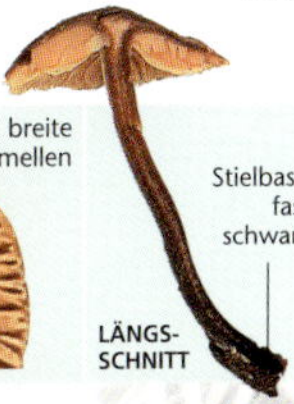

SPORENPULVER *Ocker*
ZEIT *Frühsommer bis Spätherbst*
VORKOMMEN *In Mitteleuropa weit verbreitet und ortshäufig*
WERT *Ungenießbar*
ÄHNLICHE ARTEN *Einige Schwindlinge (Marasmius) mit schwarzbraunen Stielen und Geruch nach Knoblauch oder faulem Kohl*

Oft in großer Zahl in feuchter Nadelstreu unter Fichten

Blaustiel-Schleimfuß

Cortinarius muscigenus (Cortinariaceae)

Hut und Stiel dieser Art sind bei Feuchtigkeit stark schleimig-klebrig. Der Hut ist lebhaft rot- oder orangebraun, der spindelförmige Stiel dagegen blassblau bis lila und unter der Ringzone ebenfalls schleimig. Die leicht ausgebuchteten Lamellen sind satt orangebraun, das Fleisch ist blass cremeocker. Ein auffallender Geruch an der Stielbasis lässt sich nicht feststellen.

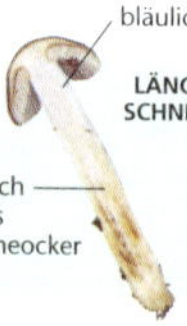

SPORENPULVER *Rostbraun*
ZEIT *Spätsommer bis Herbst*
VORKOMMEN *Weit verbreitet, über Urgestein ortshäufig*
WERT *Ungenießbar*
ÄHNLICHE ARTEN *Heide-Schleimfuß* (C. mucosus): *mit weißem Stiel*

In kleinen Trupps im Falllaub der Buchenwälder

Brandiger Ritterling

Tricholoma ustale (Tricholomataceae)

Der festfleischige, gewölbte bis ausgebreitete Hut ist glatt, bei Feuchtigkeit klebrig sowie satt rotbraun gefärbt. Die cremefarbenen, ausgebuchteten Lamellen weisen oft rostbraune Flecken auf. Der zylindrische Stiel ist oben weiß, weiter unten hellbraun; eine Ringzone fehlt. Das weiße Fleisch dunkelt im Alter nach und schmeckt bitterlich.

SPORENPULVER *Weiß*
ZEIT *Spätsommer bis Herbst*
VORKOMMEN *In Buchenwaldgebieten ziemlich häufig*
WERT *Ungenießbar*
ÄHNLICHE ARTEN *Bitterer Eichenritterling* (T. ustaloides): *Stiel oberhalb der deutlichen Ringzone weiß, Fleisch mit starkem Mehlgeruch*

Schleiereule

Cortinarius praestans (Cortinariaceae)

In Laubwäldern, vor allem unter Buchen und Eichen, über Kalk

Der anfangs rundliche Hut ist bei Feuchtigkeit klebrig, der radial gerunzelte Rand mit weißen Velumflocken gesprenkelt. Die engstehenden Lamellen sind blass graublau. Der an der Basis keulig verdickte Stiel ist weißlich und mit blass lavendelfarbenen Schleierresten umgürtet. Die schmale Ringzone ist meist von ausgefallenen Sporen rostbraun bestäubt.

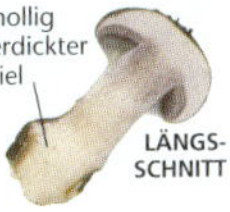

SPORENPULVER *Rostbraun*
ZEIT *Meist erst im Herbst*
VORKOMMEN *Ziemlich selten und in Gebieten mit sauren Böden fehlend*
WERT *Essbar, aber als Rarität zu schonen*
ÄHNLICHE ARTEN *Taubenblauer Schleimkopf* (Cortinarius cumatilis): *kleiner, Hut lilablau, glattrandig, ohne Velumflocken*

Üppiger Träuschling

Stropharia hornemannii (Strophariaceae)

In Nadelwäldern an Totholz, selten auch bei Birke

Der schleimig-klebrige Hut variiert in der Farbe von gelblichweiß bis lilabräunlich. Die Lamellen sind grauviolett, der schmale Stiel von ausgefallenen Sporen schwarzfleckig. Der Hutrand ist mit Velumresten behangen, der weiße Stiel unterhalb des Rings flockig-schuppig.

SPORENPULVER *Schwarzviolett*
ZEIT *Spätsommer bis Herbst*
VORKOMMEN *Eine nordeuropäische, weiter südlich sehr seltene Art*
WERT *Ungenießbar*
ÄHNLICHE ARTEN *Rotbrauner Riesenträuschling* (S. rugosoannulata): *Hut dunkler, Stiel mit dickem, gefurchtem Ring; essbar*

In Laub- und Nadelwäldern und Parks auf kalkhaltigen, tonigen Böden

Riesenstreifling

Amanita ceciliae (Amanitaceae)

Der braune bis dunkel graubraune Hut ist mit grauen Velumfetzen bedeckt. Der Rand ist oft blasser als die Mitte und kräftig radial gestreift. Die weißen Lamellen sind nur mäßig engstehend und am Stielansatz frei.

Der Stiel ist mit rauchgrauen Zickzacklinien geschmückt und fleckt an Druckstellen dunkel. Die fragile graue Scheide an der Stielbasis ist meist in mehrere Ringzonen zerfallen.

SPORENPULVER *Weiß*
ZEIT *Sommer bis Herbst*
VORKOMMEN *Zerstreut bis selten, nur in Kalkgebieten verbreiteter*
WERT *Giftig*
ÄHNLICHE ARTEN *Grauhäutiger Streifling* (A.submembranacea): *Hut mehr olivbraun, Stiel blasser, eher in Nadelwäldern*

In Laubwäldern, vor allem bei Buchen, Eichen und Haseln, auf sauren Böden

Feuerfüßiger Gürtelfuß

Cortinarius bulliardii (Cortinariaceae)

Der Hut dieses Schleierlings ist kastanien- bis violettbraun und die Lamellen sind dunkel purpurbraun. Am buntesten ist jedoch der Stiel: Er ist an der Basis auf braunem Grund mit einem feuerroten Velum überzogen und an der Spitze bläulich gefärbt. Auch die Myzelfasern am Stielgrund sind lebhaft rot.

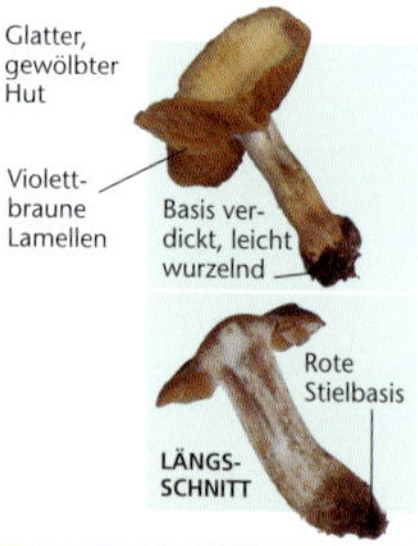

SPORENPULVER *Rostbraun*
ZEIT *Herbst*
VORKOMMEN *In Deutschland zerstreut, vor allem im Südwesten*
WERT *Ungenießbar*
ÄHNLICHE ARTEN *Zinnoberroter Hautkopf* (C. cinnabarinus): *ebenfalls unter Buchen und Eichen, aber einheitlich zinnoberrot*

Natternstieliger Schleimfuß

Cortinarius trivialis (Cortinariaceae)

Der satt rot- bis olivbraune Hut und der Stiel dieser Art sind bei feuchtem Wetter extrem schmierig oder schleimig. Für die Artbestimmung wichtig ist der Stiel, der unterhalb der spinnwebartigen Ringzone mit girlandenartigen schleimigen Zonen geschmückt ist. In der Stielbasis ist das Fleisch bisweilen braunfleckig.

An feuchten, moorigen Standorten, vor allem bei Weiden, Birken und Pappeln, aber auch bei Eichen und Buchen

SPORENPULVER *Rostbraun*
ZEIT *Sommer bis Spätherbst*
VORKOMMEN *In Mitteleuropa weit verbreitet, aber nur stellenweise häufiger*
WERT *Ungenießbar*
ÄHNLICHE ARTEN *Es gibt zwar viele andere Schleimfüße, aber keine mit so ausgeprägten klebrig-schleimigen Ringzonen am Stiel.*

Bärtiger Ritterling

Tricholoma vaccinum (Tricholomataceae)

Der glockige bis ausgebreitete und oft auch zentral gebuckelte, rotbraune Hut ist geschuppt und hat einen eingerollten, nicht gerieften, aber meist wollig-filzigen Rand. Die Lamellen sind weißlich und alt oft rostbraun gefleckt. Der längsfaserige Stiel ist oben meist blasser und zur Basis hin kräftiger braun. Das blasse Fleisch fleckt im Alter rosabräunlich und schmeckt bitterlich.

Meist truppweise in der Nadelstreu, vor allem in Bergfichtenwäldern

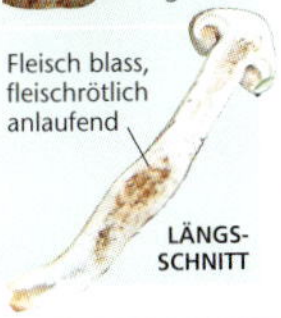

SPORENPULVER *Weiß*
ZEIT *Spätsommer bis Herbst*
VORKOMMEN *Im süddeutschen Bergland häufig, im Norden selten bis sehr selten*
WERT *Ungenießbar*
ÄHNLICHE ARTEN *Braunschuppiger Ritterling* (Tricholoma imbricatum): *Hut filzig, erst im Alter schuppig, Rand gerieft*

Einzeln oder in kleinen Gruppen in humusreichen Laub- und Nadelwäldern auf Kalkboden, auch in Komposthaufen, Parks, Gärten und Treibhäusern

Anlaufender Egerlingsschirmpilz ☠

Leucoagaricus badhamii (Agaricaceae)

Der giftige Pilz ist sehr variabel. Sein bestes Kennzeichen ist die Neigung, im Alter und bei Berührung rasch zu röten und dann zu schwärzen. Frische Hüte sind auf weißlichem Grund mit konzentrischen, blassbraunen, angedrückten Schuppen bedeckt, die mit zunehmender Reife dunkler werden. Alt kann die Hutmitte gänzlich schwarzbraun sein. Die jungen, freien Lamellen sind weiß, der Stiel blass und feinflaumig. Der Ring ist, sofern er nicht abfällt, aufwärts gebogen. Alle Teile des Pilzes verfärben beim Anfassen rötlich, dann dunkel blutrot und zuletzt nahezu schwarz.

LÄNGSSCHNITT

ANMERKUNG

Die Rötung erkennt man, wenn man den Pilz durchschneidet oder das Fleisch reibt. Bei alten und trockenen Exemplaren kann sie verzögert eintreten.

SPORENPULVER *Weiß bis blassgelb*
ZEIT *Sommer bis Herbst*
VORKOMMEN *In Deutschland äußerst selten*
WERT *Giftig*
ÄHNLICHE ARTEN *Die Gattung umfasst weitere giftige Arten. Der Gelbfüßige Egerlingsschirmpilz (Leucoagaricus bresadolae) gilbt bzw. bräunt und wächst in Komposthaufen und auf Rindenmulch.*

Kastanienbrauner Schirmpilz ☠

Lepiota castanea (Agaricaceae)

Einzeln oder in kleinen Gruppen in Wäldern und Gebüschen, Gräben und an Wegrändern, auch in Gärten und Parks

Der Pilz gehört, mit anderen nah verwandten, kleinen bis mittelgroßen Schirmlingen, zu den gefährlichsten Giftpilzen. Die Gifte sind denen des Grünen Knollenblätterpilzes (S. 133) ähnlich, die nach einiger Zeit zu schweren Leber- und Nierenschäden führen. Typisch für den Kastanienbraunen Schirmpilz sind die braunen Schüppchen auf Hut und Stiel, die mit den weißlichen bis rötlichgelben Lamellen kontrastieren. Obwohl die Schüppchen, wie bei den meisten Schirmlingen, in der Hutmitte am dichtesten und am dunkelsten sind, wirkt der gesamte Hut braun. Der Hutrand ist im Alter aufgebogen, der Ring am Stiel oft rasch vergänglich. Das blasse Fleisch riecht unangenehm wie der Stinkschirmling (S. 27).

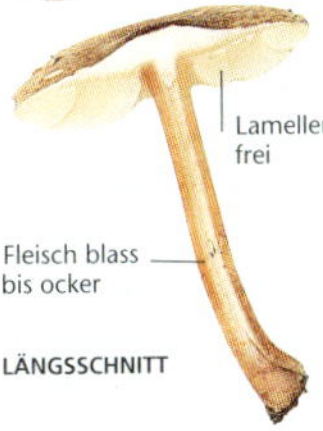

SPORENPULVER *Weiß*
ZEIT *Sommer bis Herbst*
VORKOMMEN *Zerstreut bis ziemlich häufig*
WERT *Sehr giftig*
ÄHNLICHE ARTEN *Fuchsbrauner Schirmpilz* (Lepiota fulvella): *etwas größer, Farbe mehr orangebraun; mehrere verwandte Arten können nur mikroskopisch sicher bestimmt werden*

ANMERKUNG

Sämtliche kleinen bis mittelgroßen Arten mit gebuckeltem, auf hellem Grund braunschuppigem Hut (meist Schirm- und Risspilze) sollten als giftig angesehen werden.

In dichten Büscheln am Grunde alter Laubbäume (vor allem Eiche, seltener auch an Buche)

Spindeliger Rübling

Collybia fusipes (Tricholomataceae)

Der fettig glänzende, rotbraune, am Rand meist blassere und oft dunkler braun gefleckte Hut dieser charakteristischen, büschelig wachsenden Art kann konisch, gebuckelt oder auch sehr unregelmäßig sein und blasst beim Trocknen aus. Die Lamellen sind beige und flecken im Alter rotbraun. Der längsfaserige, oftmals verdrehte Stiel ist abwärts spindelig zugespitzt und wurzelt oft tief im Substrat. Er ist so zäh, dass man ihn, ohne ihn zu zerbrechen, umbiegen kann. Die Fruchtkörper entspringen meist den Wurzeln am Stammgrund der Bäume und sind so dauerhaft, dass sie tage- oder gar wochenlang zu beobachten sind, die alten, geschwärzten Hüte sogar noch länger. Obwohl strenggenommen nicht giftig, kommt der zähe Pilz zu Speisezwecken nicht in Frage.

SPORENPULVER *Weiß*
ZEIT *Frühsommer bis Herbst*
VORKOMMEN *In Gebieten, in denen es noch viele alte Eichen gibt, verbreitet, sonst seltener*
WERT *Ungenießbar*
ÄHNLICHE ARTEN *Andere* Collybia-*Arten wie der Rotstielige Büschelrübling (S. 46) sind kleiner und haben keine so tief wurzelnden Stiele.*

ANMERKUNG

Wie bei vielen anderen Pilzen blassen die Hüte dieser Art aus und sind dann vorübergehend zweifarbig. Nur sehr wenige Arten haben aber so zähe, wurzelnde, büschelig wachsende Stiele und weiße Sporen.

In Laub- und Nadelwäldern, vor allem auf saurem Untergrund

Goldblatt (Blätterröhrling)

Phylloporus pelletieri (Boletaceae)

Der Pilz gehört, obwohl er auf der Hutunterseite Lamellen hat, zu den Röhrlingen. Der trockene, feinsamtige Hut ist rotbraun. Die dicken, am Grund aderig verbundenen und mehrfach gegabelten Lamellen laufen am Stiel herab. Sie sind jung leuchtend goldgelb und werden im Alter rostockerlich. Der abwärts verjüngte Stiel ist oben ebenfalls gelblich, weiter unten dagegen rötlichbraun.

ANMERKUNG

Die Ziegenlippe (S. 198) und der Braune Filzröhrling sehen ähnlich aus, haben aber keine weichen Lamellen, sondern schwammige Röhren auf der Hutunterseite.

SPORENPULVER *Ockergelb*
ZEIT *Sommer bis Herbst*
VORKOMMEN *Weit verbreitet, aber in den meisten Gebieten nur sehr zerstreut*
WERT *Essbar*
ÄHNLICHE ARTEN *Der Maronenröhrling (S. 193) und einige andere Filzröhrlinge (Untergattung* Xerocomus*) sind von oben ähnlich, haben aber echte Röhren und Poren.*

Rotbrauner Milchling

Lactarius rufus (Russulaceae)

In Nadelwäldern auf sauren Böden, vor allem bei Kiefern, aber auch unter Birken

Der Rotbraune Milchling hat eine lebhaft rotockerliche bis rotbraune, trockene, filzig-samtige Hutoberfläche. In der leicht vertieften Hutmitte befindet sich meist ein kleiner, spitzer Buckel. Die cremefarbenen bis bräunlichen Lamellen sind engstehend und können kurz am Stiel herablaufen. Der wie der Hut gefärbte Stiel ist an der Basis oft weißlich und wird im Alter hohl. Das brüchige Fleisch sondert eine weiße, unveränderliche Milch ab, die nach ca. 30 Sekunden brennend scharf schmeckt. Wegen dieser Reizstoffe gilt die Art als giftig, obwohl sie in Nord- und Osteuropa nach ausgiebigem Wässern und Kochen oder Einlegen in Salz gegessen wird.

ANMERKUNG

Eine mögliche Milchverfärbung erkennt man leichter, wenn man einen Tropfen auf ein weißes Tuch tropfen lässt. Beim Rotbraunen Milchling tritt keine Verfärbung ein.

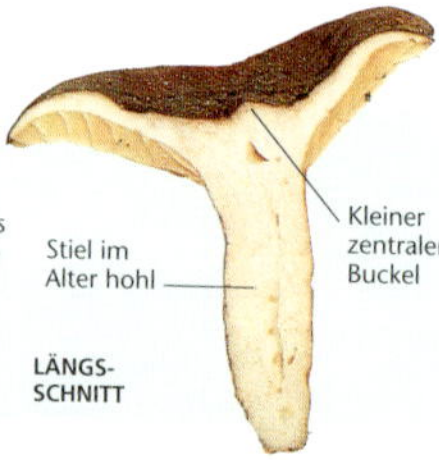

SPORENPULVER *Schmutzig weißlich*
ZEIT *Sommer bis Herbst*
VORKOMMEN *Fast überall verbreitet und häufig*
WERT *Ohne Vorbehandlung schwach giftig*
ÄHNLICHE ARTEN *Andere rotbraune Milchlinge an ähnlichen Standorten: Leberbrauner Milchling* (L. hepaticus) *mit beim Eintrocknen gilbender Milch und Kampfermilchling* (L. camphoratus) *mit gefurchtem Hutrand und Geruch nach Kampfer oder Maggiwürze*

Großer Gelbfuß (Kuhmaul)

Gomphidius glutinosus (Gomphidiaceae)

Einzeln oder gesellig in der Streu unter Fichten, sowohl in alten Beständen wie in Schonungen

Der Pilz hat einen schleimig-klebrigen, graubraunen, bisweilen weinrot gestreiften Hut mit einem deutlichen Buckel. Die Lamellen laufen bogig am Stiel herab; anfangs hellgrau, verfärben sie sich mit der Sporenreife schwarz. Der grauliche, jung klebrig-schmierige Stiel hat eine gelbe Basis und eine unauffällige, von den Sporen schwarz gefärbte Ringzone.

SPORENPULVER *Schwarz*
ZEIT *Spätsommer bis Herbst*
VORKOMMEN *In Fichtenwäldern stellenweise häufig, aber vielerorts rückläufig*
WERT *Essbar*
ÄHNLICHE ARTEN *Gefleckter Schmierling* (G. maculatus): *unter Lärchen; Rosenroter Schmierling* (G. roseus): *unter Kiefern*

Frostschneckling

Hygrophorus hypothejus (Hygrophoraceae)

In Kiefernwäldern auf sauren Böden, oft sehr gesellig

Der anfangs gewölbte, alt trichterig vertiefte Hut ist braun bis olivbraun und mit einer dicken Schleimschicht überzogen. Die Farbe der schwefelgelben, herablaufenden Lamellen wird im Alter noch intensiver. Der Stiel hat eine etwas vorgewölbte Ringzone; darüber ist er trocken und weiß, darunter schleimig und blassgelb.

SPORENPULVER *Weiß*
ZEIT *Spätherbst und Winter*
VORKOMMEN *In Kiefernwäldern stellenweise häufig*
WERT *Essbar*
ÄHNLICHE ARTEN *Der Schwarzgelbe Saftling (S. 84) ist ähnlich gefärbt, wächst aber auf Wiesen und Weiden.*

Schwarzgelber Saftling

Hygrocybe spadicea (Hygrophoraceae)

In ungedüngtem oder nur extensiv genutztem Grasland, vor allem an warmen, südexponierten Stellen (grasige Hänge, Böschungen)

Der seltene, ungenießbare Pilz hat einen schmierigen, dattelbraunen, anfangs konischen und später ausgebreitet bis flach gebuckelten Hut, der im Alter radial aufreißt. Hut und Stiel sind faserig; der ziemlich fragile Stiel ist jung gelb und hat später bräunliche Längsstreifen. Die gelben bis orangefarbenen Lamellen haben gesägte Schneiden.

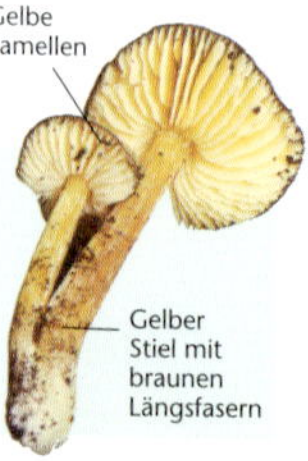

SPORENPULVER *Weiß*
ZEIT *Spätsommer bis Spätherbst*
VORKOMMEN *In Deutschland sehr selten und vom Aussterben bedroht*
WERT *Ungenießbar, zu schonen*
ÄHNLICHE ARTEN *Der häufige Schwärzende Saftling (S. 162) kann ähnlich aussehen, schwärzt aber im Alter.*

Samtfußkrempling

Tapinella atrotomentosa (Paxillaceae)

An alten Stümpfen und am Stammgrund alter Stämme in Nadelwäldern, einzeln oder zu mehreren

Der große Pilz ist an seinem dicken, kurzen und mit einem schwarzbraunen, samtigen Filz überzogenen Stiel leicht erkennbar. Der zimt- bis dattelbraune, manchmal auch oliv- oder schwarzbraune Hut hat einen stark eingerollten Rand. Die Lamellen sind jung orangegelb und dunkeln später nach. Sie lassen sich leicht vom gelblichen Hutfleisch ablösen.

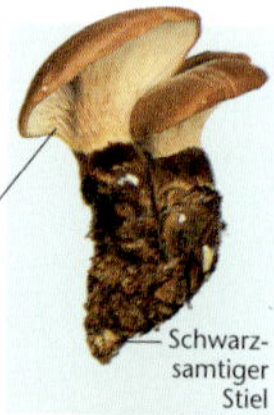

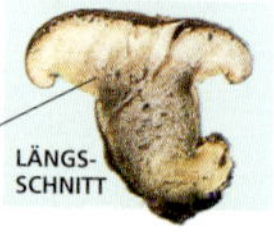

SPORENPULVER *Rostbraun*
ZEIT *Sommer bis Spätherbst*
VORKOMMEN *Weit verbreitet und vielerorts sehr häufig*
WERT *Ungenießbar*
ÄHNLICHE ARTEN *Weder der Kahle Krempling noch der Muschelkrempling* (T. panuoides) *haben einen schwarzsamtigen Stiel.*

Braunschuppiger Dickfuß

Cortinarius pholideus (Cortinariaceae)

Der Hut dieses ungewöhnlichen Schleierlings ist dicht mit winzigen, spitzen, braunen Schüppchen besetzt. Die breiten Lamellen sind jung blauviolett und im Alter braunviolett, der braune Stiel ist mit wollig-faserigen Velumresten gebändert. Das Fleisch ist in der Stielspitze violettlich und sonst bräunlich. Er riecht nach frischen Mandarinen.

In Moorwäldern unter Birken und anderen Bäumen, vor allem auf sauren Böden

SPORENPULVER *Rostbraun*
ZEIT *Sommer bis Spätherbst*
VORKOMMEN *Weit verbreitet, aber nur mancherorts häufig*
WERT *Ungenießbar*
ÄHNLICHE ARTEN *Sein spitzschuppiger Hut und der gebänderte Stiel machen den Pilz nahezu unverwechselbar.*

Getigerter Sägeblättling

Lentinus tigrinus (Polyporaceae)

Die Fruchtkörper dieses Pilzes sind trompetenförmig und haben cremegelbe Lamellen, die weit am Stiel herablaufen. Der trichterig vertiefte, auf weißem Grund mit dunkelbraunen Schuppen gesprenkelte Hut hat einen eingerollten Rand. Auch der Stiel ist braunschuppig und weist Velumreste auf. Das Fleisch ist zäh und allenfalls jung genießbar.

Büschelig auf lebendem oder totem Laubholz, vor allem an Weiden und Pappeln

SPORENPULVER *Weiß*
ZEIT *Frühjahr bis Herbst*
VORKOMMEN *Vor allem in Auwäldern in wärmebegünstigten Gebieten, sonst seltener*
WERT *Jung essbar*
ÄHNLICHE ARTEN *Schuppiger Sägeblättling (S. 17): derber, an Nadelholz; Rillstieliger Seitling (S. 41): Hut glatt*

In feuchtigen, sumpfigen Wäldern auf sauren Böden, gern im Torfmoos unter Fichten

Rettich-Gürtelfuß

Cortinarius evernius (Cortinariaceae)

Der Hut dieser Art ist in feuchtem Zustand satt purpurbraun und blasst beim Trocknen ockerlich aus. Der lange, zur Basis hin zugespitzte zylindrische Stiel ist blass lavendelfarben-violett und seidig faserig; an der Spitze verbleibt eine weißliche Velumzone. Die breiten, entferntstehenden Lamellen sind violettbraun. Das Fleisch riecht im Schnitt rettichartig.

SPORENPULVER *Rostbraun*
ZEIT *Sommer bis Spätherbst*
VORKOMMEN *Sehr zerstreut, vielerorts noch nicht nachgewiesen*
WERT *Giftig*
ÄHNLICHE ARTEN *Violetter Rettich-Gürtelfuß* (Cortinarius scutulatus): *Hut feinschuppig, Stiel weißlich gebändert*

In der Streu von Laub- und Nadelwäldern, einzeln oder gesellig

Sparriger Risspilz

Inocybe hystrix (Cortinariaceae)

Die meisten Risspilze sind nur mit Hilfe des Mikroskops zu bestimmen. Der Sparrige Risspilz hat aber auch gute makroskopische Merkmale. Hut und Stiel sind auf ockerbraunem Grund mit sparrigen, aufgebogenen, dunkelbraunen Schüppchen besetzt. Der braune Hut ist breit glockenförmig gewölbt, die Lamellen sind deutlich blasser. Das Fleisch riecht spermatisch, vor allem gerieben.

SPORENPULVER *Tabakbraun*
ZEIT *Spätsommer bis Herbst*
VORKOMMEN *Weit verbreitet, aber selten*
WERT *Giftig*
ÄHNLICHE ARTEN *Beim Schwarzfüßigen Risspilz* (Inocybe atripes) *schwärzt der Stiel, beim Blaufüßigen Risspilz* (Inocybe calamistrata) *ist die Basis blaugrün.*

Perlpilz

Amanita rubescens (Amanitaceae)

Der gewölbte, rosabraune Hut weist im Alter, nach schweren Regenfällen oder bei besonders warmer Witterung hier und da heller fleischrosafarbene Flecken auf. Die grauen bis rosafarbenen Hüllreste auf dem Hut können grobwarzig sein und sehr dicht stehen, aber auch mehr flockig und sehr viel spärlicher sein, was die Bestimmung bisweilen erschwert. Die weißlichen Lamellen sind dichtstehend. Der mitunter gelbe, hängende Stielring ist breit und auf der Oberseite fein gerieft. Der Stiel ist weiß bis graurosa, oft recht kräftig und an der angeschwollenen Basis mit flockigen Hüllresten gegürtelt. An verletzten Stellen und in Madenfraßgängen verfärbt sich das Fleisch langsam rosa bis rötlichbraun.

In Wäldern aller Art, besonders unter Eichen, Buchen, Birken, Kiefern und Fichten; einzeln oder gesellig

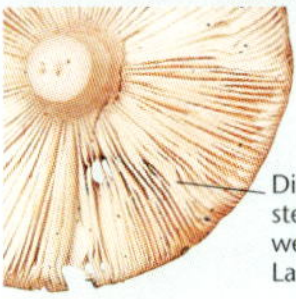

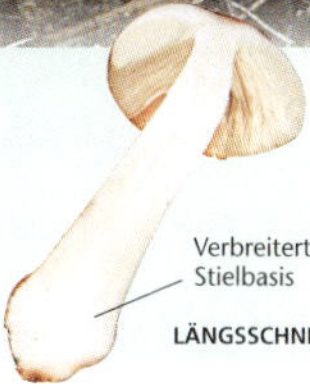

SPORENPULVER *Weiß*
ZEIT *Frühsommer bis Spätherbst*
VORKOMMEN *Weit verbreitet, einer der häufigsten größeren Lamellenpilze*
WERT *Roh giftig, gut gekocht essbar*
ÄHNLICHE ARTEN *Pantherpilz (S. 71): Hutrand gerieft, Volva am Stielgrund berandet, Fleisch nicht verfärbend, giftig; Grauer Wulstling* (Amanita spissa): *Fleisch nicht rötend, Hutrand ungerieft*

ANMERKUNG

Die langsame fleischrötliche Verfärbung an Druckstellen und Verletzungen ist das sicherste Kennzeichen dieser Art.

Schleierritterling

Leucocortinarius bulbiger (Cortinariaceae)

In Bergnadelwäldern über Kalkböden, seltener auch in Laub- und Mischwäldern

Der Schleierritterling ist eine ziemlich seltene Nadelwaldart. Der meist beigefarbene bis ockerbraune Hut kann gelegentlich auch rotbraune Töne aufweisen. Er ist zunächst halbkugelig geschlossen und breitet sich später aus, wobei in der Mitte ein breiter Buckel erhalten bleibt. Bei Feuchtigkeit ist die Huthaut etwas klebrig. Der Rand ist mit weißlichen Velumflocken behangen. Die weißen Lamellen bräunen im Alter und an Druckstellen leicht. Der längsfaserige, weiße Stiel hat eine ziemlich dauerhafte Ringzone und eine berandete Knolle an der Basis. Das weiße Fleisch riecht nach Sellerie. Die Art ist der einzige Schleierling mit weißen Sporen; alle Arten der nah verwandten Gattung *Cortinarius* haben rostbraune Sporen.

ANMERKUNG

Wer den Pilz essen möchte, achte besonders auf die weißen Sporen, die Ringzone, die Velumflocken auf dem Hut junger Exemplare und den Standort.

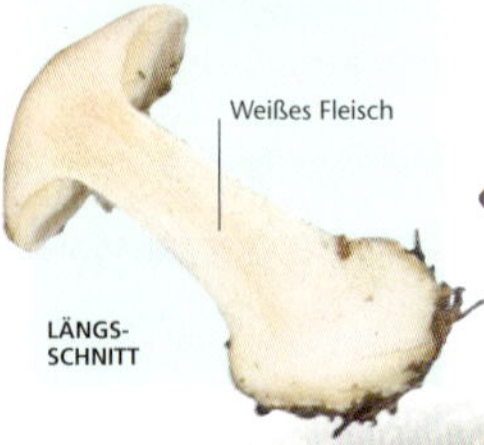

SPORENPULVER *Weiß*
ZEIT *Sommer bis Spätherbst*
VORKOMMEN *In Gebirgsnadelwäldern und im Voralpenland verbreitet, sonst seltener*
WERT *Essbar*
ÄHNLICHE ARTEN *Viele Schleierlinge* (Cortinarius) *und manche Fälblinge* (Hebeloma) *sehen oberflächlich ähnlich aus, haben aber braune Sporen.*

Langstieliger Schleimfuß

Cortinarius elatior (Cortinariaceae)

In älteren Buchenwäldern, seltener auch unter Nadelbäumen, auf sauren Böden

Der konische, breite, dunkel honigbraune Hut ist radial gerunzelt und am Rand oft violett getönt. Die dunkelbraunen, breiten Lamellen sind stark gerunzelt und/oder gewellt. Der tief im Boden wurzelnde, zugespitzte, schleimige Stiel ist unter der Ringzone blassviolett und riecht an der Basis nach Honig.

SPORENPULVER *Rostbraun*
ZEIT *Sommer bis Spätherbst*
VORKOMMEN *Weit verbreitet*
WERT *Ungenießbar*
ÄHNLICHE ARTEN *Der Lilastielige Schleimfuß* (Cortinarius stillatitius) *hat einen weniger gerunzelten Hut und ein dickes, schleimiges, violettes Velum am Stiel.*

Stinktäubling

Russula foetens (Russulaceae)

Auf dem Erdboden und in der Streu von Laub- und Nadelwäldern

Der Stinktäubling, der hier stellvertretend für eine ganze Artengruppe steht, hat einen ranzigen, öligen Geruch. Der schmierig-schleimige, gewölbte, orange- bis gelbbraune Hut ist am Rand höckerig-warzig und im Alter gerieft. Die cremefarbenen Lamellen sind ebenso braunfleckig wie die Basis des weißen, gekammert-hohlen Stiels.

SPORENPULVER *Blass ockergelb*
ZEIT *Sommer bis Spätherbst*
VORKOMMEN *Weit verbreitet und häufig*
WERT *Ungenießbar*
ÄHNLICHE ARTEN *Der Morse-Täubling* (R. illota) *hat schwarz punktierte Lamellenschneiden und riecht nach Bittermandeln.*

Einzeln oder gesellig in Nadelwäldern auf saurem Boden, seltener im Buchenwald

Reifpilz (Zigeuner)

Rozites caperatus (Cortinariaceae)

Der Reifpilz ist ein gut erkennbarer Speisepilz. Er hat einen honigbraunen, radial gerunzelten Hut, der in der Mitte oft mit blassgrauen bis blasslila Velumresten reifartig überzogen ist. Die jungen Hüte sind eiförmig geschlossen und breiten sich dann allmählich aus, wobei der zentrale Buckel lange erhalten bleibt. Die blassbraunen Lamellen haben gesägte Schneiden, und der ähnlich gefärbte, wenn auch bisweilen lila überhauchte Stiel trägt einen festen, aufsteigenden, weißlichen Ring. Das schmutzig weißliche Fleisch ist faserig und im Stiel voll; es schmeckt mild.

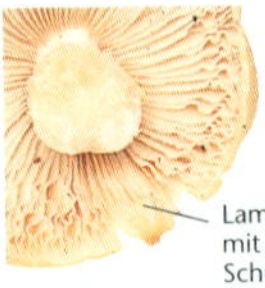

ANMERKUNG

Der Pilz hat einen echten, häutigen Ring, nicht bloß eine spinnwebartige Ringzone wie die Schleierlinge. Die Sporen des Reifpilzes sind blassbraun, die der Schleierlinge rostbraun.

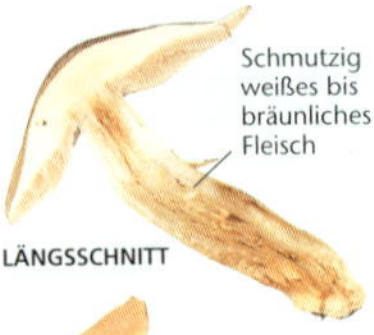

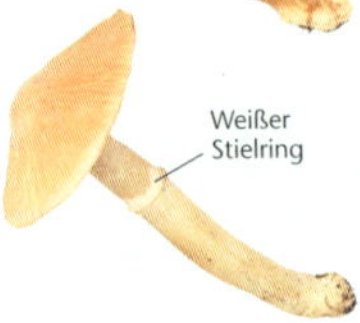

SPORENPULVER *Hellbraun*
ZEIT *Sommer bis Herbst*
VORKOMMEN *Weit verbreitet, aber infolge sauren Regens stark rückläufig*
WERT *Essbar*
ÄHNLICHE ARTEN *Lila Dickfuß (S. 64): stärker violett, Geruch gasartig oder nach überreifen Birnen; Prächtiger Flämmling (S. 108): ohne Lilatöne, büschelig an Holz*

Braunvioletter Dickfuß

Cortinarius anomalus (Cortinariaceae)

In unterschiedlichen Waldtypen sowie an Waldrändern und offeneren Stellen

Der Pilz gehört zu einer großen Gruppe ähnlicher Schleierlinge *(Cortinarius)*, weshalb die Bestimmung oft nicht einfach ist. Der grauockerliche Hut ist in der Mitte oft leicht gebuckelt und mit einem blassen, silbrig-blauen, glimmrigen Schimmer überzogen. Die dichtstehenden Lamellen sind anfangs bläulich und werden im Alter rostockerfarben. Der Stiel hat bei weißlicher Grundfarbe einen bläulichen Schimmer über der Ringzone und ist darunter oft blassockerlich und/oder silbrig gebändert.

SPORENPULVER *Rostbraun*
ZEIT *Spätsommer bis Herbst*
VORKOMMEN *Weit verbreitet und vielerorts häufig*
WERT *Ungenießbar*
ÄHNLICHE ARTEN *Lila Dickfuß (S. 64): Geruch gasartig; Rostfuchsiger Dickfuß* (C. caninus): *Hut und Stiel fast ohne Blautöne*

Großer Rettichfälbling ☠

Hebeloma sinapizans (Cortinariaceae)

Vorrangig in Laubwäldern, gelegentlich aber auch unter Nadelbäumen, meist zwischen Falllaub und/oder an grasigen Stellen

Der etwas klebrige, anfangs gewölbte, ockerbraune Hut hat oft einen dünnen, blasseren Rand. Die Lamellen sind zunächst einheitlich blassbraun und werden später dunkler tabakbraun. Der im Alter hohle Stiel ist blasser als der Hut und oft leicht schuppig. Im Längsschnitt zeigt sich ein charakteristischer Fleischzapfen, der von oben in die Stielhöhlung ragt. Der Pilz riecht nach Rettich.

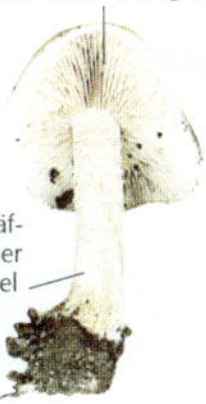

SPORENPULVER *Tabakbraun*
ZEIT *Spätsommer bis Herbst*
VORKOMMEN *Weit verbreitet und häufig*
WERT *Giftig*
ÄHNLICHE ARTEN *Tongrauer Tränenfälbling (S. 33): kleiner, blasser, Lamellen tränend; Bräunender Fälbling* (H. edurum): *mit süßlichem Geruch, in Nadelwäldern auf Kalk*

Einzeln oder in Scharen auf Nadelholzabfällen, sehr selten auch an Laubholz

Gefleckblättriger Flämmling

Gymnopilus penetrans (Cortinariaceae)

Der kleine bis mittelgroße, ungenießbare Pilz hat einen lebhaft orangebraunen, faserigen Hut, der jung etwas klebrig oder schmierig sein kann. Der Stiel ist gelblich, das Fleisch blass und bitter. Die gelblichen Lamellen sind bei der Reife stark rostfleckig.

SPORENPULVER *Rostbraun*
ZEIT *Spätsommer bis Herbst*
VORKOMMEN *Weit verbreitet und sehr häufig*
WERT *Ungenießbar*
ÄHNLICHE ARTEN *Kaum verwechselbar. Einige Schleierlinge* (Cortinarius) *haben ähnliche Farben, wachsen aber nicht an Holz.*

An nährstoffreichen Stellen im Falllaub, an Weg- und Straßenrändern und Brachland, oft bei Brennnesseln

Tränender Saumpilz

Lacrymaria lacrymabunda (Coprinaceae)

Die reif schwarzen Lamellen dieses Pilzes scheiden viele klare Tröpfchen aus, d. h. sie »tränen«. Der gewölbte, in der Mitte ockerbraune und am Rand grauliche Hut ist radialfaserig-filzig. Der blasse Stiel ist mit Velumgürteln geschmückt, die schmale Ringzone meist von ausgefallenen Sporen schwarz gefärbt.

SPORENPULVER *Schwarz*
ZEIT *Meist erst im Herbst*
VORKOMMEN *Weit verbreitet, vielerorts häufig bis sehr häufig*
WERT *Essbar*
ÄHNLICHE ARTEN *Der Feuerfaserling* (Lacrymaria pyrotricha) *hat einen lebhaft rostorangefarbenen Hut.*

Glimmertintling

Coprinus micaceus (Coprinaceae)

In dichten Büscheln und in großer Zahl am Stammgrund toter Bäume und in deren Umgebung sowie an totem Laubholz aller Art

Der büschelig wachsende, eiförmige Pilz ist lebhaft hell- bis orangebraun gefärbt. Die radialfaltig-gefurchten Hüte sind in der Mitte dunkler und am Rand blass cremefarben. Sie sind bedeckt mit feinen, körnigen Velumflocken, die im Auflicht schimmern. Im Alter und bei Regenwetter können die Flocken fehlen. Im Gegensatz zum Hut ist der brüchige Stiel blass. Die Lamellen verfärben sich im Alter tintenschwarz.

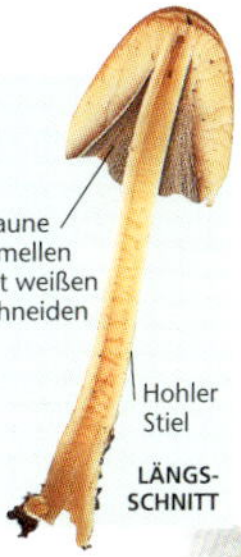

SPORENPULVER *Schwarz*
ZEIT *Frühjahr bis Spätherbst*
VORKOMMEN *Weit verbreitet und häufig*
WERT *Ungenießbar*
ÄHNLICHE ARTEN *Haustintling* (Coprinus domesticus): *mit gelbem Filz an der Stielbasis. Diverse büschelige Faserlinge* (Psathyrella): *ohne körniges Velum, Hüte nicht radialfurchig*

Kegeliger Risspilz

Inocybe fastigiata (Cortinariaceae)

Einzeln oder gesellig bei Laub- und Nadelbäumen, oft auf gestörten Böden an Wald- und Wegrändern sowie in Parks

Risspilze sind notorisch schwer bestimmbar. Ein gutes Kennzeichen dieses Pilzes ist sein konischer, zugespitzter Hut, dessen im Alter aufgebogener Rand leicht einreißt, sodass der ganze Hut »zerrissen« wirkt. Die Hutoberfläche ist grob radialfaserig, der Stiel schmutzig-weißlich bis gelblich und wirkt oft etwas schorfig. Das Fleisch riecht spermatisch.

SPORENPULVER *Tabakbraun*
ZEIT *Frühsommer bis Spätherbst*
VORKOMMEN *Weit verbreitet und häufig*
WERT *Giftig*
ÄHNLICHE ARTEN *Gefleckter Risspilz* (Inocybe maculata): *Hut dunkler kastanienbraun mit weißlichen Velumresten und einer gerandeten Stielknolle*

Spitzkegeliger Kahlkopf

Psilocybe semilanceata (Strophariaceae)

Einzeln oder in Scharen auf Wiesen, Rasenflächen, Almen und Heiden

Dieser Giftpilz, der in England »Magic Mushroom« genannt wird, ist wegen seiner halluzinogenen Eigenschaften bekannt. In frischem, feuchtem Zustand ist der glockige Hut olivgrau und hat einen brustwarzenförmigen spitzen Buckel. Beim Eintrocknen verfärbt sich der Hut cremehonigbraun. Die Oberfläche ist glatt. Die Lamellen sind jung grau und verfärben sich später dunkel purpurbraun. Der oft etwas verbogene Stiel ist ebenfalls honigbraun, hat aber oft eine charakteristisch blaugrüne Basis.

ANMERKUNG

Charakteristisch für den Pilz ist vor allem seine blaugrüne Stielbasis.

SPORENPULVER *Purpurschwarz*
ZEIT *Spätsommer bis Spätherbst*
VORKOMMEN *Sehr zerstreut; im Küstengebiet ortshäufig*
WERT *Giftig*
ÄHNLICHE ARTEN *Kann mit vielen anderen Braunsporern aus den Gattungen* Psilocybe *(Kahlköpfe),* Hypholoma *(Schwefelköpfe),* Galerina *(Häublinge) und* Conocybe *(Samthäubchen) verwechselt werden*

Unter Birken, vor allem auf feuchtem, sauren Boden in Moorwäldern; selten unter anderen Laubbäumen

Geschmückter Gürtelfuß

Cortinarius armillatus (Cortinariaceae)

Der meist auch im Alter noch gewölbte, trockene Hut ist orangebraun und mit feinen Faserschüppchen bedeckt, der Rand mit rötlichbraunen Velumfetzen behangen. Im Längsschnitt zeigt sich das dicke, bräunliche Fleisch in der Mitte. Die Lamellen sind blassbeige und werden später zimtbraun. Der keulenförmige Stiel ist unter der Ringzone mit korallenroten Velumzonen gegürtelt.

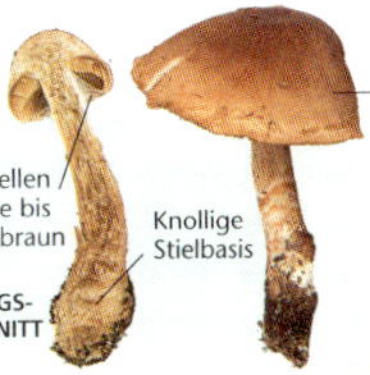

SPORENPULVER *Rostbraun*
ZEIT *Spätsommer bis Herbst*
VORKOMMEN *Über Urgestein und in Mooren noch ortshäufig; rückläufig*
WERT *Ungenießbar*
ÄHNLICHE ARTEN *Feuerfüßiger Gürtelfuß (S. 76): Hut glatt, Stiel feuerrot; Purpurroter Gürtelfuß* (C. paragaudis): *sehr selten*

Büschelig am Stammgrund von Laub- und Nadelbäumen, besonders an Buche und Obstbäumen

Sparriger Schüppling

Pholiota squarrosa (Strophariaceae)

Der Sparrige Schüppling ist an seinem trockenen, auf hellgelbem Grund mit dunkelbraunen, aufgerichteten Schüppchen besetzten, gewölbten Hut leicht erkennbar. Unter der Ringzone ist auch der Stiel schuppig. Die engstehenden Lamellen sind jung hellgelb und werden später braun, das blassgelbe Fleisch riecht leicht nach Rettich.

SPORENPULVER *Braun*
ZEIT *Meist erst im Herbst und Spätherbst*
VORKOMMEN *Weit verbreitet*
WERT *Ungenießbar*
ÄHNLICHE ARTEN *Goldfell-Schüppling (S. 129): Hut goldgelb, schmierig, mit angedrückten Schuppen; Hallimasch (S. 96) mit feineren Schüppchen und weißem Sporenpulver*

Bildet große Büschel auf Stümpfen und an Stämmen von Laub- und Nadelbäumen und greift sogar Gartensträucher an; manchmal ohne sichtbare Verbindung zu Holz auf dem Erdboden

Hallimasch

Armillaria mellea (Tricholomataceae)

Der bekannte Speisepilz (der aber nur gut gekocht gegessen werden darf) ist äußerlich sehr variabel und daher nicht immer leicht bestimmbar. Inzwischen weiß man, dass es sich um mehrere nah verwandte Arten handelt. Die büschelig wachsenden Fruchtkörper sind am Stielgrund verwachsen. Der Hut kann gewölbt, flach, trichterförmig oder wellig verbogen sein; seine Farbe variiert zwischen honigbraun, gelb und oliv, wobei die dunkler braune Mitte mit feinen Faserschüppchen bedeckt ist. Die weißen Lamellen sind alt oft braunfleckig. Der blassbraune Stiel wird nach unten dunkler, ist z. T. mit helleren Längsfasern durchzogen und hat einen dicken, wolligen, cremefarbenen bis gelblichen Ring.

SPORENPULVER *Weiß*
ZEIT *Meist erst im Herbst*
VORKOMMEN *Weit verbreitet und häufig*
WERT *Roh giftig, gekocht essbar, wird aber nicht von jedem vertragen*
ÄHNLICHE ARTEN *Dunkler Hallimasch* (A. ostoyae)*: Hut stärker schuppig, Ring bräunlich; gilt als die am wenigsten verträgliche Art; Zwiebelfüßiger H.* (A. caepistipes)*: Schuppen dunkler, graulich, Ring fragiler; Fleischfarbener H.* (A. gallica)*: weniger büschelig, Stiel zwiebelig verdickt*

ANMERKUNG

Achten Sie auf die schwarzen Stränge oder Rhizomorphen an Stämmen oder auf dem Erdboden und darauf, ob einige Hüte mit weißem Sporenpulver höher sitzender Hüte bedeckt sind.

Amiant-Körnchenschirmling

Cystoderma amianthinum (Tricholomataceae)

Einzeln oder gesellig an einer Vielzahl von Standorten: Wälder, offenes Grasland, Parks, Gärten, gern an moosreichen Stellen

Der kleine, gelbe bis orangebraune, beim Trocknen ausblassende Hut ist anfangs gewölbt und schirmt dann auf. Der mit Velumresten zackig behangene Rand ist bisweilen wellig. Die Oberfläche ist radial gerunzelt und mit winzigen Körnchen besetzt. Lamellen und Fleisch sind anfangs weiß, werden im Alter gelblich. Der bräunliche Stiel hat einen fragilen Ring und ist darunter körnig wie der Hut.

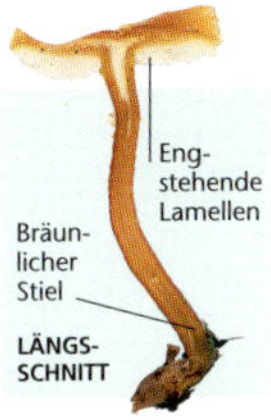

SPORENPULVER *Weißlich*
ZEIT *Spätsommer bis Spätherbst*
VORKOMMEN *Weit verbreitet und häufig*
WERT *Ungenießbar*
ÄHNLICHE ARTEN *Langsporiger Körnchenschirmling* (C. jasonis)*: Hut und Fleisch dunkler; diverse Schirmlinge* (Lepiota) *haben schuppige – nicht körnige – Hüte und Stiele.*

Gelbwolliger Schirmling

Lepiota magnispora (Agaricaceae)

In Laub- und Nadelwäldern in der Streu, oft an Wald- und Wegrändern, an Böschungen, in Parks

Bei diesem Schirmpilz hat der oben weiße Stiel keinen Ring, sondern ist im unteren Teil mit einem wolligen, gelben Filz bedeckt. Der Hut ist zentral gebuckelt und um die dunkelbraune Mitte auf filzig-wolligem, ockerorangefarbenen Grund mit winzigen ockerfarbenen Schüppchen geschmückt. Die Lamellen sind weiß und erreichen den Stiel nicht.

SPORENPULVER *Weiß*
ZEIT *Spätsommer bis Herbst*
VORKOMMEN *Weit verbreitet und vielerorts ziemlich häufig*
WERT *Giftig*
ÄHNLICHE ARTEN *Wolliggestiefelter Schirmpilz (S. 28): Ohne Gelb am Stiel, mit Ringzone*

Riesenchampignon

In Laub- und Nadelwäldern, vor allem in der Streu unter Fichten, auch in Parks und Gärten

Agaricus augustus (Agaricaceae)

Eine sehr große und schöne Art mit einem feinschuppigen, hellbraunen Hut und einem langen weißen, wollig-schuppigen Stiel. Die Hutschuppen können von strohgelb bis gold- oder rötlichbraun auf einem viel blasseren, fast weißen Grund variieren. Im Schnitt verfärbt sich das Fleisch blassgelb bis orangebraun; es riecht angenehm nach Anis.

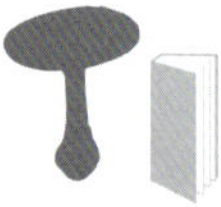

SPORENPULVER *Dunkelbraun*
ZEIT *Sommer bis Spätherbst*
VORKOMMEN *In Süddeutschland weit verbreitet, sonst zerstreut bis selten*
WERT *Essbar*
ÄHNLICHE ARTEN *Kleiner Waldchampignon (S. 49): kleiner, Hutschuppen zugespitzt, Fleisch im Schnitt blutrot verfärbend*

Frühlings-Weichritterling

Meist gesellig an stickstoffreichen Standorten in Wäldern oder in offenem Gelände

Melanoleuca cognata (Tricholomataceae)

Der Frühjahrspilz mit den zur Sporenreife goldockerfarbenen Lamellen und dem braunen Hut gehört in der Gattung *Melanoleuca* zu den leichter erkennbaren Arten. Allen Weichritterlingen gemeinsam sind die glatten, trockenen, bald ausgebreiteten und/oder flach gebuckelten Hüte. Diesen Pilz findet man in Wäldern, Gärten und Parks, gern an Holzabfällen und Mulch.

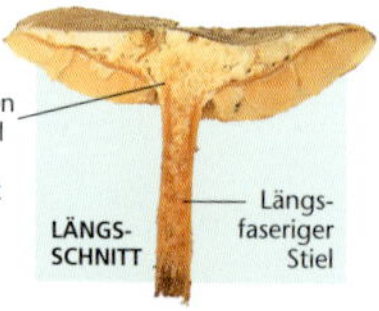

SPORENPULVER *Cremefarben*
ZEIT *Vorwiegend von März bis Mai, selten im Sommer und Herbst*
VORKOMMEN *Weit verbreitet und häufig*
WERT *Essbar*
ÄHNLICHE ARTEN *Butterrübling (S. 73); andere Weichritterlinge: Hüte weißlich, grau, beige oder braun, reife Lamellen blasser*

Anis-Zähling

Lentinellus cochleatus (Auriscalpiaceae)

Wie der Name schon vermuten lässt, riecht der Pilz stark anisartig. Das zweite Hauptkennzeichen ist der tüten- bis trompetenförmige, rotbraune Hut mit dem stark eingerollten Rand. Die Pilze wachsen meist büschelig oder dachziegelig übereinander. Die lederig-zähen Stiele sind exzentrisch, und die cremefarbenen bis blassbraunen, weit am Stiel herablaufenden Lamellen haben gesägte Schneiden. Trotz seines angenehmen Geruchs schmeckt der Anis-Zähling bitter und ist ungenießbar.

Büschelig an Laub- und Nadelholzstümpfen oder auf dem Erdboden über vergrabenem Totholz

ANMERKUNG

Büschelig wachsende, tüten- oder trompetenförmige Arten gibt es einige. L. cochleatus *hat zusätzlich gesägte Lamellenschneiden und Anisgeruch.*

SPORENPULVER *Weiß*
ZEIT *Sommer bis Spätherbst*
VORKOMMEN *Weit verbreitet, aber meist nur zerstreut*
WERT *Ungenießbar*
ÄHNLICHE ARTEN *Unverwechselbar, wenn man auf die Hutform und den Geruch achtet. Dem Geruchlosen Zähling* (Lentinellus inolens) *und dem Rillstieligen Seitling (S. 41) fehlt der Anisgeruch.*

Einzeln oder in kleinen Gruppen in Laubwäldern (Buchen, Eichen, vor allem Birken) auf sauren Böden, seltener auch im Nadelwald

Rotbrauner Streifling

Amanita fulva (Amanitaceae)

Der Pilz hat einen konischen bis gebuckelten, glatten, rotbraunen Hut, dem mitunter größere Velumfetzen anhaften. Der Rand ist auffallend gerieft. Der glatte, blasse bis hellbraune Stiel trägt keinen Ring, hat aber an der Basis eine – oft im Boden vergrabene – schmutzig weißliche bis rotbräunliche, häutige Volva. Die freien, dichtstehenden Lamellen sind weiß bis blass cremefarben.

SPORENPULVER *Weiß*
ZEIT *Sommer bis Herbst*
VORKOMMEN *In Mitteleuropa weit verbreitet und häufig*
WERT *Roh giftig, gut gekocht essbar*
ÄHNLICHE ARTEN *Orangegelber Streifling (S. 115): orange, Stiel genattert; Grauer Scheidenstreifling (S. 169): Hut grau oder graubraun*

Unter einzelnen Birken oder in Mischwäldern mit Birken und Nadelbäumen (Fichten, Kiefern)

Gelbblättriger Ritterling

Tricholoma fulvum (Tricholomataceae)

Der häufige Pilz hat einen orangebraunen, am gefurchten Rand oft blasseren, bei Feuchtigkeit schmierigen Hut, der im Alter ausgebreitet bis wellig-verbogen ist, in der Mitte aber meist seinen flachen Buckel behält. Die jung blassgelben Lamellen flecken später rostbraun. Das hellgelbe Fleisch schmeckt bitter und riecht nach Mehl.

SPORENPULVER *Weiß*
ZEIT *Sommer bis Spätherbst*
VORKOMMEN *In Birkenwäldern häufig*
WERT *Schwach giftig*
ÄHNLICHE ARTEN *Der Brandige Ritterling (S. 74) und einige andere braune Ritterlinge sehen ähnlich aus. Man achte auf die gelben Lamellen und den Standort bei Birken.*

Brennender Rübling

Collybia peronata (Tricholomataceae)

Die kleine, zähfleischige Art hat einen gelbbraunen, frisch dunkel radialstreifigen Hut, der im Alter ausblasst und runzelig wird. Die Lamellen sind jung blassgelb und dunkeln später nach. Der ähnlich blasse Stiel ist biegsam und lässt sich kaum zerbrechen. Die Stielbasis ist mit einem dichten, gelben Myzelfilz bedeckt. Das ledrige Fleisch schmeckt scharf.

Meist gesellig in Laub- und Nadelwäldern, in der Streu

SPORENPULVER *Blass cremefarben*
ZEIT *Meist erst im Herbst*
VORKOMMEN *In Mitteleuropa sehr häufig*
WERT *Ungenießbar*
ÄHNLICHE ARTEN *Purpurbrauner Rübling* (Collybia fuscopurpurea): *Stiel dunkler braun, auf Kalkböden; Waldfreundrübling* (Collybia dryophila): *orangebraun, Stiel glatt*

Fuchsbrauner Schirmling ☠

Lepiota boudieri (Agaricaceae)

Der radialfaserige, orangebraune, in der Mitte fast schwarzbraune Hut und der mit orangebraunen Velumresten genatterte Stiel sind gute Kennzeichen. Die Lamellen sind weiß bis creme. Das weiße Fleisch riecht angenehm. Weder der Fuchsbraune noch andere kleine bis mittelgroße rötlichbraune Schirmlinge dürfen gegessen werden, da diese Gruppe einige sehr giftige Arten enthält.

Auf nährstoffreichen, basischen Böden in Wäldern und Gebüschen; einzeln oder in kleinen Trupps

SPORENPULVER *Cremefarben*
ZEIT *Sommer bis Herbst*
VORKOMMEN *In Deutschland sehr selten*
WERT *Giftig*
ÄHNLICHE ARTEN *Kastanienbrauner Schirmpilz (S. 79): Hut stärker schuppig, Stiel meist kürzer, Geruch unangenehm. Viele kleine Le*piota*-Arten können nur Experten bestimmen.*

In feuchten Nadelwäldern auf sauren Böden, gern zwischen Torfmoosen

Spitzgebuckelter Raukopf

Cortinarius rubellus (Cortinariaceae)

Ein lebensgefährlich giftiger Pilz, der schon viele Menschen getötet hat und vor allem die Niere und das zentrale Nervensystem schädigt. Der Hut ist lange gebuckelt und in der Mitte oft noch spitzer als auf diesem Foto. Der keulenförmige Stiel ist deutlich längsstreifig und mit gelblichen Velumgürteln geschmückt. Alle Teile des Fruchtkörpers sind orangebraun bis rotbraun gefärbt und riechen schwach rettichartig.

SPORENPULVER *Rostbraun*
ZEIT *Frühsommer bis Spätherbst*
VORKOMMEN *In Süddeutschland und den Alpen häufig, sonst zerstreut bis selten*
WERT *Lebensgefährlich giftig*
ÄHNLICHE ARTEN *Orangefuchsiger Raukopf (S. 103); Zitronengelber Raukopf* (Cortinarius limonius): *Stiel unten zugespitzt, Hut gewölbt*

In humusreichen Wäldern, aber auch an gestörten Stellen wie Weg- und Straßenrändern, in Gärten und Brennnesselfluren

Glimmerschüppling

Phaeolepiota aurea (Tricholomataceae)

Ein Pilz von hell goldbrauner Farbe mit einem halskrausenartigen Ring. Die Hutoberfläche ist dicht feinkörnig-glimmerig und gerunzelt, der Rand nach dem Aufschirmen fransig behangen. Der Stiel ist im unteren Teil gestiefelt und feinkörnig-glimmerig. Die anfangs cremeweißen Lamellen werden später rostockerfarben.

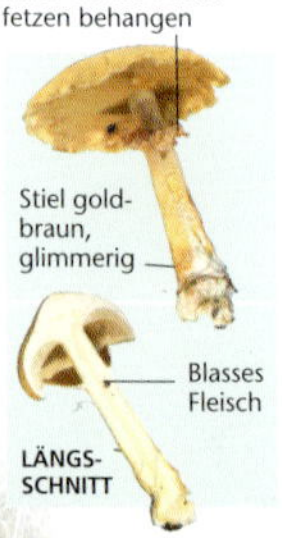

SPORENPULVER *Ockerbräunlich*
ZEIT *Meist erst im Herbst*
VORKOMMEN *Zerstreut bis selten, im Voralpengebiet etwas häufiger*
WERT *Essbar*
ÄHNLICHE ARTEN *Prächtiger Flämmling (S. 108): Hut nicht feinkörnig, Stiel nicht gestiefelt, giftig*

Orangefuchsiger Raukopf

Cortinarius orellanus (Cortinariaceae)

Einzeln oder in Trupps in Laub- und Nadelwäldern (Eichen, Kiefern), auf sauren bis neutralen Böden

Ein lebensgefährlicher Giftpilz, dessen Tücke darin liegt, dass Vergiftungserscheinungen oft erst Tage oder Wochen nach der Mahlzeit eintreten. Das Gift wirkt vor allem auf die Nieren. Der gewölbte, orange- bis rotbraune Hut verflacht im Alter, behält aber einen zentralen Buckel bei. Die Oberfläche ist radialfaserig und leicht filzig. Die rostbraunen, entferntstehenden Lamellen laufen nicht am Stiel herab. Der Stiel ist gelbbraun, zylindrisch, abwärts oft verjüngt und locker mit gelblichen Velumresten befasert, aber nicht gegürtelt. Der Geruch erinnert an Rettich oder Rübe. Da die meisten Schleierlinge schwer bestimmbar sind, sollte man sie generell vom Genuss ausschließen. Das rostbraune Sporenpulver und die nicht herablaufenden Lamellen beugen Verwechslungen mit dem Pfifferling (S. 118) vor.

SPORENPULVER *Rostbraun*
ZEIT *Sommer bis Spätherbst*
VORKOMMEN *In Südwestdeutschland zerstreut, sonst selten*
WERT *Lebensgefährlich giftig*
ÄHNLICHE ARTEN *Spitzgebuckelter Raukopf (S. 102): Stiel mit gelblichen Velumgürteln; wächst in feuchten Nadelwäldern. Pfifferlinge (S.118) sind gelb, trompetenförmig und haben herablaufende Leisten. Flämmlinge* (Gymnopilus) *sind ähnlich gefärbt, wachsen aber auf Holz.*

ANMERKUNG

Ein Längsschnitt durch den Fruchtkörper zeigt, dass die entferntstehenden Lamellen nicht am Stiel herablaufen; sie sind rostbraun und nicht blass oder gefleckt.

In der Streu und zwischen Moos unter Nadelbäumen (Fichten, Kiefern)

Orangeroter Graustieltäubling

Russula decolorans (Russulaceae)

Der Pilz hat einen glatten, orange- bis kupferorangefarbenen oder ziegelroten, konvexen Hut, der sich im Alter ausbreitet. Die creme- bis cremeockerfarbenen Lamellen haben oft schwärzliche Schneiden. Der erst weißliche, recht lange Stiel ist oft etwas gerunzelt und verfärbt bald grau bis dunkelgrau. In ähnlicher arttypischer Weise graut und schwärzt auch das gesamte Fleisch im Schnitt oder an verletzten Stellen.

SPORENPULVER *Cremefarben*
ZEIT *Sommer bis Herbst*
VORKOMMEN *In Mitteleuropa weit verbreitet*
WERT *Essbar*
ÄHNLICHE ARTEN *Gelber Graustieltäubling (S. 125); Weinroter Graustieltäubling: ebenfalls grauend, aber Hut dunkel weinrot*

In Kiefernwäldern auf sandigen Böden, sehr selten auch bei anderen Nadelbäumen

Halsband-Ritterling

Tricholoma focale (Tricholomataceae)

Der Pilz ist in Deutschland sehr selten und vom Aussterben bedroht. Charakteristisch sind die kupferbraunen bis orangeroten Flockengürtel, die die untere Stielhälfte schmücken. Oberhalb des dicken Rings ist der Stiel weiß. Der gewölbte Hut ist orangebraun und mit rötlichen bis ziegelbraunen Fasern gestreift. Das cremeweißliche Fleisch schmeckt mild und riecht mehlig oder gurkenartig.

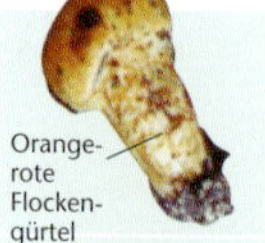

SPORENPULVER *Weiß*
ZEIT *Meist erst im Herbst und Spätherbst*
VORKOMMEN *In Mitteleuropa sehr selten (s. o.), im Süden etwas häufiger*
WERT *Ungenießbar*
ÄHNLICHE ARTEN *Krokodilritterling* (T. caligatum): *dunkler braun, mit obstartigem Geruch; auch sehr selten*

Fuchsiger Rötelritterling

Lepista flaccida (Tricholomataceae)

In Reihen und Ringen in Laub- und Nadelwäldern, oft in großer Zahl

Hut und Stiel dieser Art können in der Farbe sehr variieren: Es gibt rotbraune und ockergelbe Formen, wie die hier dargestellte, die bisweilen auch als eigene Art angesehen wird (*L. gilva*). Alte Hüte sind oft dunkler gefleckt, der jung eingerollte Rand ist im Alter oft wellig verbogen. Die jung weißen, alt orangefarbenen und am Ende bräunlichen Lamellen laufen weit am Stiel herab. Der Stiel wird im Alter hohl und ist am Grund oft weißfilzig. Der essbare Pilz wächst in der Nadelstreu und im Falllaub der verschiedensten Waldtypen und fruktifiziert bis in den Winter hinein.

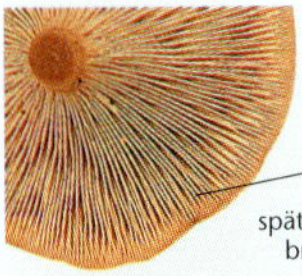

ANMERKUNG

Der Pilz ist zwar essbar, schmeckt aber nicht besonders. Wer ihn verwenden will, muss ihn gut kennen, denn es gibt mehrere sehr giftige Trichterlinge, die ihm ähnlich sehen. Man hüte sich vor allem vor weißen bis lederbraunen Arten und Arten mit bereiftem Hut (s. S. 20, 36).

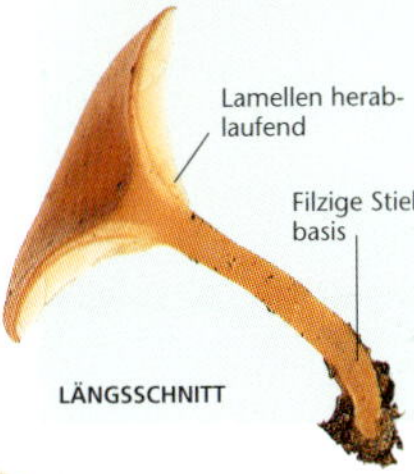

SPORENPULVER *Cremefarben*
ZEIT *Sommer bis Winter*
VORKOMMEN *In Mitteleuropa weit verbreitet und häufig*
WERT *Essbar*
ÄHNLICHE ARTEN *Ockerbrauner Trichterling (S. 35): blasser, dünnfleischiger; Ziegelroter Trichterling* (Clitocybe sinopica): *mit Mehlgeruch, oft früh im Jahr. Beide Arten sind essbar; Duftender Gifttrichterling (S. 36): Hut bereift, Geruch süßlich, giftig*

Am Stammgrund toter und geschädigter Laubbäume, vor allem Eiche und Rosskastanie; oft in großen Büscheln

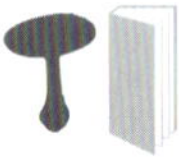

Leuchtender Baumtrichterling

Omphalotus illudens (Paxillaceae)

Der Name dieses büschelig wachsenden Giftpilzes rührt daher, dass seine Lamellen in der Dunkelheit schimmern. Der rot- bis orangebraune, glatte Hut ist trompetenförmig. Der Rand ist lange eingerollt und oft eingerissen. Die entferntstehenden Lamellen sind goldorange und laufen am Stiel herab. Der Stiel ist abwärts verjüngt, sitzt oft leicht exzentrisch an und ist rotorange gefärbt. Das Fleisch ist gelb und fest. Der in Nordamerika weit verbreitete Pilz wurde möglicherweise nach Europa eingeschleppt. In den USA verursacht er ziemlich oft Vergiftungen, die jedoch selten lebensbedrohlich sind. Eine verwandte Art, der Ölbaumtrichterling *(O. olearius)*, wächst in Südeuropa vor allem an alten Olivenbäumen.

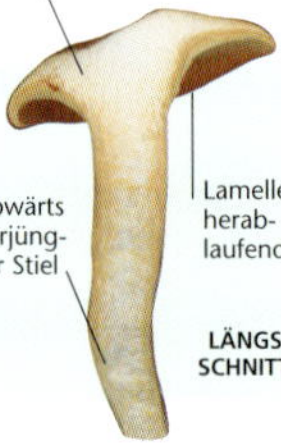

SPORENPULVER *Weißlich*
ZEIT *Sommer bis Herbst*
VORKOMMEN *In Mitteleuropa sehr selten*
WERT *Sehr giftig*
ÄHNLICHE ARTEN *Prächtiger Flämmling (S. 108): büschelig an Laubbäumen, aber Hüte gewölbt und Stiele beringt; Ölbaumtrichterling: Hut lebhaft orange, Stiel länger; vor allem im Mittelmeeraum – beide Arten sind giftig.*

ANMERKUNG

Die sehr giftige Art darf keinesfalls mit essbaren Pfifferlingen (S. 118) verwechselt werden, die jedoch gelb sind und nicht büschelig an Holz wachsen.

Blutblättriger Hautkopf

Cortinarius semisanguineus (Cortinariaceae)

In Nadelwäldern aller Art, vor allem unter Fichte auf sauren Böden

Ein gutes Kennzeichen dieser Art ist der sowohl bei jungen wie bei alten Fruchtkörpern auffallende Kontrast zwischen dem hell gelbbraunen bis olivfarbenen Hut und den lebhaft roten Lamellen. Der trockene, gewölbte, radialfaserige Hut hat einen zentralen Buckel. Der Stiel ist meist etwas blasser gelbbraun und etwas längsfaserig. Das gelbliche Fleisch ist in der Stielbasis rotbraun getönt und riecht leicht rettich- oder jodartig. Schleierlinge *(Cortinarius)* mit lebhaft orangefarbenen oder roten Farben (vor allem in den Lamellen) gehören zur Untergattung *Dermocybe* (Hautköpfe) und werden, wie auch der Blutblättrige Hautkopf, zum Färben von Wollgarn genutzt.

ANMERKUNG

Bei der Bestimmung achten Sie vor allem auf den trockenen, feinfilzigen Hut und auf die Farbkombination olivgelber Hut, rote Lamellen und gelbbrauner Stiel.

SPORENPULVER *Rostbraun*
ZEIT *Spätsommer bis Spätherbst*
VORKOMMEN *In Mitteleuropa weit verbreitet und stellenweise häufig*
WERT *Giftig*
ÄHNLICHE ARTEN *Der Blutrote Hautkopf* (C. sanguineus) *und einige ähnliche Hautköpfe kommen eher im Laubwald vor und haben stärker rot gefärbte Hüte.*

Schöngelber Klumpfuß

In Laubwäldern, vor allem in warmen Lagen bei Buche über Kalk, einzeln oder gesellig

Cortinarius splendens (Cortinariaceae)

Der attraktive, aber lebensgefährlich giftige Pilz hat schwefelgelbe Velumfetzen auf der schmierigen, lebhaft gelben Hutoberfläche. Die gebuckelte Hutmitte kann auch wärmer orangegelb sein. Die anfangs hellgelben Lamellen werden im Alter rostbraun. Der Stiel kann mit spärlichen, spinnwebartigen Cortinaresten geschmückt sein; seine Basis ist mit einer auffallend dicken, gerandeten Knolle versehen.

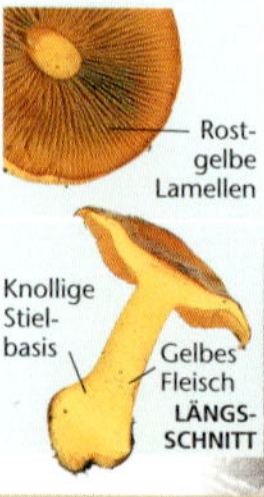

SPORENPULVER *Rostbraun*
ZEIT *Spätsommer bis Herbst*
VORKOMMEN *In Deutschland selten und vielerorts noch nicht nachgewiesen*
WERT *Sehr giftig*
ÄHNLICHE ARTEN *Grünling (S. 125): Sporen weiß; Prächtiger Klumpfuß (C. elegantissimus): strohgelb, Fleisch bisweilen bläulich getönt*

Prächtiger Flämmling

In dichten Büscheln am Stammgrund alter Laubbäume (vor allem Eiche), sehr selten an Nadelholz

Gymnopilus junonius (Cortinariaceae)

Der gewölbte Hut dieser oft sehr großen, eindrucksvollen Art ist gewölbt und manchmal zentral gebuckelt, die Oberfläche trocken und grob radialfaserig sowie am Rand zuweilen mit Velumfetzen geschmückt. Die Lamellen werden im Alter zunehmend rostbraun, genauso wie der breite, hängende Stielring. Der bitter schmeckende Pilz wird manchmal als halluzinogen bezeichnet.

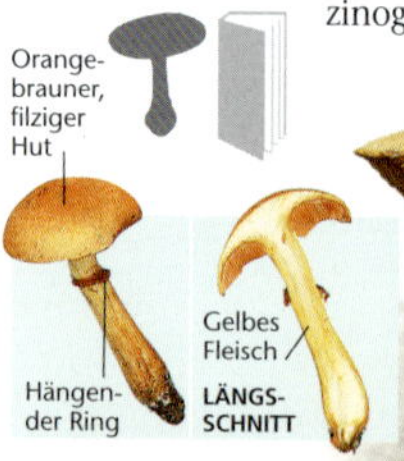

SPORENPULVER *Rostbraun*
ZEIT *Spätsommer bis Spätherbst*
VORKOMMEN *Weit verbreitet, nicht überall*
WERT *Giftig*
ÄHNLICHE ARTEN *Sparriger Schüppling (S. 95) und Goldfell-Schüppling (S. 129): beide haben schuppige Hüte und Stiele; Glimmerschüppling (S. 102)*

Wiesenellerling

Hygrocybe pratensis (Hygrophoraceae)

Der gewölbte bis ausgebreitete, im Alter oft wellig-verbogene, recht große Hut dieses Wiesenbewohners ist trocken bis leicht schmierig und meist zentral gebuckelt. Die bogig am Stiel herablaufenden Lamellen sind cremefarben, der wie der Hut gefärbte trockene, längsfaserige Stiel wird zur Basis hin schmaler. Das Pfirsichorange des Hutes blasst im Alter zu Hellbraun aus. Daneben gibt es auch eine rein weiße Form.

Auf ungedüngtem Grasland, gelegentlich auch auf grasigen Waldlichtungen. Nicht büschelig, aber oft in großen Scharen

SPORENPULVER *Weiß*
ZEIT *Spätsommer bis Spätherbst, milde Winter*
VORKOMMEN *Weit verbreitet, aber wegen Überdüngung der Wiesen rückläufig*
WERT *Essbar*
ÄHNLICHE ARTEN *Andere orangefarbene Saftlinge mit herablaufenden Lamellen sind lebhafter gefärbt und kleiner.*

Ziegelroter Schwefelkopf

Hypholoma lateritium (Strophariaceae)

Die in der Mitte glatten und etwas dunkleren, am Rand nicht selten mit blassen, flockigen Velumresten geschmückten, ziegelroten Hüte kennzeichnen diese recht große Art. Die jungen Lamellen sind grau und verfärben sich im Alter purpurbraun. Der oben blassgelbe und darunter dunkler rotbraune Stiel hat keine oder nur eine undeutliche Ringzone.

An Laubholzstümpfen, meist büschelig

SPORENPULVER *Dunkel purpurbraun*
ZEIT *Meist erst im Herbst und Spätherbst*
VORKOMMEN *Weit verbreitet, in Laubwaldgebieten häufig*
WERT *Ungenießbar*
ÄHNLICHE ARTEN *Stockschwämmchen* *(S. 60)**, Hallimasch* *(S. 96)**, Samtfußrübling* *(S. 110)**, Grünblättriger Schwefelkopf* *(S. 130)*

Büschelig an totem Laubholz aller Art, vor allem in Auwäldern und Bachniederungen

Samtfußrübling (Winterpilz)

Flammulina velutipes (Tricholomataceae)

Der häufige, beliebte Speisepilz wächst büschelig an Laubholz. Er hat einen gewölbten, glatten, schmierig-schleimigen, orangebraunen Hut mit eingebogenem Rand. Sehr selten kommen auch rein weiße Albinoformen vor. Die gelblichen Lamellen sind mäßig gedrängt, das Sporenpulver ist weiß. Der zur Basis hin verjüngte Stiel ist oben gelb und im unteren Teil dunkel braun- bis fast schwarzsamtig. Das blassgelbe Fleisch riecht unauffällig pilzartig. Der schmackhafte Pilz wird auch kommerziell gezüchtet und unter verschiedenen japanischen Namen – z.B. »Inotake« – vermarktet. Durch kaltes, frostiges Wetter wird das Wachstum stimuliert.

ANMERKUNG

Achten Sie bei der Bestimmung dieses Pilzes immer auf das weiße Sporenpulver. Die giftigen orangegelben bis rostbraunen Arten, die ebenfalls büschelig an Holz wachsen, haben rost- bis purpurbraune Sporen.

SPORENPULVER *Weiß*
ZEIT *Vom Spätherbst bis ins Frühjahr*
VORKOMMEN *Weit verbreitet und vielerorts häufig*
WERT *Guter Speisepilz*
ÄHNLICHE ARTEN *Grünblättriger Schwefelkopf (S. 130): Lamellen erst grünlich, dann dunkel purpurbraun; giftig; Geflecktblättriger Flämmling (S. 92) und verwandte Arten: Lamellen orangegelb, Sporen braun*

Milder Milchling

Lactarius aurantiacus (Russulaceae)

In der Streu von Laub- und Nadelwäldern sowie in Dünen bei Zwergweiden, meist gesellig

Der bald leicht trichterförmige, in der Mitte aber meist gebuckelte Hut ist glatt und meist etwas schmierig und orange bis orangebraun gefärbt. Die fleischockerfarbenen Lamellen werden im Alter zimtbraun; der lachsfarbene, an der Spitze etwas hellere Stiel ist glatt. Das milde, schwach nach Gummi riechende Fleisch sondert bei Verletzung einen unveränderlich weißen Milchsaft ab.

SPORENPULVER *Cremefarben*
ZEIT *Sommer bis Spätherbst*
VORKOMMEN *In Süddeutschland und im Alpenraum häufig, im Norden seltener*
WERT *Ungenießbar*
ÄHNLICHE ARTEN *Fuchsigbrauner Milchling* (L. fulvissimus): *mit blassem Hutrand, Milch beim Eintrocknen leicht gilbend*

Brätling

Lactarius volemus (Russulaceae)

In Laub- und Nadelwäldern, einzeln oder in kleinen Gruppen.

Der flache, in der Mitte vertiefte, feinsamtige, orange- bis rotbraune Hut ist am Rand bisweilen blasser und rissig aufgesprungen. Die engstehenden Lamellen flecken an verletzten Stellen rotbraun und sondern eine weiße, nach Fisch riechende Milch ab. Der fein samtig bereifte Stiel ist cremeorange und damit blasser als der Hut; er fleckt rötlichbraun.

SPORENPULVER *Weißlich*
ZEIT *Sommer bis Spätherbst*
VORKOMMEN *In Süddeutschland weit verbreitet, aber stark rückläufig; im Norden schon immer selten*
WERT *Essbar*
ÄHNLICHE ARTEN *Rotbrauner Milchling (S. 82): schlanker, trüb rotbraun, Milch scharf*

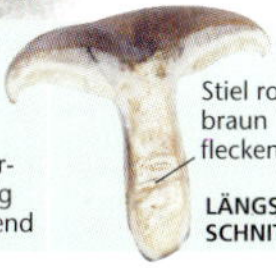

In ungedüngtem Grasland (Trockenrasen, Almen, Parks), vorwiegend auf basischen Böden

Feuerschuppiger Saftling

Hygrocybe intermedia (Hygrophoraceae)

Der Feuerschuppige Saftling hat einen trockenen, kegeligen, auf gelbem Grund mit scharlachroten, orangefarbenen und gelben, im Alter verblassenden Faserschuppen radial gestreiften Hut. Der Rand bleibt lange eingerollt und reißt oft unregelmäßig lappig auf. Die blassgelben bis orangefarbenen Lamellen haben gesägte Schneiden. Der Stiel, der gelegentlich etwas graut, kann verdreht sein und hat eine weiße Basis.

SPORENPULVER *Weiß*
ZEIT *Spätsommer bis Herbst.*
VORKOMMEN *Trotz weiter geographischer Verbreitung sehr selten*
WERT *Ungenießbar, als Seltenheit zu schonen*
ÄHNLICHE ARTEN *Spitzgebuckelter Saftling* (H. persistens): *Pilz einheitlich gelb; Kirschroter Saftling (S. 161): Hut und Stiel blutrot*

Auf Laubresten und kleinen Zweigen, nahezu ausschließlich im Buchenwald über Kalk

Gelbmilchender Helmling

Mycena crocata (Tricholomataceae)

Dieser unverwechselbare, sehr fragile Helmling sondert bei Verletzung einen leuchtend safrangelben Saft ab. Der zierliche, glockige, graubraune Hut hat einen fein gerieften, blasseren Rand. Auch die Lamellen und der obere Teil des Stiels sind blass, der untere Stielteil dagegen bräunlich und an der oft ein wenig wurzelnden Basis feinhaarig. Der gesamte Fruchtkörper fleckt bei Verletzung und im Alter lebhaft orange.

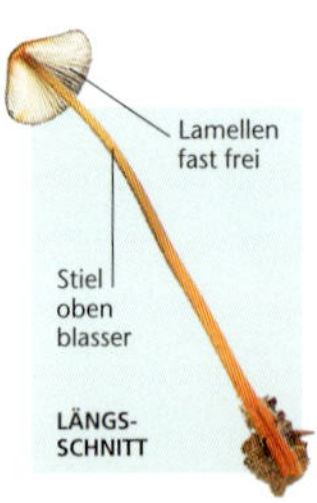

SPORENPULVER *Blass cremefarben*
ZEIT *Spätsommer bis Herbst*
VORKOMMEN *In Buchenwaldgebieten über Kalk ortshäufig*
WERT *Ungenießbar*
ÄHNLICHE ARTEN *Bluthelmlinge* (Mycena sanguinolenta, Mycena haematopus): *mit dunkelroter Milch*

Wässriger Moortäubling

Russula aquosa (Russulaceae)

Meist an moorigen Stellen im Torfmoos (Sphagnum), auch in feuchten Nadel- und Mischwäldern

Der Hut dieses hübschen Täublings ist kirsch- bis purpurrot mit oft dunklerer Mitte. Die Oberfläche kann jung etwas glänzen, die Huthaut lässt sich fast vollständig abziehen. Die Lamellen und der zerbrechliche, keulige Stiel sind weiß. Der Stiel neigt dazu, sich mit Wasser vollzusaugen, und graut dann leicht nach; das schärflich schmeckende Fleisch wird dabei sehr weich.

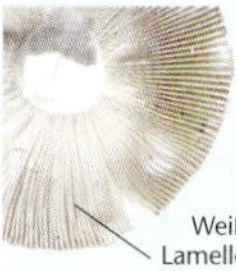

SPORENPULVER *Weiß*
ZEIT *Sommer bis Herbst*
VORKOMMEN *Weit verbreitet, aber nur an den geeigneten Standorten*
WERT *Ungenießbar*
ÄHNLICHE ARTEN *Milder Torfmoos-Täubling* (Russula sphagnophila): *Hut wein- bis olivbraun mit grob gerieftem Rand*

Orangeroter Träuschling

Stropharia aurantiaca (Strophariaceae)

Auf gemulchten Beeten, Rindenschrot- und Sägemehlhaufen, sogar auf Stroh, in Gärten und Parks

Wie alle Träuschlinge hat er zunächst halbkugelig-gewölbte Hüte mit meist klebrig-schmieriger Oberfläche. Der Hutrand ist mit wollig-flockigen, blassen Velumfetzen besetzt. Die anfangs blass olivfarbenen Lamellen werden später braun bis dunkel graurot. Der längsfaserige, blasse Stiel hat einen leicht vergänglichen Ring.

SPORENPULVER *Dunkel purpurbraun*
ZEIT *Sommer bis Herbst*
VORKOMMEN *Die früher sehr seltene Art ist derzeit in Ausbreitung begriffen.*
WERT *Ungenießbar*
ÄHNLICHE ARTEN *Ziegelroter Träuschling* (Stropharia thrausta): *Hut ziegelrot, Stiel orangebraun, gern unter Buchen*

In Laubwäldern sowie unter Kiefern auf sandigen Böden in warmen Lagen

Kaiserling

Amanita caesarea (Amanitaceae)

Im Mittelmeerraum gehört der Kaiserling zu den beliebtesten Speisepilzen, nördlich der Alpen ist er jedoch sehr selten und wird von unerfahrenen Sammlern mit dem Fliegenpilz (S. 158) verwechselt. Der erst rundliche, dann ausgebreitete Hut ist goldorangefarben und hat einen gerieften Rand. Selten haften größere Velumfetzen auf der Oberfläche. Stiel, Lamellen, Fleisch und die hängende Manschette sind blass goldgelb. Die Stielbasis ist von einer weißlichen, sackartigen Scheide umschlossen.

SPORENPULVER *Weiß*
ZEIT *Sommer bis Herbst*
VORKOMMEN *In Deutschland nur vereinzelt im Südwesten, sonst sehr selten oder fehlend*
WERT *Essbar; als Seltenheit zu schonen*
ÄHNLICHE ARTEN *Fliegenpilz (S. 158): Lamellen, Stiel und Manschette weiß; häufige Art; giftig*

Einzeln oder in kleinen Büscheln auf vermorschten Nadelholzstümpfen, sehr selten an Laubholz

Feuerschüppling

Pholiota flammans (Strophariaceae)

Die schuppige, leuchtend orangegelbe Art wächst mit Vorliebe an morschem Nadelholz. Sowohl der flach gewölbte Hut als auch der Stiel unterhalb der Ringzone sind mit aufgebogenen, zugespitzten, hellgelben Faserschüppchen bedeckt. Die Grundfarbe des Hutes ist mehr ocker-orange, die des Stiels gelb. Auch das Fleisch ist hellgelb. Die Lamellen sind lachsgelb und werden im Alter rostbraun.

SPORENPULVER *Braun*
ZEIT *Sommer bis Herbst*
VORKOMMEN *Weit verbreitet und oft häufig*
WERT *Ungenießbar*
ÄHNLICHE ARTEN *Andere Schüpplinge sind blasser oder schmieriger. Der Grünblättrige Schwefelkopf (S. 130) hat graugrüne Lamellen und keine Schuppen.*

Orangegelber Streifling

Amanita crocea (Amanitaceae)

Der lebhaft orangebraune bis aprikosenfarbene Hut ist meist glatt (selten bleiben einzelne Velumfetzen auf der Huthaut haften). Der Hutrand ist kräftig gerieft und meist blasser. Der ringlose Stiel ist mit orangebraunen Bändern genattert. Die dauerhafte, dicke, weißliche Volva ist innen gelblich. Die engstehenden, weißen Lamellen erreichen den Stiel nicht.

In Laub- und Nadelwäldern auf sauren Böden, vor allem bei Buchen, Fichten und Tannen

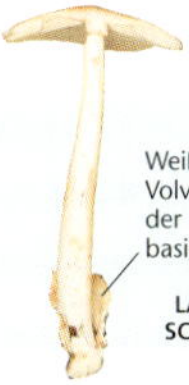

SPORENPULVER *Weiß*
ZEIT *Frühsommer bis Herbst*
VORKOMMEN *In Kalkgebieten sehr selten, sonst zerstreut und lokal etwas häufiger*
WERT *Gut gekocht essbar*
ÄHNLICHE ARTEN *Der Rotbraune Streifling (S. 100) hat einen rotbraunen Hut und keinen genatterten Stiel.*

Rhabarberfüßiger Raukopf ☠

Cortinarius callisteus (Cortinariaceae)

Ein Schleierling mit einem rundlichen, goldbraunen Hut, der mit eingewachsenen Radialfasern oder Schüppchen besetzt ist. Die Lamellen sind orange- bis gelbbraun, der knollig verdickte Stiel ähnlich oder mehr rötlichbraun mit bräunlichen Längsfasern oder feiner Schuppung. Das orangegelbe Fleisch riecht eigenartig nach Ozon oder heißem Maschinenöl. Der Pilz ist in ultraviolettem Licht fluoreszierend.

Einzeln oder gesellig in Nadelwäldern, vor allem unter Fichten

SPORENPULVER *Rostbraun*
ZEIT *Spätsommer bis Herbst*
VORKOMMEN *In Norddeutschland fehlend, im Süden sehr vereinzelt bis zerstreut*
WERT *Giftig*
ÄHNLICHE ARTEN *Zitronengelber Raukopf* (C. limonius): *Stiel wollig-filzig; Goldfuchsiger Raukopf* (C. tophaceus): *unter Laubbäumen*

Einzeln oder in kleinen Gruppen an grasigen Stellen unter Eichen auf Kalkböden

Queraderiger Milchling

Lactarius acerrimus (Russulaceae)

Einziger Milchling, dessen Sporen zu zweit statt zu viert an den Sporenständern (Basidien) sitzen. Der gelbliche bis ockerorangefarbene Hut ist stark gezont und schmierig. Die ockerfarbenen Lamellen sind am Stielansatz queraderig verbunden. Der kurze, dicke Stiel ist oft exzentrisch.

SPORENPULVER *Weiß*
ZEIT *Sommer bis Herbst*
VORKOMMEN *In Deutschland vor allem im Süden, sonst nur sehr zerstreut; rückläufig*
WERT *Giftig, die weiße Milch ist sehr scharf*
ÄHNLICHE ARTEN *Blasser Zonenmilchling* (L. evosmus): *Lamellen kaum queraderig; Fransenmilchling* (L. zonarius): *Hutrand zottig*

Einzeln oder gesellig an grasigen Stellen oder im Falllaub unter Eichen auf sauren Böden; seltener auch unter Kiefern

Goldflüssiger Milchling

Lactarius chrysorrheus (Russulaceae)

Der schalenförmig vertiefte, rosaockerliche bis lachsfarbene Hut ist dunkler fleischockerfarben gezont. Die anfangs weiße Milch verfärbt sich an der Luft schnell hell schwefelgelb. Fleisch und Milch schmecken nach kurzer Verzögerung brennend scharf. Die Lamellen sind erst cremefarben und werden später blass fleischockerlich. Der relativ glatte Hut und die Milchverfärbung machen die Art leicht bestimmbar.

SPORENPULVER *Hellocker*
ZEIT *Sommer bis Herbst*
VORKOMMEN *In Deutschland eher in tieferen Lagen*
WERT *Giftig*
ÄHNLICHE ARTEN *Eichenmilchling (S. 67): Hut matter rotbraun, Milch nur blassgelb; Fransenmilchling* (L. zonarius): *Hut filzig*

Fichtenreizker

Lactarius deterrimus (Russulaceae)

In Scharen unter Fichten, sowohl in Wäldern wie unter Einzelbäumen in Parks, Gärten und an Weg- und Straßenrändern

Gehört zu den buntesten Milchlingen: Hut, Lamellen und Stiel des Pilzes sind satt lachsorange, flecken aber im Alter, durch Frost oder an verletzten Stellen grünspanfarben. Die Lamellen sondern eine karottenrote, langsam dunkler werdende Milch ab. Der feucht klebrige Hut ist im Alter vertieft und weist undeutliche, dunklere, konzentrische Zonen auf; der Rand ist lange eingerollt oder eingebogen. Der glatte Stiel fleckt grün und wird bald hohl. Ein guter Speisepilz. Dass sich der Urin nach dem Genuss der Pilze rot färbt, ist eine harmlose Begleiterscheinung.

SPORENPULVER *Hellocker*
ZEIT *Sommer bis Herbst*
VORKOMMEN *Häufig bis sehr häufig, folgt der Fichte in tiefere Lagen.*
WERT *Guter Speisepilz*
ÄHNLICHE ARTEN *Edelreizker: s. u.; Lachsreizker (Lactarius salmonicolor): weniger gezont, Fleisch weinrot verfärbend, unter Tannen häufig*

Edelreizker

Lactarius deliciosus (Russulaceae)

Meist gruppenweise oder in Ringen in der Nadelstreu oder an grasigen Stellen unter Kiefern über Kalk

Der begehrte Speisepilz hat einen anfangs runzeligen, bei Feuchtigkeit ziemlich klebrigen, jung lebhaft orangefarbenen Hut, der oft dunklere Zonen aufweist und im Alter stellenweise auch blassgrün überlaufen sein. Die engstehenden, orangefarbenen Lamellen sondern bei Verletzung eine lebhaft orangefarbene Milch ab. Der kurze, kräftige Stiel ist blassorange und meist mit dunkleren, leicht grubigen Flecken geschmückt.

SPORENPULVER *Cremefarben*
ZEIT *Sommer bis Spätherbst*
VORKOMMEN *In Kalkgebieten verbreitet, sonst selten*
WERT *Guter Speisepilz*
ÄHNLICHE ARTEN *Fichtenreizker (s. o.): Lachsreizker (L. salmonicolor): weniger stark gezont, Fleisch weinrot verfärbend, unter Tannen häufig*

Truppweise unter Kiefern an wärmebegünstigten Standorten über Kalk

Weinroter Kiefernreizker

Lactarius sanguifluus (Russulaceae)

Der Hut ist rötlich bis ockerrötlich, wirkt oft leicht bereift und kann spangrüne Flecken aufweisen. Die engstehenden Lamellen sind weinrosa bis violettlich und sondern bei Verletzung eine bittere rote Milch ab. Der kurze, kräftige Stiel ist rotorange bis violettlich und meist mit dunkleren, grubigen Flecken geschmückt. Das Fleisch ist blass weinrot.

SPORENPULVER *Cremefarben*
ZEIT *Sommer bis Spätherbst*
VORKOMMEN *Zerstreut in Kalkgebieten, häufiger im Mittelmeerraum*
WERT *Guter Speisepilz*
ÄHNLICHE ARTEN *Spangrünverfärbender Kiefernreizker* (L. semisanguifluus)*: Hut stark grünend, Milch orange, später blutrot*

In moosreichen Nadelwäldern Fichtenwäldern auf kalkhaltigen Böden, vor allem im Gebirge.

Starkriechender Pfifferling

Cantharellus lutescens (Cantharellaceae)

Der schlanke, trompetenförmige Fruchtkörper hat einen unregelmäßig gekräuselten Rand. Die Oberseite hell- bis dunkelbraun, z. T. auch mit gelben Beitönen. Die gelben bis gelblichgrauen Leisten auf der Unterseite laufen am Stiel herab. Im Schnitt ist der Fruchtkörper hohl und dünnfleischig. Das Fleisch riecht obstartig.

SPORENPULVER *Cremefarben*
ZEIT *Meist erst im Herbst und Spätherbst*
VORKOMMEN *Im Bergland über Kalk zerstreut, aber auch dort stark rückläufig*
WERT *Guter Speisepilz*
ÄHNLICHE ARTEN *Trompetenpfifferling* *(S. 165)**: Runzeln stärker ausgeprägt, lamellenartig; häufigere Art*

Pfifferling (Eierschwamm)

Cantharellus cibarius (Cantharellaceae)

In Kiefern- und Fichtenwäldern, oft an moosigen Stellen, aber auch unter Eichen, Buchen und Birken.

Der glatte Hut des gelben oder goldgelben Pfifferlings ist im Alter trompetenförmig mit vertiefter Mitte und wellig-verbogenem Rand. Die Hutunterseite ist durch lamellenartige, am Stiel herablaufende Leisten gerunzelt. Das angenehm aprikosenartig duftende Fleisch ist weißlich bis blassgelb und verfärbt sich bei manchen Formen an verletzten Stellen rotorange.

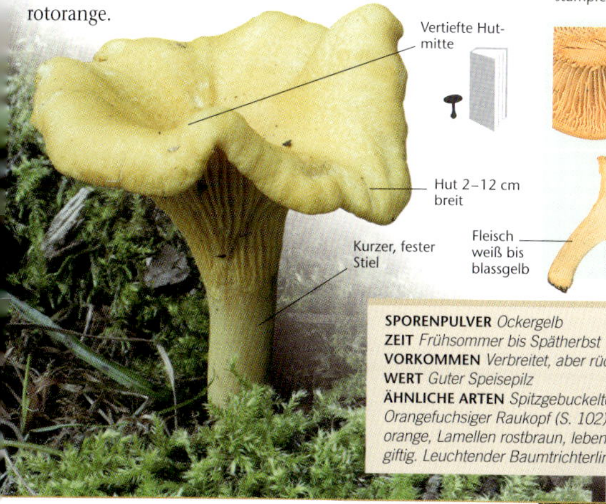

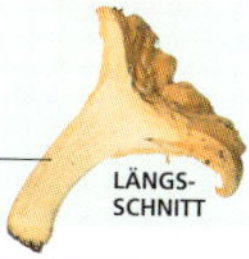

SPORENPULVER *Ockergelb*
ZEIT *Frühsommer bis Spätherbst*
VORKOMMEN *Verbreitet, aber rückläufig*
WERT *Guter Speisepilz*
ÄHNLICHE ARTEN *Spitzgebuckelter und Orangefuchsiger Raukopf (S. 102): Hüte rotorange, Lamellen rostbraun, lebensgefährlich giftig. Leuchtender Baumtrichterling (S. 106)*

Gelbgestiefelter Schleimkopf

Cortinarius triumphans (Cortinariaceae)

In Wäldern und Parks, immer unter Birken

Der Pilz hat einen schleimigen, anfangs halbkugelig gewölbten, orangegelben bis ockerorangefarbenen Hut, dessen Rand oft mit Velumflocken behangen ist. Der kräftige, zugespitzte Stiel ist mit breiten, dunkler gelben Velumbändern gegürtelt. Die blass lavendelfarbenen Lamellen verfärben im Alter rostbraun. Der Geruch ist angenehm, doch schmeckt das blass cremegelbe Fleisch bitter.

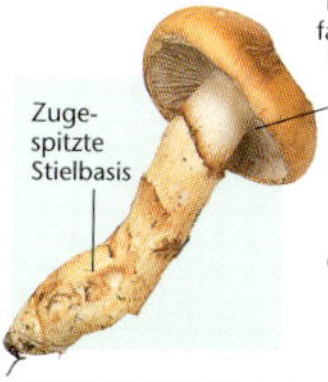

SPORENPULVER *Rostbraun*
ZEIT *Sommer bis Spätherbst*
VORKOMMEN *Zerstreut in Südwestdeutschland, sonst ziemlich selten oder fehlend*
WERT *Ungenießbar*
ÄHNLICHE ARTEN *Gelbgegürtelter Schleimkopf* (C. cliduchus): *Hut dunkler olivocker bis ockerbraun, unter Eichen und Fichten*

In Gebirgsfichtenwäldern über Kalk, dort stellenweise noch häufig

Ziegelgelber Schleimkopf

Cortinarius varius (Cortinariaceae)

Der schleimig-schmierige, halbkugelig gewölbte Hut ist ockergelb und in der Mitte oft dunkler (fast rotbraun). Die engstehenden Lamellen sind jung blasslila. Der keulige Stiel ist weiß und mit flüchtigen weißlichen Velumresten gegürtelt. Der spinnwebartige Schleier (Cortina) ist später meist mit rostbraunem Sporenstaub bepudert. Das Fleisch ist weiß.

SPORENPULVER *Rostbraun*
ZEIT *Sommer bis Spätherbst*
VORKOMMEN *Süddeutsche Mittelgebirge, Voralpenland, Alpen, sonst sehr selten*
WERT *Essbar*
ÄHNLICHE ARTEN *Vielgestaltiger Schleimkopf* (Cortinarius variiformis): *Stiel mit braunen Velumresten gebändert, unter Eichen*

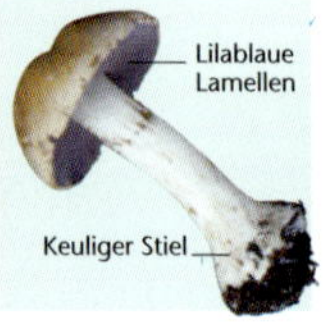

Oft in großen Scharen im Falllaub unter Buchen, vor allem auf Kalkböden

Buchen-Klumpfuß

Cortinarius amoenolens (Cortinariaceae)

Der gewölbte, blass tongelbe bis ockerfarbene Hut dieser Art ist bei Feuchtigkeit schmierig-klebrig. Der lilaviolette Stiel erweitert sich an der Basis zu einer rundlichen, gerandeten Knolle. Die Lamellen sind blass lilablau. Das Fleisch riecht angenehm pflaumenartig, ist aber nicht essbar.

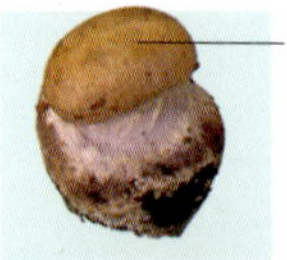

SPORENPULVER *Rostbraun*
ZEIT *Spätsommer bis Spätherbst*
VORKOMMEN *In Buchenwaldgebieten verbreitet und häufig, sonst selten*
WERT *Ungenießbar*
ÄHNLICHE ARTEN *Amethystblättriger Klumpfuß* (C. calochrous): *Hut lebhaft gelb, Knolle und Schleier hellgelb, Fleisch weiß*

Einzeln oder gesellig im Falllaub unter Buchen und dort farblich gut getarnt

Gallentäubling

Russula fellea (Russulaceae)

In allen Teilen honigfarben und daran recht gut zu erkennen. Der rundliche, glatte Hut schirmt bald auf und verflacht, wobei der Rand leicht gerieft sein kann. Die mäßig engstehenden Lamellen sind am Stiel angewachsen. Der Geruch des Fleisches wurde mit Geranien, Senfsoße und Obst verglichen, der Geschmack ist brennend scharf.

SPORENPULVER *Cremefarben*
ZEIT *Sommer bis Spätherbst*
VORKOMMEN *In Buchenwaldgebieten verbreitet und häufig*
WERT *Ungenießbar*
ÄHNLICHE ARTEN *Ockertäubling* (Russula ochroleuca): *Stiel weiß bis graulich, Hut ocker- bis grünlichgelb, geruchlos*

Kulturfolger, auf Mist- und Komposthaufen, auch im Gras auf gedüngten Wiesen und auf Feldern

Gold-Mistpilz

Bolbitius vitellinus (Bolbitiaceae)

Der zierliche, zerbrechliche Pilz hat einen klebrigen, eidottergelben, anfangs ovalen Hut, der später verflacht und cremefarben ausblasst (nur in der Mitte hält sich der Gelbton länger). Der Rand ist radial gerieft, die lebhaft rostbraune Lamellenfarbe schimmert manchmal durch. Der jung hellgelbe Stiel blasst später weißlich aus.

SPORENPULVER *Rostbraun*
ZEIT *Spätes Frühjahr bis Spätherbst*
VORKOMMEN *Weit verbreitet und häufig*
WERT *Ungenießbar*
ÄHNLICHE ARTEN *Dehnbarer Helmling (S. 122): Hut ebenfalls schmierig und in manchen Formen auch gelb, aber Lamellen blass und niemals rostbraun*

Löwengelber Dachpilz

Pluteus leoninus (Pluteaceae)

An Stümpfen und toten Stämmen von Laubbäumen, selten auch an Nadelholz

Der gewölbte Hut dieses zerbrechlichen Pilzes ist gold- bis orangeocker und auf der Oberfläche feinfaserig oder sogar feinschuppig. Der Rand ist fein gerieft. Im Alter blassen die lebhaften Farben etwas aus. Die Lamellen sind lachsrosa und haben gelbe Schneiden, der Stiel ist blasser gelb und zur Basis hin fast weiß.

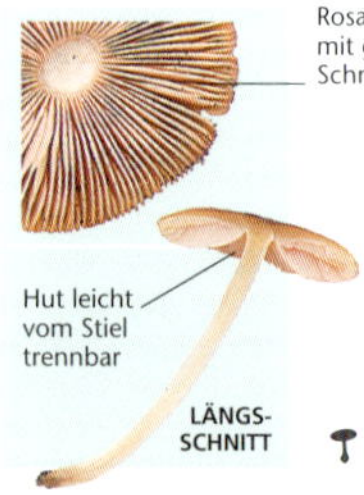

SPORENPULVER *Rosa bis rosabräunlich*
ZEIT *Spätsommer bis Spätherbst*
VORKOMMEN *Weit verbreitet, nirgends häufig*
WERT *Ungenießbar*
ÄHNLICHE ARTEN *Zitronengelber Glöckling* (Entoloma pleopodium): *Geruch auffallend süßlich, Farben blasser; Orangeroter Dachpilz* (P. aurantiorugosus): *Hut leuchtend orange*

Dehnbarer Helmling

Mycena epipterygia (Tricholomataceae)

In Falllaub, Streu und auf kleinen Zweigen von Laub- und Nadelholz, oft sehr gesellig

In der großen Gattung *Mycena* (Helmlinge) gehört dieser grazile Pilz zu den leichter bestimmbaren Arten. Der glockige, blassgraue, zitronengelbe oder ockergelbe, in der Mitte oft braune Hut ist durchscheinend gerieft und ebenso wie der meist lebhaft gelbe, zur Basis hin dunklere Stiel mit einer transparenten, abziehbaren Schleimschicht überzogen. Manche Formen dieses Pilzes riechen fischig oder nach ranzigem Mehl.

SPORENPULVER *Weiß*
ZEIT *Frühsommer bis Herbst, milde Winter*
VORKOMMEN *Weit verbreitet und häufig*
WERT *Ungenießbar*
ÄHNLICHE ARTEN *Gelbweißer Helmling* (M. flavoalba): *hellgelb, ohne Schleimschicht; Überhäuteter Helmling* (M. rorida): *Stiel mit Schleimschicht, Hut rotbraun*

Gelber Knollenblätterpilz ☠

Einzeln oder gesellig in Laub- und Nadelwäldern auf sauren Böden, gerne bei Fichte, Kiefer, Buche, Eiche oder Birke

Amanita citrina (Amanitaceae)

Der glattrandige Hut dieser Art kann sowohl zitronengelb als auch rein weiß sein. Junge Hüte sind mit einem mosaikartigen Muster aus abwischbaren weißen oder beigefarbenen Velumresten bedeckt. Die engstehenden Lamellen sind weißlich bis blassgelb. Der Stiel hat oben einen hängenden Ring (Manschette) und an der Basis eine deutlich gerandete Knolle. Das Fleisch riecht auffällig nach rohen Kartoffeln, vor allem zerrieben.

SPORENPULVER *Weiß*
ZEIT *Sommer bis Spätherbst*
VORKOMMEN *Auf sauren Böden häufig*
WERT *Schwach giftig*
ÄHNLICHE ARTEN *Kegelhütiger und Grüner Knollenblätterpilz (S. 15, 133): jeweils mit abstehender Scheide und ohne Kartoffelgeruch; tödlich giftig; Narzissengelber Wulstling (s. u.)*

Narzissengelber Wulstling ☠

Einzeln oder in kleinen Gruppen in Wäldern und Forsten, meist bei Nadelbäumen, aber auch im Laubwald

Amanita gemmata (Amanitaceae)

Die Farbe des oft mit weißen Velumresten besetzten, bald flachen, am Rand gerieften Huts variiert zwischen blass cremeocker und satt eidottergelb. Die Lamellen sind weißlich bis creme. Der weiße Stiel hat einen flüchtigen Ring. Die kleine Knolle hat eine gerandete Volva und darüber oft girlandenförmige Flockengürtel.

SPORENPULVER *Weiß*
ZEIT *Spätes Frühjahr bis Spätherbst*
VORKOMMEN *Weit verbreitet, kaum häufig*
WERT *Giftig*
ÄHNLICHE ARTEN *Gelber Knollenblätterpilz (s. o.): Geruch nach rohen Kartoffeln; Isabellfarbener Wulstling* (Amanita eliae): *Hut blass ockerrosa, seltene Art*

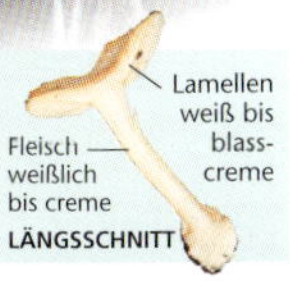

Laub- und Nadelwälder, Parkanlagen, gern bei Buchen auf sauren bis neutralen, nicht zu trockenen Böden

Glänzender Dottertäubling

Russula acetolens (Russulaceae)

Der kleine, mild schmeckende Täubling hat einen glatten, lebhaft gelben, oft etwas klebrigen Hut und einen schlanken, rein weißen Stiel. Alte Exemplare haben einen gerieften Hutrand, die breiten Lamellen nehmen einen satt orangefarbenen Ton an. Der reife Fruchtkörper riecht stark säuerlich oder essigartig.

SPORENPULVER *Ockerorange*
ZEIT *Frühsommer bis Spätherbst*
VORKOMMEN *Weit verbreitet, ortshäufig*
WERT *Essbar*
ÄHNLICHE ARTEN *Es gibt mehrere nahestehende Arten.* Russula risigallina *hat mehr rosa-aprikosenfarbene Hutfarben und riecht fruchtig oder nach alten Rosen.*

In Laub- und Nadelwäldern und Parkanlagen, vor allem bei Buchen und Eichen, seltener unter Nadelbäumen

Violettstieliger Täubling

Russula violeipes (Russulaceae)

Wichtigste Bestimmungsmerkmale dieses Täublings sind der violette Stiel und der fischige, an den Brätling (S. 111) bzw. Topinambur erinnernde Geruch des weißen Fleisches. Der anfangs rundliche Hut ist blass zitronengelb, grüngelb, violett oder vereint alle drei Farben in sich. Die engstehenden, schmalen Lamellen sind weiß bis cremefarben.

SPORENPULVER *Blass cremegelb*
ZEIT *Frühsommer bis Herbst*
VORKOMMEN *Weit verbreitet, ortshäufig*
WERT *Essbar*
ÄHNLICHE ARTEN *Es gibt einige seltenere, nahestehende Arten, darunter den Samtigen Brätlingstäubling* (Russula amoena): *Hut kleiner (bis 5 cm breit), lilaviolett*

Gelber Graustieltäubling

Russula claroflava (Russulaceae)

Der Pilz hat einen auffallend chromgelben Hut mit hellgelben Lamellen, die an den Schneiden grauen. Auch der weiße Stiel wird bald grau. An Kratzstellen wird das Fleisch innerhalb einer Viertelstunde grauschwärzlich, gelegentlich mit einer rötlichen Zwischenphase. Das Fleisch riecht angenehm und schmeckt mild.

In Moorwäldern unter Birken, gern zwischen Torfmoosen, immer auf sauren Böden

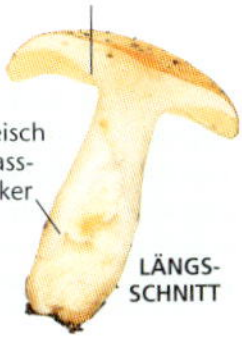

SPORENPULVER *Hellocker*
ZEIT *Spätes Frühjahr bis Herbst*
VORKOMMEN *In Mooren einer der häufigsten Täublinge*
WERT *Guter Speisepilz*
ÄHNLICHE ARTEN *Ockertäubling* (Russula ochroleuca): *Hut ocker- bis grüngelb, Fleisch nicht schwärzend; sehr häufig*

Grünling (Edelritterling) ☠

Tricholoma equestre (Tricholomataceae)

Der bronze- bis orange- oder grüngelbe Hut ist in der Mitte oft leicht geschuppt. Die Lamellen sind schon jung lebhaft gelb. Der gelbe Stiel ist schwach längsfaserig, das weiße Fleisch riecht mehlartig. Der in Größe und Form stark variierende Grünling galt lange Zeit als uneingeschränkt essbar, bis aus Frankreich tödliche Vergiftungen nach Mehrfachgenuss berichtet wurden.

Einzeln oder in Scharen in Nadelwäldern, vor allem unter Kiefern auf sauren Böden, selten auch unter Buchen

SPORENPULVER *Weiß*
ZEIT *Meist erst im Herbst und Spätherbst*
VORKOMMEN *Früher häufig, heute rückläufig*
WERT *Allenfalls in kleinen Mengen essbar*
ÄHNLICHE ARTEN *Vorsicht, junge Grüne Knollenblätterpilze (S. 133) können ähnlich aussehen! Seifenritterling (S. 168): mit Waschküchengeruch*

Schwefelritterling

Tricholoma sulphureum (Tricholomataceae)

In Laub- und Nadelwäldern, vor allem unter Buchen; manchmal sehr gesellig

Der Pilz ist aufgrund seines starken, unangenehm an Gas oder Teer erinnernden Geruchs unverwechselbar, der von einem Stoff namens Skatol herrührt. Das Schwefelgelb des trockenen, gewölbten und glattrandigen Huts ist oft mit Brauntönen untermischt. Lamellen, Stiel und Fleisch sind ebenfalls schwefelgelb. Der Stiel ist leicht längsfaserig und wird zur Basis hin blasser. Die entferntstehenden Lamellen sind am Stielansatz ausgebuchtet. *T. bufonium* unterscheidet sich durch seinen violettbraunen Hut, wird aber oft nur als Farbvariation des Schwefelritterlings angesehen; er kommt eher in Nadelwäldern vor.

ANMERKUNG

Der starke Geruch und die lebhaften Farben kennzeichnen diesen Pilz. Zur Bestimmung anderer Ritterlinge notieren Sie sich immer auch die Baumart, unter der Sie den Pilz gefunden haben.

SPORENPULVER *Weiß*
ZEIT *Sommer bis Spätherbst*
VORKOMMEN *In vielen Gegenden nach wie vor sehr häufig*
WERT *Giftig*
ÄHNLICHE ARTEN *Widerlicher Ritterling* (Tricholoma lascivum): *Geruch gasartig-süßlich, Fruchtkörper weißlich; Rötlicher Holzritterling (S. 146): ohne Gasgeruch, Hut weinrot-filzig, an totem Holz*

Stumpfer Saftling

Hygrocybe chlorophana (Hygrophoraceae)

Dieser kleine gelbe Saftling hat weißliche bis blass zitronengelbe Lamellen. Der wachsartige Fruchtkörper ist bei Feuchtigkeit oft so schleimig, das er einem beim Pflücken aus den Fingern gleitet. Der zusammengedrückte Stiel ist oft mit einer Längsrille versehen. Die Stielbasis ist weißlich, die Spitze am Lamellenansatz oft fein bereift.

Einzeln oder gesellig auf ungedüngtem oder extensiv genutztem Grasland (z.B. auf Trockenrasen), vor allem an moosigen Stellen

SPORENPULVER *Weiß*
ZEIT *Meist erst im Herbst und Spätherbst*
VORKOMMEN *Weit verbreitet, aber bedroht*
WERT *Essbar, aber zu schonen*
ÄHNLICHE ARTEN *Zerbrechlicher Saftling* (H. ceracea): *Hut und Lamellen trocken; Spitzgebuckelter Saftling* (H. persistens): *Hut trocken, spitzbuckelig, häufigere Art*

Lärchenschneckling

Hygrophorus lucorum (Hygrophoraceae)

Der lebhaft gelbe, zentral gebuckelte und bei Feuchtigkeit schmierige Hut macht die Art leicht erkennbar. Die weißen bis blassgelben Lamellen laufen bogig am Stiel herab. Der Stiel hat bisweilen eine undeutliche Ringzone. Oberhalb davon ist er weiß und trocken. Darunter ist er auf blassgelbem Grund gelb genattert und schmierig.

Einzeln oder gesellig in der Nadelstreu nur unter Lärchen

SPORENPULVER *Weiß*
ZEIT *Meist erst im Herbst und Spätherbst*
VORKOMMEN *Weit verbreitet, aber durch Intensivlandwirtschaft bedroht*
WERT *Ungenießbar*
ÄHNLICHE ARTEN *Goldzahn-Schneckling* *(S. 128)*; *Goldschneckling* (Hygrophorus aureus): *Hut lebhaft goldorange*

Im Falllaub unter Buchen, Eichen und anderen Laubbäumen, meist büschelig

Schwärzender Pfifferling

Cantharellus melanoxeros (Cantharellaceae)

Der trompetenförmige Hut dieses seltenen, aber gut erkennbaren Pfifferlings verjüngt sich unten in einen schmalen, zusammengedrückten Stiel. Auf der Unterseite trägt er verzweigte Adern oder Leisten. Jung ist der Pilz bis auf die violettgrauen Leisten gelb, später verfärbt er sich zunehmend ocker bis bräunlich. Das Fleisch schwärzt an verletzten Stellen (daher der Name). Obwohl der Pilz essbar ist, sollte er als Seltenheit geschont werden.

SPORENPULVER *Cremefarben*
ZEIT *Sommer bis Herbst*
VORKOMMEN *Weit verbreitet, aber überall selten*
WERT *Als gefährdete Seltenheit zu schonen*
ÄHNLICHE ARTEN *Trompetenpfifferling (S. 165) und andere* Cantharellus-*Arten: Fleisch an verletzten Stellen nicht schwärzend*

Einzeln oder gesellig in Laub- und Nadelwäldern über Kalk, vor allem bei Buchen und Tannen

Goldzahn-Schneckling

Hygrophorus chrysodon (Hygrophoraceae)

Der attraktive Pilz sieht jung besonders schön aus: Der weiße, schleimig-schmierige Hut, die Lamellenschneiden und die Stielspitze sind dann mit goldgelben Flöckchen geschmückt. Die ansonsten weißen Lamellen sind jung bogig und laufen am Stiel herab; das Fleisch ist weiß oder hell zitronengelb.

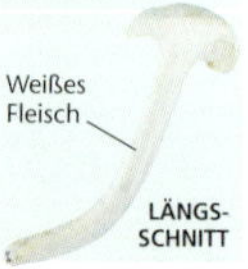

SPORENPULVER *Weiß*
ZEIT *Sommer bis Spätherbst*
VORKOMMEN *In Süddeutschland verbreitet, im Norden selten bis sehr selten*
WERT *Essbar*
ÄHNLICHE ARTEN *Andere weiße Schnecklinge ohne goldgelbe Flöckchen; Lärchenschneckling (S. 127): Fruchtkörper gelb*

Goldfell-Schüppling

Pholiota aurivella (Strophariaceae)

Der Pilz hat einen klebrigen, gold- bis rostgelben Hut, der mit dunkelbraunen und manchmal schwärzenden Schuppen bedeckt ist. Bei Regen werden die Schuppen oft abgewaschen. Die Schuppen am schmierig-klebrigen Stiel sind dauerhafter. Die engstehenden, blassgelben Lamellen werden im Alter rostbraun.

Büschelig an Laub- und Nadelbäumen, v.a. Buchen, Ahorn und Tanne, oft in Astlöchern hoch am Baum

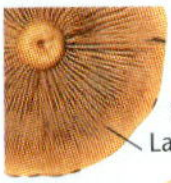

SPORENPULVER *Braun*
ZEIT *Sommer bis Spätherbst*
VORKOMMEN *Weit verbreitet, vor allem in älteren Wäldern*
WERT *Ungenießbar*
ÄHNLICHE ARTEN *Pinselschüppling* (P. jahnii): *meist an Buchenstümpfen; Prächtiger Flämmling (S. 108): Fruchtkörper trocken, rostbraun*

Falscher Pfifferling

Hygrophoropsis aurantiaca (Hygrophoropsidaceae)

Der Pilz wird oft mit dem essbaren echten Pfifferling (S. 119) verwechselt, von dem er sich durch seinen dünnfleischigen, satt gelbbraunen bis rotorangefarbenen, oben filzigen Hut unterscheidet, dessen Rand anfangs eingerollt ist. Seine Lamellen sind im Gegensatz zum echten Pfifferling weich, engstehend und mehrfach gegabelt. Der glatte Stiel ist ziemlich dünn und hohl, das Fleisch blassorange.

Meist an Nadelholzstümpfen oder Holzabfällen, auch auf Nadelstreu und Holzhäckselhaufen

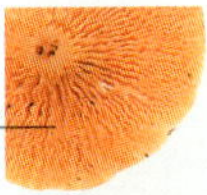

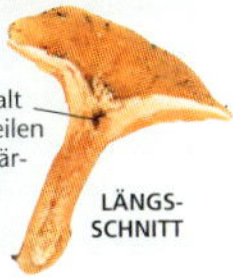

SPORENPULVER *Weiß*
ZEIT *Sommer bis Spätherbst*
VORKOMMEN *In ganz Europa weit verbreitet und häufig*
WERT *Ungenießbar*
ÄHNLICHE ARTEN *Pfifferling (S. 119): dickfleischiger, mit stumpfen Leisten auf der Hutunterseite*

An Laub- und Nadelholzstümpfen, oft in großen Büscheln

Grünblättriger Schwefelkopf

Hypholoma fasciculare (Strophariaceae)

Obwohl dieser giftige, büschelig wachsende Holzbewohner im Wald leicht zu entdecken ist, wird die genaue Bestimmung durch seine Variabilität erschwert. Die schwefelgelben, in der Mitte mehr orangebraunen Hüte sind anfangs gewölbt und werden alt trichterförmig oder wellig-verbogen. Die ebenfalls gelben, längsfaserigen Stiele sind an der Basis dunkler rotbraun. Sie haben eine vom Sporenpulver dunkel purpurbraun gefärbte Ringzone. Die Lamellen sind jung auffallend gelbgrün und werden später purpurschwärzlich. Das Fleisch schmeckt sehr bitter und ruft bei Genuss schwere Magen-Darmstörungen hervor.

ANMERKUNG

Zur Vermeidung von Verwechslungen mit essbaren büscheligen Holzbewohnern wie dem Stockschwämmchen (S. 60), dem Hallimasch (S. 96) und dem Samtfußrübling (S. 110) achte man vor allem darauf, dass diese Arten keine grünen Lamellen haben.

SPORENPULVER *Purpurbraun*
ZEIT *Spätes Frühjahr bis Spätherbst*
VORKOMMEN *In ganz Europa weit verbreitet und häufig*
WERT *Sehr giftig; die Natur der Giftstoffe ist z. T. noch unbekannt.*
ÄHNLICHE ARTEN *Ziegelroter Schwefelkopf (S. 109): jung mit weißlichen Lamellen und weißseidigem Stiel; Graublättriger Schwefelkopf* (Hypholoma capnoides): *ohne Grüntöne in den grauen bis braunvioletten Lamellen*

Gelber Faltenschirmling

Leucocoprinus birnbaumii (Agaricaceae)

Die Heimat dieser ungewöhnlichen Art sind die Tropen. In Europa tritt sie nur innerhalb geschlossener Räume auf, etwa in Töpfen von Zimmerpflanzen. Der glockige, feinschuppige, anfangs leuchtend gold- bis orangegelbe Hut und der Stiel mit seinem flüchtigen Ring sind gute Kennzeichen. Der sehr zarte Fruchtkörper verwelkt nach der Sporenreife schnell, manchmal innerhalb weniger Stunden.

In Blumenkübeln von Treibhäusern, Gartencentern und Wohnungen

SPORENPULVER *Weiß*
ZEIT *Ganzjährig*
VORKOMMEN *In Europa weit verbreitet*
WERT *Ungenießbar*
ÄHNLICHE ARTEN *Schwefelblasser Faltenschirmling* (L. denudatus): *blasser, ohne Schüppchen, an ähnlichen Standorten; Feuerschüppling (S. 114): orangegelb*

Grünlichgelber Saftling

Hygrocybe citrinovirens (Hygrophoraceae)

Der Pilz hat einen trockenen, faserigen, zitronen- bis grünlichgelben, bis ins Alter konischen Hut, der im Alter vom Rand her oft radial aufreißt. Der zusammengedrückte, seidige Stiel ist an der Basis weiß und darüber wie der Hut gefärbt und oft mit einer durchgehenden Längsrille versehen. Die freien Lamellen sind anfangs weißlich und nehmen im Alter oft einen gelbgrünlichen Ton an.

Einzeln oder gesellig auf ungedüngten Wiesen in Parks und Gärten sowie auf Friedhöfen und Wacholderheiden

SPORENPULVER *Weiß*
ZEIT *Sommer bis Spätherbst*
VORKOMMEN *In Deutschland sehr selten*
WERT *Ungenießbar, zu schonen*
ÄHNLICHE ARTEN *Spitzgebuckelter Saftling* (H. persistens): *Hut schmierig, rein gelb ohne Grüntöne, häufiger; Papageigrüner Saftling (S. 135): intensiv grün, Hut schmierig, gewölbt*

Grasgrüner Birkentäubling

Russula aeruginea (Russulaceae)

In feuchten Wäldern, Parks sowie unter Alleebäumen, oft an grasigen Stellen oder zwischen Laub; Birkenbegleiter

Die Hutfarbe dieses häufigen Täublings variiert zwischen grasgrün und gelblichgrün. Oft ist die Oberfläche zudem mit rotbraunen Flecken gesprenkelt. Die engstehenden, brüchigen Lamellen sind cremefarben; der schwammige, brüchige Stiel ist weiß und oft rostbraun gefleckt. Das Fleisch schmeckt leicht scharf. Ein charakteristischer Geruch fehlt.

SPORENPULVER *Cremegelb*
ZEIT *Sommer bis Spätherbst*
VORKOMMEN *Weit verbreitet, in manchen Gebieten häufig*
WERT *Essbar*
ÄHNLICHE ARTEN *Grünlicher Speisetäubling* (Russula heterophylla): *oft radialrunzelig, unter Buchen und Eichen*

Grünfelderiger Täubling

Russula virescens (Russulaceae)

Unter Buchen und Eichen (selten im Nadelwald), gern auf kalkarmen, tonigen Böden

Die Huthaut dieses mint-, blau- oder gelbgrünen Täublings bricht felderig-schuppig auf und ähnelt einem Mosaik. Der dickfleischige, anfangs rundliche Hut breitet sich später aus und ist in der Mitte dann leicht niedergedrückt. Die brüchigen Lamellen sind ebenso weiß wie der zugespitzte Stiel. Das feste, milde Fleisch hat keinen charakteristischen Geruch.

SPORENPULVER *Weiß*
ZEIT *Sommer bis Spätherbst*
VORKOMMEN *Weit verbreitet, aber nicht häufig, vielerorts rückläufig*
WERT *Guter Speisepilz*
ÄHNLICHE ARTEN *Grüne Knollenblätterpilze (rechts) haben eine Scheide am Stielgrund.*

Grüner Knollenblätterpilz

Amanita phalloides (Amanitaceae)

Die variable Hutfarbe dieses tödlich giftigen Pilzes erschwert mitunter die Bestimmung und hat schon zu Verwechslungen mit essbaren Arten geführt. Die Hutfarbe variiert zwischen gelb-, oliv- oder bronzegrün. Selten treten sogar rein weiße Formen auf. Die bisweilen leicht schmierige Oberfläche ist immer radialstreifig, der Rand glatt. Lamellen und Stiel sind weiß, der Stiel kann allerdings auch stellenweise grün überhaucht und olivgrün gebändert sein. Der hängende Stielring ist leicht gerieft und kann bisweilen abfallen. Die knollige Stielbasis ist mit einer sackartigen Scheide (Volva) umschlossen, die innen grünlich sein kann. Der Pilz riecht unangenehm süßlich, vor allem alte Exemplare. Sein Verzehr verursacht zunächst Erbrechen und führt danach zu Leber- und Nierenversagen.

In Wäldern auf humusreichen Böden, auch in Parks, Gärten und Alleen, unter Eichen, Buchen, Haseln, Birken und anderen Laubhölzern, selten auch bei Nadelbäumen

SPORENPULVER *Weiß*
ZEIT *Sommer bis Herbst*
VORKOMMEN *Weit verbreitet und mancherorts häufig*
WERT *Tödlich giftig*
ÄHNLICHE ARTEN *Gelber Knollenblätterpilz (S. 123) und Porphyrbrauner Wulstling (S. 164): beide mit Geruch nach rohen Kartoffeln; Großer Scheidling (S. 172): Lamellen und Sporen rosa; Grünfelderige Täublinge (S. 132): ohne Ring und Volva*

ANMERKUNG

Essen Sie nur Pilze, die zweifelsfrei bestimmt sind, und ernten Sie den ganzen Fruchtkörper, also inklusive der oft im Laub verborgenen Stielbasis.

In Bergnadelwäldern, vor allem unter Tannen auf Kalkböden

Schwarzgrüner Klumpfuß

Cortinarius atrovirens (Cortinariaceae)

Der Hut ist dunkel olivgrün bis braun- oder schwarzoliv gefärbt und kann zum Rand schwefelgelb ausblassen. Er ist schmierig und leicht eingewachsen-radialfaserig. Die jungen Lamellen und der kräftige, an der Basis knollig verdickte, oben mit spinnwebartigen Schleierresten geschmückte Stiel sind zitronengelb. Das Fleisch ist gelb und riecht pfeffrig.

SPORENPULVER *Rostbraun*
ZEIT *Sommer bis Spätherbst*
VORKOMMEN *In Deutschland vereinzelt im Schwarzwald und den Alpen, sonst selten*
WERT *Ungenießbar*
ÄHNLICHE ARTEN *Anis-Klumpfuß* (Cortinarius odorifer): *in Süddeutschland häufig, mit Anisgeruch*

In Laub- und Nadelwäldern, vor allem unter Buchen, einzeln oder in kleinen Gruppen

Gelbgrüner Ritterling

Tricholoma sejunctum (Tricholomataceae)

Die Farbe des stets radialstreifigen Hutes variiert zwischen grüngelben und olivgrünen bis hin zu gelblicheren oder gar bräunlichen Tönen. Der Hut ist konisch bis gewölbt, flach gebuckelt und hat einen glatten, oft einreißenden Rand. Lamellen und Stiel sind weißlich, wenngleich der Stiel im Alter auch gelblich überhaucht sein kann. Das blasse Fleisch schmeckt bitterlich.

SPORENPULVER *Weiß*
ZEIT *Sommer bis Spätherbst*
VORKOMMEN *In Süddeutschland zerstreut, im Norden seltener*
WERT *Gilt als essbar, soll aber schon Magen-Darm-Störungen verursacht haben*
ÄHNLICHE ARTEN *Grüner Knollenblätterpilz* *(S. 133)**: Hutfarbe ähnlich, mit Stielknolle*

Papageigrüner Saftling

Hygrocybe psittacina (Hygrophoraceae)

Einzeln oder gesellig auf ungedüngten Wiesen, auf Almen und in Dünenrasen, seltener auch in Wäldern

Ein kleiner, glockiger bis flachhütiger Saftling mit sehr schleimigem Hut und einer sehr variablen Farbpalette. Die vorherrschenden Farben sind Dunkelgrün, Gelb und Orange; seltener trifft man aber auch blaue, lila oder rosa Formen an. Der am Rand dunkler geriefte Hut schimmert bei Feuchtigkeit und glänzt in trockenem Zustand. Die Lamellenschneiden sind meist lebhaft gelb oder gelborange. Der schleimige Stiel hat eine etwas unebene Oberfläche und oben fast immer einen deutlichen Grünschimmer. Ein typischer Geruch fehlt. Die var. *perplexa* ist dunkel ziegelrot, ansonsten aber sehr ähnlich.

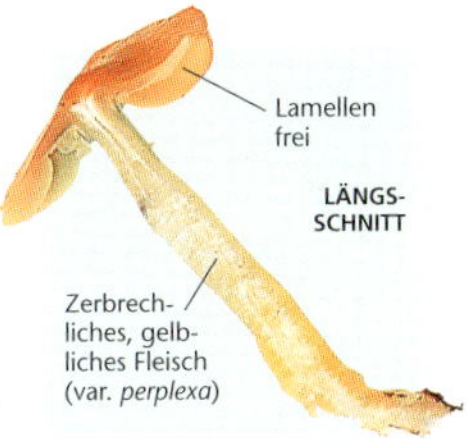

SPORENPULVER *Weiß*
ZEIT *Frühsommer bis Spätherbst*
VORKOMMEN *Weit verbreitet, aber in vielen Gegenden rückläufig*
WERT *Ungenießbar*
ÄHNLICHE ARTEN *Zäher Saftling* (Hygrocybe laeta): *erinnert farblich an die var.* perplexa *(s.o.), Lamellen mit Lilaton und schleimiger Schneide. Geruch bisweilen nach verbranntem Gummi; Grünspan-Träuschlinge* *(S. 137)* *haben dunkelbraune Sporen.*

ANMERKUNG

Überprüfen Sie mit einer Lupe die Stielspitze auf Grüntöne und die Lamellen auf ihre meist gelben Schneiden.

Braungrüner Rötling

In ungedüngten, kurzgrasigen und moosigen Wiesen, auf grasigen Waldwegen, an Waldrändern und in Rasenflächen

Entoloma incanum (Entolomataceae)

Der junge Hut des kleinen giftigen Pilzes ist intensiv grasgrün, doch verblasst die Farbe sehr schnell zu gelbbraun mit einem schwachen Olivton. Der anfangs gewölbte Hut ist in der Mitte leicht niedergedrückt; er ist trocken und am bisweilen gewellten Rand durchscheinend radial gerieft. Der glatte, hohle, grüne Stiel verfärbt an der Basis auf Druck dunkel blaugrün, während die anfangs gelblichen Lamellen reif rosabräunlich verfärben. Typisch ist der Geruch nach Mäusekot.

SPORENPULVER *Blass rosabräunlich*
ZEIT *Frühsommer bis Spätherbst*
VORKOMMEN *Weit verbreitet, in Süddeutschland stellenweise häufig*
WERT *Giftig*
ÄHNLICHE ARTEN *Zitronengelber Glöckling* (Entoloma pleopodium): *Hut gelb, Geruch süßlich; Papageigrüner Saftling (S. 135)*

Grünscheiteliger Risspilz

Einzeln oder gesellig im Falllaub oder auf nacktem Humus in Laubwäldern und Gebüschen

Inocybe corydalina (Cortinariaceae)

Der »Grüngehalt« des anfangs weißlichen, dann bald überwiegend grauen bis braunen Hutes schwankt beträchtlich. Die Oberfläche ist faserig-schuppig, der Buckel oft am intensivsten olivstichig. Die erst weißlichen Lamellen werden später grau, der Stiel ist blass cremefarben. Das Fleisch riecht aromatisch-süßlich nach Birnenkompott.

SPORENPULVER *Tonbraun*
ZEIT *Sommer bis Herbst*
VORKOMMEN *Weit verbreitet, aber in vielen Gegenden ziemlich selten*
WERT *Ungenießbar*
ÄHNLICHE ARTEN *Grünroter Risspilz* (Inocybe haemacta): *sehr nahestehend, aber im Alter rötend, gern in Haselgebüschen*

Grünspan-Schirmling ☠

Lepiota grangei (Agaricaceae)

Einzeln oder in kleinen Gruppen unter Laubbäumen auf Lichtungen, an Straßen- und Wegrändern, sogar auf Müllkippen

Der blassbraune, anfangs kegelige Hut verflacht bald, behält aber einen zentralen Buckel bei. Er ist, vor allem jung, mit dunkelgrünen bis grünlichbraunen Schuppen bedeckt. Die Farbe ist in der Mitte am dunkelsten und blasst beim alten Fruchtkörper am Rand orange aus. Die cremefarbenen Lamellen sind alt oft rostbraun gefleckt. Der Stiel ist über der Ringzone weißlich, darunter mit körnigen, grünlichen Schüppchen bedeckt.

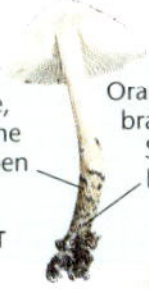

SPORENPULVER *Cremegelb*
ZEIT *Spätsommer bis Spätherbst*
VORKOMMEN *In Deutschland verbreitet, aber überall selten bis sehr selten*
WERT *Ungenießbar, vermutlich giftig*
ÄHNLICHE ARTEN *Graugrüner Schirmling* (L. griseovirens): *Grüntöne heller, Sporen kleiner, in Deutschland an wenigen Standorten*

Grünspan-Träuschling

Stropharia aeruginosa (Strophariaceae)

Einzeln oder in kleinen Gruppen auf Holzabfällen im Nadelwald, seltener auch zwischen Moosen und in offenem Gelände

Der charakteristisch grünblaue, gewölbte Hut ist jung mit wollig-filzigen weißen Velumschüppchen bedeckt, die später ockergelblich verfärben und besonders am Rand gut ausgeprägt sind. Die Lamellen sind violettbraun und haben weißliche Schneiden. Der Stiel ist über dem häutigen, aber rasch vergänglichen Ring weißlich und darunter blass blaugrün und ebenfalls mit Velumflöckchen bedeckt.

SPORENPULVER *Dunkelbraun*
ZEIT *Sommer bis Herbst*
VORKOMMEN *Weit verbreitet und häufig*
WERT *Ungenießbar*
ÄHNLICHE ARTEN *Blaugrüner Träuschling* (Stropharia cyanea): *Lamellenschneide nicht weiß, Ring nicht häutig, in Laubwäldern und Gärten, häufig*

Meistens in Gruppen oder Ringen in der Streu von Laub- und Nadelwäldern, insbesondere bei Fichten

Grüner Anistrichterling

Clitocybe odora (Tricholomataceae)

Es gibt nicht viele Pilze mit einem solchen blaugrünen Farbton. Hinzu kommt ein starker Anisgeruch. Der anfangs gewölbte Hut verflacht bald und ist alt leicht niedergedrückt. Der jung eingerollte Rand ist später oft wellig verbogen. Die Farbe verblasst bei alten Fruchtkörpern zu graugrün oder selten auch weißlich. Die blass cremegrünlichen Lamellen laufen am Stiel herab.

SPORENPULVER *Cremefarben bis blassrosa*
ZEIT *Spätsommer bis Spätherbst*
VORKOMMEN *Weit verbreitet und häufig*
WERT *Essbar, aber nicht schmackhaft*
ÄHNLICHE ARTEN *Grünspan-Träuschling (S. 137): Lamellen graubraun, Stiel beringt; Dufttrichterling* (Clitocybe fragrans): *mit Anisgeruch, aber nicht grün*

Unter Buchen, Eichen, Haseln und anderen Laubbäumen auf kalkhaltigen Böden

Blauer Klumpfuß

Cortinarius caerulescens (Cortinariaceae)

Hut, Stiel, Lamellen und Fleisch dieses Pilzes sind allesamt matt blauviolett gefärbt. Der fein radialfaserige Hut entfärbt in der Mitte gelblich. Die dichtstehenden Lamellen sind jung violett, während der sehr kräftige, an der Basis knollig verdickte Stiel anfangs einen spinnwebartigen Schleier (Cortina) aufweist, der ihn mit dem Hutrand verbindet.

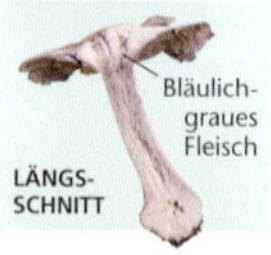

SPORENPULVER *Rostbraun*
ZEIT *Spätsommer bis Spätherbst*
VORKOMMEN *In Kalkgebieten zerstreut, sonst selten oder fehlend*
WERT *Ungenießbar*
ÄHNLICHE ARTEN *Schönvioletter Klumpfuß* (C. terpsichores): *durchgehend dunkelviolette Art mit muffigem Geruch, sehr selten*

Blauer Rötling

Entoloma bloxamii (Entolomataceae)

Auf ungedüngten Wiesen wie Wacholderheiden, Bergweiden usw., kalkliebend

Der attraktive, robuste, auf Grasland über Kalk spezialisierte Pilz hat einen anfangs glockigen, später ausgebreiteten, aber auch alt meist noch gebuckelten Hut von lebhaft grau- bis stahlblauer Farbe. Im Alter verblassen Hut und Stiel bis zur Unkenntlichkeit. Beide sind trocken und radial- bzw. längsfaserig, weshalb der Pilz feinfilzig wirken kann. Der sehr variable Stiel behält seine blaue Farbe mitunter länger bei als der Hut und kann an der Basis gelblich sein; er ist ungefähr so lang wie der Hut breit. Die Lamellen sind anfangs weißlich und werden später rosa; das Fleisch ist weiß, aber unter der Huthaut blassblau durchgefärbt, und riecht mehlig. Als Indikator für wertvolle Magerwiesenstandorte sollte die Art geschützt werden.

ANMERKUNG

Frische Exemplare sind blau und kaum verwechselbar. Bei alten, graulichen Fruchtkörpern achte man auf das rosa Sporenpulver und den Mehlgeruch.

SPORENPULVER *Blassrosa*
ZEIT *Meist erst im Herbst und Spätherbst*
VORKOMMEN *In Deutschland durch intensive Agrarwirtschaft sehr selten geworden*
WERT *Ungenießbar, zu schonen*
ÄHNLICHE ARTEN *Stahlblauer Rötling* (Entoloma nitidum): *Stiel länger als Hut breit, in sauren Nadelwäldern häufig; andere blaue Rötlinge sind in der Regel viel kleiner und nur mikroskopisch bestimmbar.*

Gesägtblättriger Rötling

Entoloma serrulatum (Entolomataceae)

Auf ungedüngten Wiesen in Parks, Gärten, auf grasigen Dämmen, Magerrasen und an Wegrändern

Ein kleiner, schwarzblauer Wiesenpilz mit einem trockenen, feinfilzig-schuppigen, in der Mitte niedergedrückten (»genabelten«) Hut, der im Alter grauschwärzlich entfärbt und gelegentlich am Rand einreißt. Der glatte Stiel hat jung die gleiche Farbe wie der Hut, blasst alt jedoch olivgraubraun aus und hat eine weiße Basis. Die jung blassblauen Lamellen nehmen später einen rosabläulichen Ton an und haben schwarzblaue, arttypisch sägeblattartige Schneiden.

SPORENPULVER *Blassrosa*
ZEIT *Frühsommer bis Herbst*
VORKOMMEN *Weit verbreitet, aber meist nur zerstreut*
WERT *Giftig*
ÄHNLICHE ARTEN *Schwarzblauer Rötling* (Entoloma chalybaeum): *Lamellen bläulich, Schneiden braun; ziemlich selten*

Porphyrbrauner Rötling

Entoloma porphyrophaeum (Entolomataceae)

Auf ungedüngten oder extensiv genutzten Wiesen, kurzgrasigen, moosreichen Rasenflächen, in Parks und an Waldrändern

Ein hochgewachsener Graslandpilz mit deutlich ausgeprägtem, manchmal fast spitzem Buckel. Der grauliche Hut zeigt jung deutliche Lilatöne, blasst im Alter aber bräunlich aus. Der Rand ist anfangs eingerollt, die Oberfläche ist trocken und feinfilzig mit deutlichen radialen Fasern. Die Lamellen sind blassrosa. Der Stiel ist ähnlich wie der Hut gefärbt, wobei die Lilatöne am längsten an der Spitze erhalten bleiben.

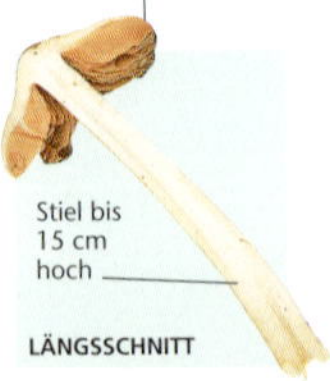

SPORENPULVER *Blassrosa*
ZEIT *Spätsommer bis Herbst*
VORKOMMEN *Sehr zerstreut, da auf bedrohte Biotope beschränkt*
WERT *Ungenießbar, zu schonen*
ÄHNLICHE ARTEN *Blauer Rötling* (S. 139); *Heiderötling* (E. elodes): *mit starkem Mehlgeruch, in Feuchtwiesen und Mooren, selten*

Frauentäubling

Russula cyanoxantha (Russulaceae)

Einzeln oder in kleinen Gruppen in Laubwäldern, vor allem unter Buchen; seltener auch unter Nadelbäumen auf sauren Böden

Der Hut dieser sehr variablen Art ist normalerweise lila, lavendelfarben oder violett, kann aber auch teilweise oder gänzlich grün sein. Die Oberfläche ist trocken bis leicht schmierig, glatt und fest. Anfangs halbkugelig geschlossen, breitet sich der Hut mit zunehmender Reife aus. Die dichtstehenden weißen Lamellen sind biegsam und fühlen sich, anders als die spröden, trockenen Lamellen der meisten anderen Täublinge, auf Druck fettig an. Der kräftige, weiße bis trüb cremefarbene Stiel wird im Alter brüchig. Das Fleisch des Frauentäublings ist spröde und schmeckt mild bis leicht schärflich.

ANMERKUNG

Es gibt nur zwei oder drei Täublinge mit biegsamen Lamellen – darunter den Frauentäubling. Eisensulfat verfärbt das Fleisch langsam grünlich, während es bei vielen anderen Arten eine Rosafärbung hervorruft.

SPORENPULVER *Weiß*
ZEIT *Sommer bis Herbst*
VORKOMMEN *Weit verbreitet und in Buchenwaldgebieten häufig*
WERT *Essbar, guter Speisepilz*
ÄHNLICHE ARTEN *Cremeblättriger Bunttäubling* (Russula ionochlora): *Hut meist heller lila-lavendelfarben, reif oft mit gelbgrünlicher Mitte, Lamellen spröde, cremefarben (nicht weiß)*

Vor allem unter Buchen und Eichen auf tonigen oder sauren Böden, oft in großen Gruppen

Rotstieliger Ledertäubling

Russula olivacea (Russulaceae)

Die Hutfarbe ist sehr variabel. Die matte, trockene Huthaut weist vor allem im Randbereich feine konzentrische Risse auf. Die breiten Lamellen sind reif satt orangeocker. Der Stiel ist teils weiß, teils rot überlaufen und zeigt unmittelbar am Hutansatz oft einen purpurroten Anflug.

SPORENPULVER *Gelb*
ZEIT *Sommer bis Herbst*
VORKOMMEN *In Laubwaldgebieten stellenweise noch häufig*
WERT *Kann Unverträglichkeit hervorrufen*
ÄHNLICHE ARTEN *Glänzender Ledertäubling* (R. alutacea): *meist etwas kleiner; Rotfärbung primär an der Stielbasis, nicht an der Spitze*

In feuchten Laub- und Nadelwäldern sowie in Heide- und Dünenlandschaften

Milder Wachstäubling

Russula puellaris (Russulaceae)

Alle Teile dieses Täublings verfärben sich im Alter ockergelb. Der weinrote bis purpurbraune, in der Mitte oft dunklere Hut hat einen deutlich gerieften Rand. Die Lamellen sind cremegelb; der anfangs weiße Stiel neigt dazu, rasch zu gilben. Das Fleisch schmeckt mild, ein charakteristischer Geruch fehlt.

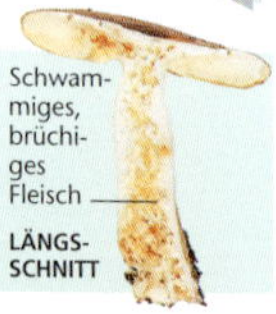

SPORENPULVER *Cremefarben*
ZEIT *Sommer bis Herbst*
VORKOMMEN *In Deutschland weit verbreitet und vielerorts häufig*
WERT *Essbar*
ÄHNLICHE ARTEN *Vielfarbiger Täubling* (R. versicolor): *nur leicht gilbend, meist größer; Geschmack scharf; unter Birken*

Purpurschwarzer Täubling

Russula atropurpurea (Russulaceae)

Der kräftige, fleischige Pilz hat einen glatten, erst gewölbten und dann niedergedrückten, weinroten bis purpurschwarzen, oft unregelmäßig gelbfleckigen Hut. Die engstehenden Lamellen sind weiß bis cremefarben. Der weißliche Stiel verfärbt sich im Alter oder bei Feuchtigkeit graulich bis blassbraun. Das weiße Fleisch schmeckt schärflich.

Vor allem unter Eichen, normalerweise auf sauren Böden; in Wäldern und älteren Parkanlagen

SPORENPULVER *Cremefarben*
ZEIT *Sommer bis Herbst*
VORKOMMEN *In Nord- und Westdeutschland verbreitet, im Südosten seltener*
WERT *Essbar*
ÄHNLICHE ARTEN *Lederstiel-Täubling* (Russula viscida): *meist viel größer, Stiel gelbbraun, im Nadelwald*

Wechselfarbiger Speitäubling

Russula fragilis (Russulaceae)

Die Hutfarbe dieses Täublings variiert zwischen dunkel purpurrot, violett und grünlich-violett (meist in Mischtönen), der Stiel ist dagegen weiß. Die breiten, engstehenden, weißen Lamellen haben meist eine fein gesägte Schneide. Das Fleisch schmeckt sehr scharf und riecht fruchtig.

In Laub- und Nadelwäldern auf sauren Böden, auch in Parks mit altem Baumbestand

SPORENPULVER *Cremefarben*
ZEIT *Sommer bis Herbst*
VORKOMMEN *Gehört zu den häufigeren Täublingen*
WERT *Ungenießbar*
ÄHNLICHE ARTEN *Eine nahe Form mit einheitlich rotem Hut und nicht gesägten Lamellenschneiden wird als* R. knauthii *bezeichnet.*

Unter Kiefern in der Nadelstreu, vorzugsweise auf sauren Böden

Buckeltäubling

Russula caerulea (Russulaceae)

An ihrem glatten, gewölbten, dunkel blauvioletten Hut, dessen Mitte immer einen kleinen Buckel aufweist, ist die schöne Art leicht zu erkennen. Die Lamellen sind im Alter orangeocker. Der keulige Stiel ist weiß und ziemlich brüchig. Das Fleisch schmeckt mild, die Huthaut dagegen bitterlich.

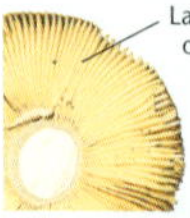

SPORENPULVER *Gelb*
ZEIT *Sommer bis Herbst*
VORKOMMEN *Unter Kiefern häufig, aber kalkmeidend*
WERT *Ungenießbar*
ÄHNLICHE ARTEN *Jodoform-Täubling* (R. turci): *ohne markanten Hutbuckel, Geruch jodoformartig, weit verbreitet*

An die Kiefer gebunden, manchmal recht zahlreich

Zitronenblättriger Täubling

Russula sardonia (Russulaceae)

Ein hübsch anzusehender, aber äußerst scharf schmeckender Täubling mit purpurrotem bis violettem, gewölbtem, glattem und glänzendem Hut. Die Lamellen laufen kurz am Stiel herab und sind blass zitronengelb. Das Fleisch riecht leicht kompottartig und hat die ungewöhnliche Eigenschaft, mit Ammoniak rosa zu verfärben. Der kräftige Stiel ist violett bis weinrot und hat eine weißliche Basis.

SPORENPULVER *Gelb*
ZEIT *Sommer bis Herbst*
VORKOMMEN *Unter Kiefern auf sauren Böden ortshäufig*
WERT *Ungenießbar*
ÄHNLICHE ARTEN *Wolfstäubling* (Russula torulosa): *dunkler, Stiel kürzer, mit Geraniengeruch*

Schweinsohr

Gomphus clavatus (Gomphaceae)

Der ungewöhnliche Pilz ist in der Streuschicht der Wälder oft nur schwer zu entdecken, ganz abgesehen davon, dass er ohnehin in den meisten Gebieten sehr selten ist oder überhaupt nicht vorkommt. Junge Fruchtkörper sind auffällig lilaviolett und verfärben im Alter gelbbräunlich. Sie sind kreiselförmig und tragen auf der Unterseite keine Lamellen, sondern gerunzelte, mehrfach gegabelte Leisten. Am ehesten findet man das Schweinsohr in Bergnadelwäldern, doch kommt es auch unter Laubbäumen vor, besonders unter Buchen, wo vor allem alte, verblasste Exemplare im Buchenlaub gut getarnt sind. Die Sporen sind ockergelblich, das Fleisch blass. Obwohl der Pilz essbar ist, sollte er dort, wo er nur selten auftritt, nicht gesammelt werden.

Meistens in Gruppen, seltener auch einzeln, in Laub- und Nadelwäldern, vor allem in Gebirgswäldern über Kalk

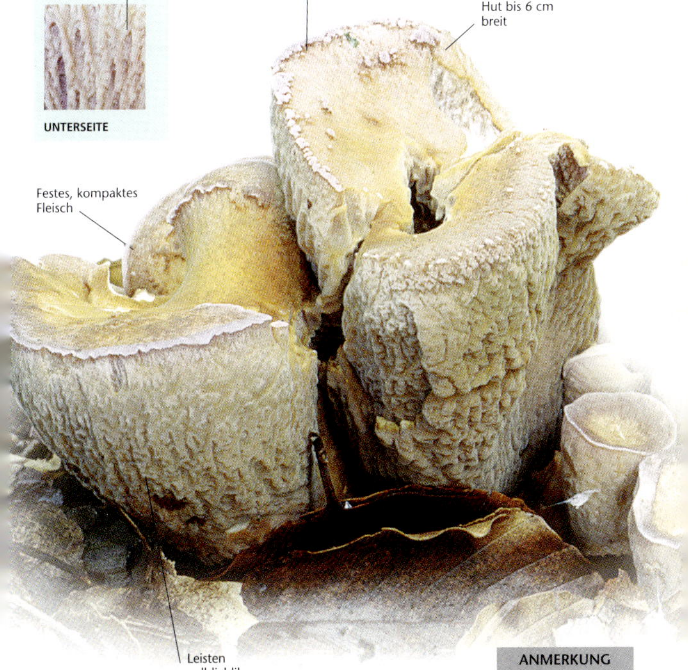

SPORENPULVER *Ockergelb*
ZEIT *Sommer bis Herbst*
VORKOMMEN *In Deutschland und großen Teilen Europas wegen Umweltbeeinträchtigungen (saurer Regen) rückläufig*
WERT *Essbar, als bedrohte Art zu schonen*
ÄHNLICHE ARTEN *Schwärzender Pfifferling (S. 128); Amethystpfifferling* (Cantharellus amethysteus): *Grundfarbe gelb, Hut mit violetten Schüppchen, Stiel deutlich ausgebildet*

ANMERKUNG

Noch vor einigen Jahrzehnten wurde das Schweinsohr auf Märkten verkauft. Seither sind die Bestände vielerorts zusammengebrochen, denn der Pilz reagiert empfindlich auf Milieuveränderungen.

Unter Laubbäumen, vor allem Eichen, in Wäldern, Parks und Alleen

Blaugrüner Reiftäubling

Russula parazurea (Russulaceae)

Hauptmerkmal dieses attraktiven, blau- bis grüngrauen Täublings ist ein reifartiger Überzug auf der Huthaut. Der anfangs rundliche Hut breitet sich bei der Reife aus. Die dichtstehenden Lamellen sind blass cremegelb. Der weiße bis cremefarbene, zylindrische Stiel ist ziemlich fest. Das brüchige Fleisch schmeckt mild.

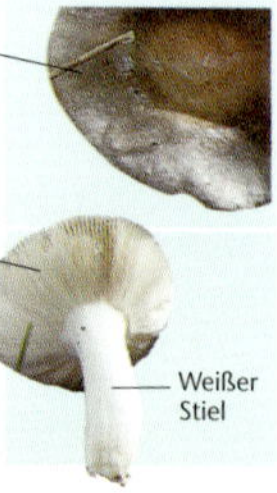

SPORENPULVER *Cremefarben*
ZEIT *Frühsommer bis Herbst*
VORKOMMEN *In Nord- und Westdeutschland häufig, selten in süddeutschen Kalkgebieten*
WERT *Essbar*
ÄHNLICHE ARTEN *Grauvioletter Täubling* (R. grisea): *eher violett als blau, Huthaut nicht bereift, Fleisch fester, auch auf Kalk*

Einzeln oder in kleinen Büscheln an totem Nadelholz, vor allem von Fichte und Kiefer

Rötlicher Holzritterling

Tricholomopsis rutilans (Tricholomataceae)

Der häufige Pilz ist an seinem auf senfgelbem Grund dicht mit purpurroten Schüppchen bedeckten Hut leicht zu erkennen. Im Alter verfärbt sich der Hut purpurbräunlich und bildet einen auffallenden Kontrast zum lebhaften Gelb von Lamellen und Stiel. Der Hutrand bleibt lange etwas eingebogen und ist oft stellenweise gefurcht.

SPORENPULVER *Weiß*
ZEIT *Spätsommer bis Herbst*
VORKOMMEN *In Mitteleuropa überall verbreitet und vielerorts häufig*
WERT *Ungenießbar*
ÄHNLICHE ARTEN *Olivgelber Holzritterling* (T. decora): *mit schwarzbraunen Faserschüppchen auf olivgelbem Grund*

Dunkelvioletter Schleierling

Cortinarius violaceus (Cortinariaceae)

Dieser prächtige, wenn auch leider nicht sehr häufige Speisepilz lässt sich durch seine intensive Färbung von anderen Schleierlingen unterscheiden. Alle Teile des Fruchtkörpers sind dunkel- bis fast schwarzviolett. Die Oberfläche des gewölbten bis gebuckelten Huts ist trocken und radialfaserig bis feinschuppig. Der zylindrische, an der Basis keulig verdickte, längsfaserige Stiel weist Reste eines spinnwebartigen Schleiers (Cortina) auf, der beim jungen Pilz Hutrand und Stiel verbindet und in diesem Zustand auch am besten zu erkennen ist. Der Geruch des ebenfalls tief violetten Fleisches erinnert an Zedernholz oder Leder und verfärbt sich mit Laugen blutrot. Die Laubwaldform des Pilzes ist normalerweise größer und hat kleinere Sporen als die Nadelwaldform, die als *Cortinarius violaceus* ssp. *hercynicus* bekannt ist. In allen anderen Aspekten sind die beiden Formen identisch.

Einzeln oder in kleinen Gruppen in Laub- und Nadelwäldern, vor allem unter Kiefern und Birken auf sauren Böden

ANMERKUNG

Beim Anblick der jungen Lamellen könnte man glauben, der Pilz habe violette Sporen. Im Alter färben die reifen Sporen die Lamellen jedoch rostbraun.

SPORENPULVER *Rostbraun*
ZEIT *Sommer bis Spätherbst*
VORKOMMEN *In süddeutschen Moor- und Bergwäldern verbreitet, sonst nur zerstreut oder fehlend*
WERT *Essbar*
ÄHNLICHE ARTEN *Purpurnfleckender Klumpfuß (S. 66): Purpurbraun mit dunkelviolett verfärbendem Fleisch. Alle anderen violetten Schleierlinge sind blasser und/oder haben eine glatte oder schmierige Huthaut.*

Einzeln oder in kleinen Gruppen, manchmal auch in Reihen oder Ringen, unter Buchen auf Kalkböden

Rosavioletter Klumpfuß

Cortinarius sodagnitus (Cortinariaceae)

Der bei Feuchtigkeit schmierig-klebrige Hut ist lebhaft violett und blasst im Alter ocker aus. Die Huthaut schmeckt bitter. Die Lamellen sind anfangs blasslila, werden aber später rostbraun. Der ebenfalls blass lilafarbene Stiel hat eine gerandet-knollige Basis und ist im oberen Teil mit spinnwebartigen Schleierresten geschmückt.

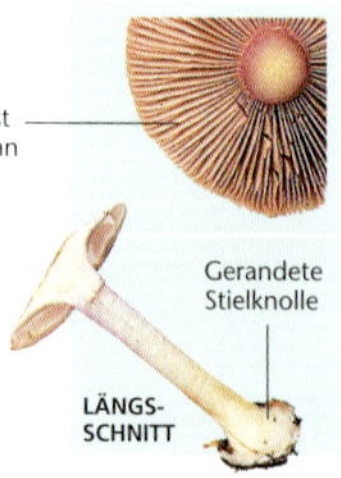

SPORENPULVER *Rostbraun*
ZEIT *Spätsommer bis Spätherbst*
VORKOMMEN *In Kalkbuchenwäldern verbreitet, sonst selten oder fehlend*
WERT *Ungenießbar*
ÄHNLICHE ARTEN *Bunter Klumpfuß* (Cortinarius dibaphus): *dunkler violett, unter Nadelbäumen; sehr selten*

Einzeln oder in kleinen Gruppen in Wäldern und an Waldrändern über Kalk, oft an feuchten, gestörten Standorten wie Wegrändern usw.

Violetter Mehlschirmling

Cystolepiota bucknallii (Agaricaceae)

Der Pilz ist gekennzeichnet durch seine schöne Farbe und einen ungewöhnlichen Geruch. Hut und Stiel sind blass lilaviolett und fühlen sich kleiig-feinkörnig an. Im Kontrast zur Hutoberfläche sind die engstehenden Lamellen weißlich bis blass zitronengelb. Der Violette Mehlschirmling riecht stechend nach Leuchtgas. Die Farben blassen im Alter ockergelblich aus.

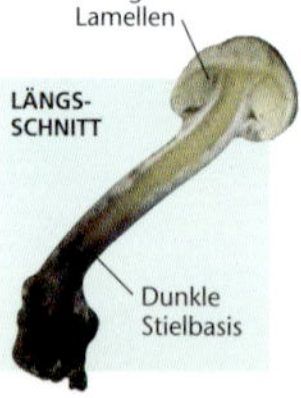

SPORENPULVER *Weiß*
ZEIT *Spätsommer bis Spätherbst*
VORKOMMEN *In Süddeutschland zerstreut, im Norden selten oder fehlend*
WERT *Ungenießbar*
ÄHNLICHE ARTEN *Starkriechender Körnchenschirmling (S. 44) und andere kleine Schirmpilze: ohne lila Farbtöne*

Violetter Schönkopf

Meist in kleinen Gruppen in Laub- und Nadelwäldern, an Waldrändern und in Parks auf besseren Böden

Calocybe ionides (Tricholomataceae)

Der radial gefaserte oder gerunzelte, flach gewölbte Hut sowie der Stiel dieser schönen Art sind tief lilaviolett, die engstehenden Lamellen dagegen weißlich bis blasscreme. Das ebenfalls blasse Fleisch riecht und schmeckt kräftig nach frisch gemahlenem Mehl. Der Violette Schönkopf ist nah verwandt mit dem Mairitterling (S. 23).

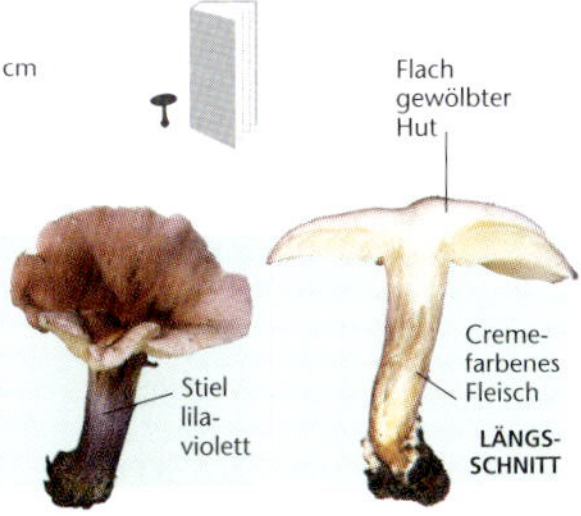

SPORENPULVER *Weiß*
ZEIT *Sommer bis Herbst*
VORKOMMEN *In Deutschland sehr zerstreut, nur im Süden stellenweise häufiger*
WERT *Ungenießbar*
ÄHNLICHE ARTEN *Violette Schleierlinge* (Cortinarius-*Arten) haben rostbraunes Sporenpulver.*

Erdblättriger Risspilz ☠

Meist gesellig an lichten Stellen in Laub- und Nadelwäldern, gern an Wegrändern

Inocybe geophylla (Cortinariaceae)

Der kleine Giftpilz tritt in einer weißen und einer violetten Farbvariante auf, wobei die letztere unter *I. geophylla* var. *lilacina* bekannt ist. Der flach gewölbte, oft spitz gebuckelte Hut ist seidig-glatt bis feinfaserig. Die schmal am Stiel angewachsenen Lamellen sind blassbraun. Der oben bereifte Stiel ist längsfaserig. Das Fleisch riecht unangenehm spermatisch.

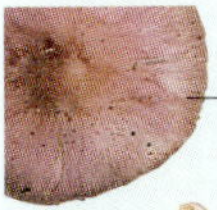

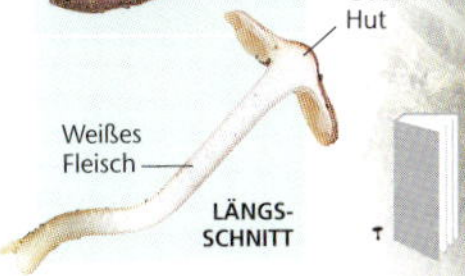

SPORENPULVER *Tabakbraun*
ZEIT *Spätsommer bis Spätherbst*
VORKOMMEN *Überall verbreitet, einer der häufigsten Risspilze Europas*
WERT *Giftig*
ÄHNLICHE ARTEN *Kleine Wasserköpfe* (Cortinarius, *Untergattung* Telamonia) *haben rostbraune Sporen.*

Meist gesellig in Laub- und Nadelwäldern, vor allem an feuchten Stellen unter Buchen

Violetter Lacktrichterling

Laccaria amethystina (Hydnangiaceae)

Frische, feuchte Exemplare dieser Art, die zu den attraktivsten einheimischen Waldpilzen zählt, sind durch die intensive, fast glänzende violette Farbe von Hut, Stiel und Lamellen gekennzeichnet. Der feinfilzige Hut ist zentral genabelt und am Rand mit blasseren Streifen gerieft. Wenn der Pilz austrocknet, verfärbt er sich blass grauviolett und ist dann mitunter kaum wiederzuerkennen. Die entferntstehenden Lamellen sind ziemlich dick. Der grob längsfaserige Stiel ist schlank und hat eine blasse, wollig-filzige Basis. Ein arteigener Geruch und Geschmack fehlen.

SPORENPULVER *Weiß*
ZEIT *Sommer bis Spätherbst*
VORKOMMEN *In Mitteleuropa weit verbreitet und vielerorts häufig*
WERT *Essbar, aber infolge der Tschernobyl-Katastrophe regional stark radioaktiv belastet*
ÄHNLICHE ARTEN *Zweifarbiger Lacktrichterling* (Laccaria bicolor): *Hut und Stiel bräunlich, Lamellen lavendelblau, Stielbasis violett*

ANMERKUNG

Man könnte vermuten, dass dieser Pilz auch violette Sporen hat, doch sind die reifen Lamellen dicht mit weißem Sporenpulver besetzt.

Lila Milchling

Lactarius lilacinus (Russulaceae)

Der bald niedergedrückte, aber mit einem kleinen zentralen Buckel versehene Hut hat einen weinroten bis rosalilafarbenen Schimmer. Die Huthaut ist trocken und feinfilzig. Die cremeockerfarbenen Lamellen laufen leicht am Stiel herab und sondern bei Verletzung einen wässrigen, spärlichen, schärflich schmeckenden Milchsaft ab. Der glatte, ähnlich wie der Hut gefärbte Stiel hat eine weißliche Basis und ist alt oft hohl.

Einzeln oder in kleinen Gruppen in feuchten, sumpfigen Erlenbrüchen, oft zwischen anderen Waldpflanzen

SPORENPULVER *Weiß*
ZEIT *Spätsommer bis Spätherbst*
VORKOMMEN *In Deutschland weit verbreitet, aber fast überall selten*
WERT *Ungenießbar*
ÄHNLICHE ARTEN *Schüppchenmilchling* (L. spinulosus): *Viel kleiner, Hut schuppig; vor allem unter Birken und Nadelbäumen*

Schwarzgezähnelter Helmling

Mycena pelianthina (Tricholomataceae)

Der düster aussehende Hut ist stumpf graurosa bis braunviolett und trocknet blass lilagrau aus. Die breiten, entferntstehenden, violettgrauen Lamellen haben dunkle, gesägte, fast schwarze Schneiden, die man am besten unter einer Handlupe betrachtet. Der schlanke, hohle Stiel ist blassviolett, und das feuchte Fleisch riecht stark rettichartig.

In kleinen Gruppen im feuchten Falllaub unter Buchen, vorzugsweise auf kalkreichen Böden

SPORENPULVER *Weiß*
ZEIT *Spätsommer bis Herbst*
VORKOMMEN *In Kalkbuchenwäldern verbreitet, sonst selten oder fehlend*
WERT *Ungenießbar*
ÄHNLICHE ARTEN *Der Rettichhelmling (S. 152) hat keine dunklen Lamellenschneiden.*

Rettichhelmling ☠

Mycena pura (Tricholomataceae)

Gesellig in der Streuschicht von Wäldern aller Art, auch in Parks, Gärten und offenem Gelände

Eine sehr häufige und sehr variable, giftige Art. Der anfangs glockige bis flach gewölbte Hut kann lila, violett, rosa, grau oder sogar gelbweißlich sein (einige dieser Farbvarianten werden als eigenständige Arten oder Variationen angesehen). Die ähnlich gefärbten Lamellen sind ziemlich engstehend und am Stiel breit angewachsen oder ausgebuchtet. Der schlanke, glatte, hohle Stiel ist wie der Hut gefärbt oder etwas blasser. Das Fleisch riecht – besonders in den Lamellen – kräftig nach Rettich.

ANMERKUNG

Achten Sie immer auf Geruchsnuancen, unterschiedlich gefärbte Lamellenschneiden, Farbveränderungen und dergleichen, wenn sie ähnlich aussehende Arten bestimmen wollen.

SPORENPULVER *Weiß*
ZEIT *Spätes Frühjahr bis Herbst*
VORKOMMEN *In ganz Mitteleuropa weit verbreitet, einer der häufigsten Helmlinge*
WERT *Giftig*
ÄHNLICHE ARTEN *Schwarzgezähnelter Helmling (S. 151): Lamellenschneiden dunkel; Duftender Rettichhelmling* (Mycena diosma): *Hut dunkler violett, konzentrisch gezont, Geruch tabakartig*

An die Birke gebunden, oft an offenen, grasigen Standorten wie Alleen und Parkanlagen, aber auch in Mooren

Zottiger Birkenmilchling

Lactarius torminosus (Russulaceae)

Der wollig-filzige, in der Mitte niedergedrückte, hell bis dunkel fleischrosafarbene Hut mit dem lange Zeit eingerollten, grobfilzigen Rand ist ein gutes Merkmal dieser auffälligen Art. Die sehr engstehenden Lamellen sind weiß bis blassrosa und laufen kurz am Stiel herab. Der kurze, hohle Stiel ist glatt und blasser als der Hut. Das brüchige weiße Fleisch sondert bei Verletzung einen weißen, brennend scharfen Milchsaft ab. Ohne Vorbehandlung ist der Pilz giftig, doch wird er in Teilen Nord- und Osteuropas durch Wässern, Kochen und Einlegen genießbar gemacht.

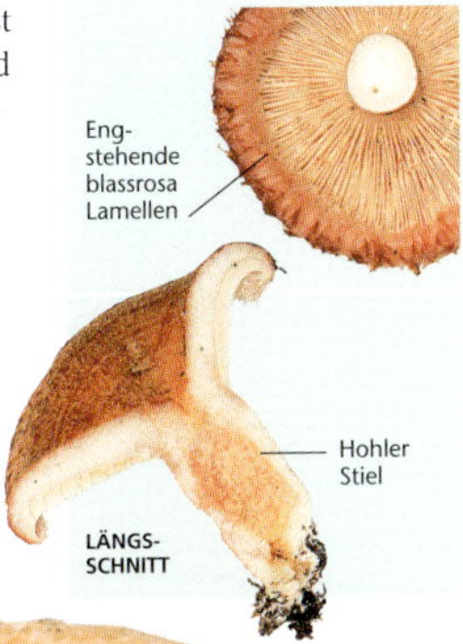

ANMERKUNG

Achten Sie bei der Bestimmung von Milchlingen darauf, ob die Milch wässrig oder weiß, spärlich oder üppig ist und ob sie sich an der Luft oder auf einem weißen Tuch verfärbt oder nicht.

SPORENPULVER *Weiß*
ZEIT *Sommer bis Spätherbst*
VORKOMMEN *In Deutschland weit verbreitet und vielerorts ziemlich häufig*
WERT *Giftig, allenfalls nach Vorbehandlung (s. o.) genießbar*
ÄHNLICHE ARTEN *Flaumiger Birkenmilchling* (Lactarius pubescens): *ebenfalls unter Birken, aber meist kleiner und überdies viel heller (blass rosagelblich bis fast weiß)*

Fleischroter Schönkopf

Calocybe carnea (Tricholomataceae)

In kleinen Gruppen auf Rasenflächen, Wiesen und Weiden, an Straßenrändern und an lichten Stellen in Wäldern

Der kleine Pilz hat einen glatten, flach gewölbten bis unregelmäßig welligen, fleischrosafarbenen Hut. Die engstehenden, weißen bis blassrosafarbenen Lamellen sind am Stielansatz ausgebuchtet. Der schlanke, glatte Stiel ist zerbrechlich und nach unten meist verjüngt.

SPORENPULVER *Weiß*
ZEIT *Frühsommer bis Spätherbst*
VORKOMMEN *In Mitteleuropa weit verbreitet, aber nirgends häufig*
WERT *Ungenießbar*
ÄHNLICHE ARTEN *Rosa Rötling (s. u.): Lamellen und Sporenpulver rosa; Rettichhelmling (S. 152) und Rosa Helmling riechen rettichartig*

Rosa Rötling

Entoloma roseum (Entolomataceae)

Auf ungedüngten Wiesen und Weiden über Kalkböden

Der lebhaft rosafarbene, glockige, in der Mitte genabelte Hut hat eine feinschuppige Oberfläche. Die breiten, blassrosa Lamellen sind locker an dem ähnlich wie der Hut gefärbten, schlanken Stiel angewachsen, dessen glatte Oberfläche wie poliert glänzt.

SPORENPULVER *Rosa*
ZEIT *Sommer bis Herbst*
VORKOMMEN *In Mitteleuropa sehr selten*
WERT *Ungenießbar*
ÄHNLICHE ARTEN *Fleischroter Schönkopf (s. o.): Fruchtkörper heller rosa, Sporenpulver weiß, Hutmitte nicht genabelt*

Rosenroter Saftling

Hygrocybe calyptriformis (Hygrophoraceae)

Der in Form und Farbe sehr ungewöhnliche Pilz wächst nur auf ungedüngten Böden und ist daher ein besonders guter Indikator für die biologische Qualität eines Wiesenstandorts. Seine spitz gebuckelten, rosa Hüte reißen bei zunehmender Reife radial ein. Die breiten, fast freien, weißlichen bis sehr blass rosafarbenen Lamellen sind wachsartig-weich; der brüchige, wachsartige Stiel ist oben blassrosa und unten weißlich sowie sehr glatt. In England gelten alte Friedhöfe als wertvolle Rückzugsgebiete für diese immer seltener werdende Art, die in Mitteleuropa am ehesten noch auf Gebirgswiesen zu finden ist.

In kleinen Gruppen auf ungedüngten Wiesen und Parkrasen, vor allem über Kalk

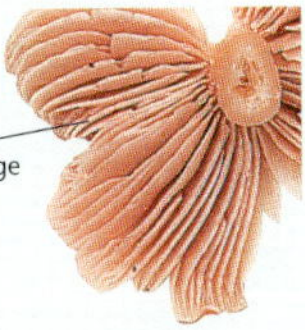

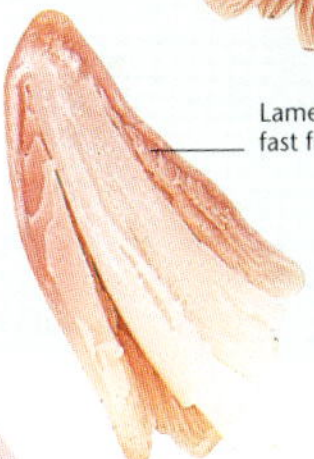

ANMERKUNG

Viele Saftlinge, darunter auch der Rosenrote, werden durch die zunehmende Zerstörung ihrer natürlichen Lebensräume immer seltener. Auf intensiv genutzten Wiesen können diese Arten nicht existieren.

SPORENPULVER *Weiß*
ZEIT *Herbst und milde Winter*
VORKOMMEN *Sehr selten; steht in vielen Ländern Europas auf der Roten Liste der bedrohten Arten*
WERT *Ungenießbar und als Seltenheit zu schonen*
ÄHNLICHE ARTEN *Der Fleischrote Schönkopf (links) wächst ebenfalls in Wiesen, hat aber einen flach gewölbten Hut; andere Saftlinge unterscheiden sich in der Farbe.*

Einzeln oder in kleinen Gruppen auf moosreichen Feuchtwiesen und verrottenden Pflanzenresten sowie in Nadelwäldern

Korallenroter Helmling

Mycena adonis (Tricholomataceae)

Der winzige, aber sehr hübsche Pilz hat einen glatten, gewölbten bis konischen, rosa- bis korallenroten Hut, der im Alter ausblasst. Die engstehenden, weißen bis blass rosafarbenen Lamellen sind am Stielansatz breit angewachsen oder leicht ausgebuchtet. Der schlanke, weiße, fast durchsichtige Stiel ist oben weißlich bepudert.

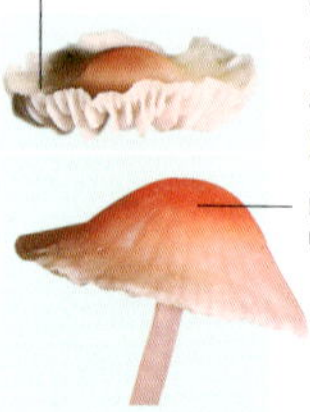

SPORENPULVER *Weiß*
ZEIT *Sommer bis Spätherbst*
VORKOMMEN *In Mitteleuropa sehr zerstreut und vielerorts sehr selten*
WERT *Ungenießbar*
ÄHNLICHE ARTEN *Es gibt eine var.* coccinea *mit leuchtend scharlachrotem Hut und rotem Stiel.*

In Laub- und Nadelwäldern auf den unterschiedlichsten Böden, auch in Parkanlagen

Speisetäubling

Russula vesca (Russulaceae)

Zwei Merkmale dieses Täublings sind innerhalb der Gattung *Russula* einzigartig: Zum einen die fleischrosafarbene bis rötlichbraune Hutfarbe und zum anderen die Tatsache, dass die glatte oder fein geaderte Huthaut im Alter den Hutrand nicht ganz erreicht. Die cremefarbenen Lamellen sind spröde, der Stiel weiß und fest. Das Fleisch des guten Speisepilzes schmeckt mild.

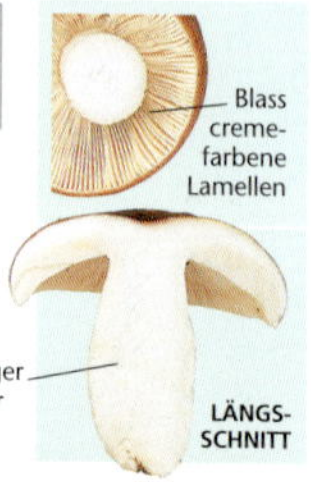

SPORENPULVER *Weiß*
ZEIT *Frühsommer bis Spätherbst*
VORKOMMEN *In Mitteleuropa weit verbreitet und ziemlich häufig*
WERT *Essbar, guter Speisepilz*
ÄHNLICHE ARTEN *Grüner Speisetäubling* (Russula heterophylla)*: meist größer und festfleischiger, Hut mit Grüntönen, Lamellen biegsam*

Rotschuppiger Raukopf

Cortinarius bolaris (Cortinariaceae)

Meistens in Scharen unter Eichen, Buchen oder Birken auf sauren Böden in Wäldern und Parks

Der anfangs rundliche, später ausgebreitete Hut dieses auffallenden giftigen Schleierlings ist auf cremefarbenem Grund dicht bedeckt mit angedrückten roten Schüppchen. Die Lamellen sind zimt- bis rostbraun. Der zylindrische Stiel ist mit roten Schuppenzonen gebändert und an der Spitze mit spinnwebartigen Schleierresten geschmückt.

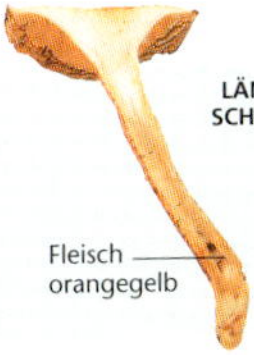

SPORENPULVER *Rostbraun*
ZEIT *Sommer bis Spätherbst*
VORKOMMEN *In Süddeutschland ortshäufig, seltener im Norden*
WERT *Giftig*
ÄHNLICHE ARTEN *Gilbender Raukopf* (C. rubicundulus): *mit roten Fasern, aber ohne Schuppen, langsam gelborange bis rötlich verfärbend*

Trichterförmiger Saftling

Hygrocybe cantharellus (Hygrophoraceae)

In kleinen Gruppen auf ungedüngten Wiesen und Parkrasen, manchmal auch in Wäldern und zwischen Torfmoosen im Moor

Der gewölbte bis trichterförmige Hut dieses kleinen, bunten Pilzes hat eine trockene, filzige bis feinschuppige Oberfläche. Die entferntstehenden, wachsartig-weichen Lamellen laufen bogig am Stiel herab. Der schlanke, seidige Stiel ist satt scharlachrot und nur an der Basis etwas blasser. Das Fleisch kann leicht nach rohen Kartoffeln riechen.

SPORENPULVER *Weiß*
ZEIT *Sommer bis Spätherbst*
VORKOMMEN *Sehr zerstreut, aber weit verbreitet; wie die meisten Saftlinge rückläufig*
WERT *Ungenießbar*
ÄHNLICHE ARTEN *Rußigflockiger Saftling* (H. turunda): *blasser orange, Hutmitte mit schwarzbraunen Schüppchen gesprenkelt*

Einzeln oder gesellig, auch in Ringen, in Laub- und Nadelwäldern, vor allem unter Birken und Fichten auf sauren bis neutralen Böden

Fliegenpilz

Amanita muscaria (Amanitaceae)

Der leuchtend rote Hut mit den weißen »Tupfen« kennzeichnet diesen bekannten Giftpilz. Die Farbe des jung rundlichen, später ausgebreiteten Huts kann allerdings je nach den Witterungsverhältnissen stark ausblassen; außer typisch roten Exemplaren findet man auch solche mit orangefarbenen oder sogar nur sehr blass orangegelben Hüten. Der Hutrand ist radial gerieft. Bei den »Tupfen« handelt es sich um warzenartige weiße Hüllreste, die aber vom Regen abgewaschen sein können. Lamellen, Stiel und die hängende Manschette sind weiß. Die Stieloberfläche ist feinschuppig, die Basis knollig und mit Hüllresten besetzt. Der Verzehr des Pilzes kann schwere Vergiftungen hervorrufen.

SPORENPULVER *Weiß*
ZEIT *Sommer bis Spätherbst*
VORKOMMEN *In Mitteleuropa weit verbreitet und vielerorts noch sehr häufig*
WERT *Sehr giftig*
ÄHNLICHE ARTEN *Kaiserling (S. 114): Hut goldorange, Hüllreste fetzig, sehr selten, Südeuropa, essbar; Orangegelber Streifling (S. 115): Rand stärker gerieft, ohne Manschette*

ANMERKUNG

Pilze sollten mit der Stielbasis aus dem Boden herausgedreht werden. Bleibt die Stielknolle im Boden zurück, können vom Regen ausgewaschene Fliegenpilze ohne Hüllreste und Ring mit roten Täublingen verwechselt werden.

Kleiner Reiftäubling

Russula melzeri (Russulaceae)

In kleinen Gruppen oder Ringen unter Edelkastanien oder Buchen, oft tief im Schatten in Stammnähe

Ein kleiner Täubling mit guten Bestimmungsmerkmalen. Der polsterförmig gewölbte, scharlach- bis karminrote Hut ist feinkörnig und mit kleinen Rissen durchzogen. Die entferntstehenden, blass creme- bis ockerfarbenen Lamellen sind spröde. Der weiche, weiße, brüchige Stiel ist zylindrisch. Das Fleisch schmeckt mild, hat aber keinen besonderen Geruch.

SPORENPULVER *Ockergelb*
ZEIT *Sommer bis Spätherbst*
VORKOMMEN *Sehr selten, in Deutschland nur von wenigen Standorten bekannt*
WERT *Essbar, aber als Seltenheit zu schonen*
ÄHNLICHE ARTEN *Ockerblättriger Zinnobertäubling* (R. pseudointegra)*: größer, Geruch obstartig, Lamellen blasser ocker, bitterlich*

Bluttäubling

Russula sanguinea (Russulaceae)

Einzeln oder gesellig unter Kiefern auf sandigen Böden

Der anfangs rundliche Hut breitet sich später aus und ist am Ende niedergedrückt. Anfangs leuchtend blut- bis rosarot, blasst die Huthaut im weiteren Verlauf merklich aus. Der Stiel ist rot überlaufen und gilbt im Alter. Das weiße Fleisch riecht obstartig und schmeckt scharf oder bitterlich.

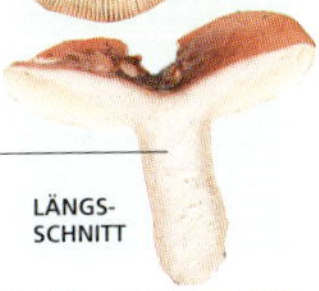

SPORENPULVER *Ockergelb*
ZEIT *Sommer bis Spätherbst*
VORKOMMEN *In Kiefernwäldern weit verbreitet und stellenweise noch häufig*
WERT *Ungenießbar*
ÄHNLICHE ARTEN *Heringstäubling* (S. 163)*: meist dunkler und mehr purpurrot, mit auffallendem Fisch- oder Krebsgeruch*

In feuchten Nadelwäldern, vor allem unter Kiefern in Torfmoospolstern; einzeln oder in kleinen Gruppen

Kirschroter Speitäubling

Russula emetica (Russulaceae)

Der bekannte Speitäubling hat einen lebhaft scharlachroten, anfangs gewölbten und später ausgebreiteten, glatten Hut, der einen Kontrast zum weißen, oft recht langen, zylindrischen Stiel und zu den weißen bis blass cremefarbenen, mäßig entferntstehenden Lamellen bildet. Das schwach giftige, spröde weiße Fleisch schmeckt brennend scharf, hat aber keinen besonderen Geruch. Von anderen scharf schmeckenden Täublingen lässt sich der Speitäubling durch die rein rote Hutfarbe (ohne Violett- oder Schwarztöne) und den Standort in Kiefernmooren unterscheiden. Die Huthaut lässt sich fast zur Gänze abziehen.

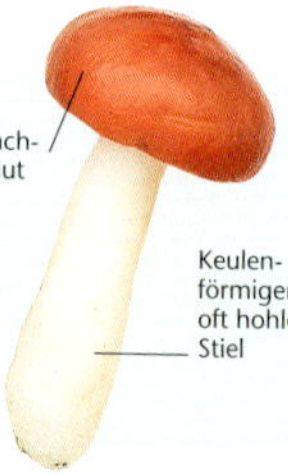

SPORENPULVER *Weiß*
ZEIT *Sommer bis Spätherbst*
VORKOMMEN *In Mooren ziemlich häufig, an anderen Standorten kommen eher ähnliche Arten vor*
WERT *Giftig*
ÄHNLICHE ARTEN *Grauender Speitäubling* (Russula griseascens): *sehr ähnlich, aber Stiel stark grauend, in Mooren; Gedrungener Buchen-Speitäubling* (Russula mairei): *unter Buchen.*

ANMERKUNG

Es gibt viele rote Täublinge, die nicht alle leicht bestimmbar sind. Der Speitäubling ist an seiner Schärfe und seinem Vorkommen in Mooren erkennbar.

Kirschroter Saftling

Hygrocybe coccinea (Hygrophoraceae)

Der gebuckelte, bei Feuchtigkeit schmierige Hut, der Stiel und die Lamellen sind leuchtend rot gefärbt. Von anderen roten Saftlingen ist er durch die fein gerunzelte Huthaut und die breit angewachsenen Lamellen unterschieden. Die Lamellenschneiden sind gelblich. Der mitunter etwas blasser rote Stiel ist glatt, trocken und oft etwas zusammengedrückt und/oder mit einer Längsrille versehen.

Einzeln oder gesellig auf kunstdüngerfreien Wiesen, in Borstgras- und Dünenrasen, auf Almen und in Parks

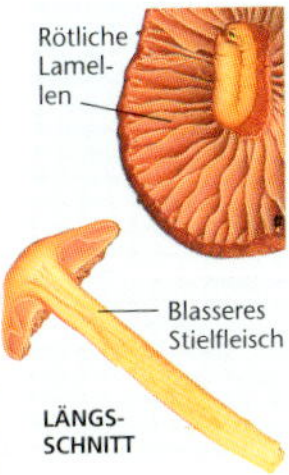

SPORENPULVER *Weiß*
ZEIT *Sommer, Herbst und milde Winter*
VORKOMMEN *Weit verbreitet*
WERT *Wie alle Saftlinge zu schonen*
ÄHNLICHE ARTEN *Größter Saftling (s. u.): größer und kräftiger, Stiel längsstreifig. Zur Bestimmung anderer roter Saftlinge sind meist mikroskopische Untersuchungen erforderlich.*

Größter Saftling

Hygrocybe punicea (Hygrophoraceae)

Diese Art hat einen schmierig-klebrigen, blutroten Hut, dessen Farbe im Alter ausblasst. Die gebuckelte Mitte kann sehr dunkel rot sein, der Rand ist bisweilen gelblich und eingerissen. Die dunkelroten Lamellen haben gelbe Schneiden. Der gelbe Stiel ist mit groben, orangeroten Längsfasern versehen.

Einzeln oder gesellig auf ungedüngten Wiesen, vor allem auf Almweiden im Gebirge

SPORENPULVER *Weiß*
ZEIT *Spätsommer bis Spätherbst*
VORKOMMEN *Sehr selten, fast nur noch in Naturschutzgebieten zu finden*
WERT *Ungiftig; wie alle Saftlinge zu schonen*
ÄHNLICHE ARTEN *Kirschroter Saftling (s. o.); Prächtiger Saftling (H. splendidissima): ohne Stielfasern, Hutfarbe ohne dunkelrote Töne*

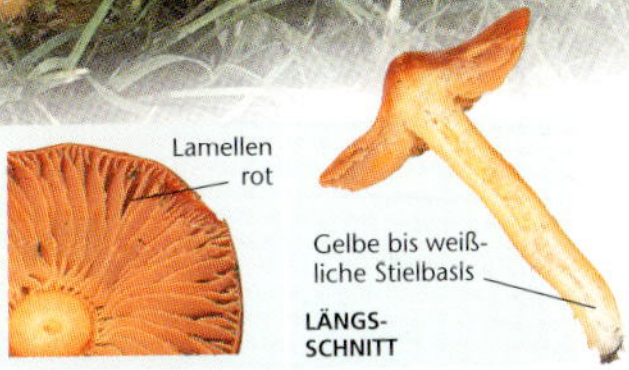

Schwärzender Saftling

Hygrocybe conica (Hygrophoraceae)

Einzeln oder gesellig auf Wiesen und in Grünflächen, in offenem Gelände, Parkanlagen, Gärten und selten auch in Wäldern

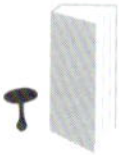

Einer der häufigsten Saftlinge, von dem eine Vielzahl von Farbvarianten bekannt sind. Man findet gelbe, orangefarbene, tomatenrote und sogar olivgrüne und graue Exemplare. Oft sind sogar mehrere dieser Farbtöne auf einem Pilzhut vereint. Das verbindende Merkmal ist die allen Formen im Alter oder nach dem Pflücken gemeinsame langsame Schwärzung des gesamten Fruchtkörpers. Der schleimige Hut ist kegelig, der sich fettig anfühlende Stiel längsfaserig. Die Lamellen sind wie der Hut gefärbt, oft aber auch mehr gelblich. Einige etwas stärker abweichende Formen sind von Spezialisten als eigenständige Arten beschrieben worden.

ANMERKUNG

Saftlinge sollten eine Weile nach dem Pflücken auf Anzeichen einer Schwärzung überprüft werden. Der radikale Farbwandel bei H. conica *kann mehrere Stunden dauern. Am Ende ist der gesamte Fruchtkörper pechschwarz, als wäre er verbrannt.*

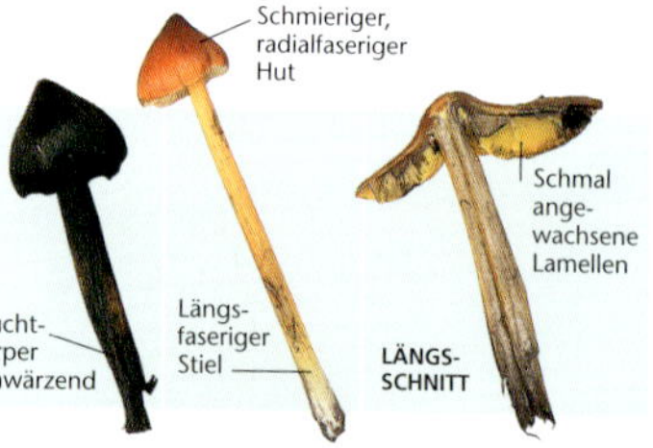

SPORENPULVER *Weiß*
ZEIT *Frühsommer bis Spätherbst und in milden Wintern*
VORKOMMEN *Einer der häufigsten Saftlinge, da nicht unbedingt auf ungedüngtes Grasland angewiesen*
WERT *Giftig*
ÄHNLICHE ARTEN *Dünensaftling* (Hygrocybe conicoides): *in Sanddünen, sonst recht ähnlich; Spitzgebuckelter Saftling* (Hygrocybe persistens): *Hut ebenfalls konisch, aber gelb, nicht schwärzend*

ANMERKUNG

Der Schwärzende Saftling ist einer der wenigen Saftlinge, die sowohl in Wäldern als auch in offenem Gelände angetroffen werden können.

Heringstäubling

Russula xerampelina (Russulaceae)

Einzeln oder gesellig unter Nadelbäumen, vor allem unter Fichten und Tannen

R. xerampelina vertritt hier eine Gruppe nahe verwandter Täublinge mit auffallendem Geruch nach Krabben oder Heringslake. Der dunkel karminrote, in der Mitte manchmal fast schwarze Hut ist leicht klebrig und in der Mitte oft etwas vertieft. Die Lamellen sind blass cremegelb, der weiße Stiel stellenweise rosarot überlaufen und/oder braunfleckig. Das milde Fleisch verfärbt sich im Alter langsam braun.

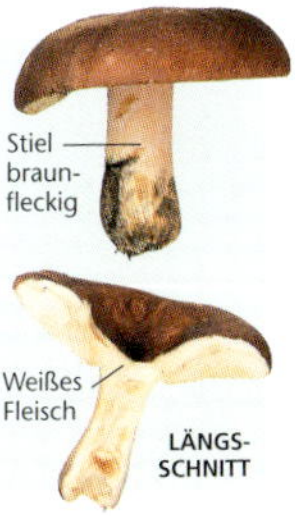

SPORENPULVER *Ockergelb*
ZEIT *Sommer bis Spätherbst*
VORKOMMEN *In Mitteleuropa ziemlich häufig*
WERT *Essbar*
ÄHNLICHE ARTEN *Viele andere Täublinge mit ähnlichen Hutfarben können nur mithilfe des Mikroskops genau bestimmt werden.*

Dickblättriger Schwärztäubling

Russula nigricans (Russulaceae)

Vor allem in Laub-, aber auch in Nadelwäldern, einzeln oder in kleinen Gruppen

Junge, unbeschädigte Fruchtkörper haben eine rußbraun und cremeweißlich marmorierte Hutoberfläche mit niedergedrückter Mitte; zur Schwärzung kommt es erst im Alter. Im Schnitt oder an Bruchstellen läuft das sehr harte Fleisch zunächst trüb kirschrot an, um später zu grauen und zuletzt zu schwärzen. Die blassgelben, sehr entferntstehenden Lamellen sind ungleich lang.

SPORENPULVER *Weiß*
ZEIT *Sommer bis Spätherbst*
VORKOMMEN *In Mitteleuropa weit verbreitet und vielerorts häufig*
WERT *Ungenießbar*
ÄHNLICHE ARTEN *Rauchbrauner Schwärztäubling* (Russula adusta)*: sehr ähnlich, aber Stiel stark grauend; in Mooren*

Einzeln oder in kleinen Gruppen in Nadelwäldern auf sauren Böden, v.a. unter Kiefer und Fichte, seltener auch unter eingestreuten Birken

Porphyrbrauner Wulstling

Amanita porphyria (Amanitaceae)

Der ungiftige Pilz kann mit dem giftigen Grünen Knollenblätterpilz (S. 133) verwechselt werden, doch riecht er wie der Gelbe Knollenblätterpilz (S. 123) nach rohen Kartoffeln. Der zunächst halbkugelig gewölbte, später ausgebreitete purpurgraue oder -braune Hut ist radial gestreift und manchmal mit grauen Velumfetzen bedeckt. Die Lamellen sind weiß, der Stiel ist graulich oder gelblichweiß und hat einen grauen Ring, der aber auch fehlen kann. Die Stielbasis ist knollig verdickt und deutlich gerandet.

SPORENPULVER *Weiß*
ZEIT *Sommer bis Herbst*
VORKOMMEN *In Mitteleuropa weit verbreitet und stellenweise häufig*
WERT *Ungenießbar*
ÄHNLICHE ARTEN *Pantherpilz (S. 71): Velumfetzen, ohne Kartoffelgeruch; Grüner Knollenblätterpilz (S. 133): Hut grün, Geruch süßlich*

Einzeln oder in Gruppen auf dem Erdboden in Buchenwäldern

Graugrüner Milchling

Lactarius blennius (Russulaceae)

Der bald niedergedrückte, sehr stark klebrig-schmierige Hut weist graubraune, olivfarbene und dunkel rotbraune Farbtöne sowie undeutliche dunklere Zonen auf. Der Hutrand ist oft dunkel gefleckt. Die erst weißen Lamellen werden bald blass cremegelb, und die weiße Milch trocknet auf den Lamellen blass olivgrau ein. Der glatte, schmierige Stiel ist oft hohl.

SPORENPULVER *Blassgelb*
ZEIT *Sommer bis Herbst*
VORKOMMEN *Einer der häufigsten Milchlinge in Buchenwäldern*
WERT *Ungenießbar*
ÄHNLICHE ARTEN *Hainbuchenmilchling* (L. circellatus): *Lamellen ockerrosa; Braunfleckender Milchling* (L. fluens): *Hutrand oft weiß*

Grauer Pfifferling

Cantharellus cinereus (Cantharellaceae)

Der graubraune bis schwärzlich braune Pilz ist auf der Oberseite oft radial gerunzelt oder gefurcht und hat einen wellig gelappten Rand. Wie alle Pfifferlingsarten hat er keine Lamellen im engeren Sinn, sondern asch- bis blaugraue, mehrfach verzweigte und am Stiel herablaufende Runzeln oder Leisten auf der Unterseite. Der hohle Stiel ist grau bis schwarz; das dünne graue Fleisch riecht obstartig.

Meist in dicht gedrängten Gruppen an moosreichen Stellen in Buchenwäldern, seltener auch unter Fichten und Tannen

SPORENPULVER *Weiß*
ZEIT *Meist erst im Herbst*
VORKOMMEN *In Mitteleuropa weit verbreitet, aber nicht häufig*
WERT *Essbar*
ÄHNLICHE ARTEN *Totentrompete (S. 264); Vollstieliger Leistling* (Pseudocraterellus sinuosus): *Stiel gelblich getönt*

Trompetenpfifferling

Cantharellus tubaeformis (Cantharellaceae)

Der trichter- bis trompetenförmige Speisepilz hat einen ocker- bis braungrauen, zum Teil auch gelbgetönten Hut mit unregelmäßigem Rand und im Alter stärker gerunzelter Oberfläche. Die dicken, verzweigten Adern oder Leisten auf der Unterseite sind gelb mit grünlichem oder grauem Beiton. Der hohle, oft zusammengedrückte oder auf ganzer Länge gerillte Stiel ist auch graugelb. Das dünne Fleisch ist blass.

Meist büschelig auf dem Erdboden in Laub- und Nadelwäldern, gern an moosigen Stellen

SPORENPULVER *Cremefarben bis blassgelb*
ZEIT *Spätsommer bis Spätherbst*
VORKOMMEN *Weit verbreitet und stellenweise ziemlich häufig*
WERT *Essbar*
ÄHNLICHE ARTEN *Falscher Pfifferling (S. 129); z. T. giftige Trichterlinge und Schleierlinge haben keine Leisten, sondern Lamellen.*

Einzeln oder in kleinen Gruppen in Laub- und Nadelwäldern, auch auf grasigen Lichtungen

Keulenfüßiger Trichterling ☠

Clitocybe clavipes (Tricholomataceae)

Der graubraune, breit gebuckelte Hut hat eine feinsamtige bis schmierige Oberfläche und ist in der Mitte oft schwammig. Die dicht stehenden blass cremegelben Lamellen laufen am Stiel herab. Der Stiel ist an der Basis stark angeschwollen. Das blasse Fleisch riecht süßlich.

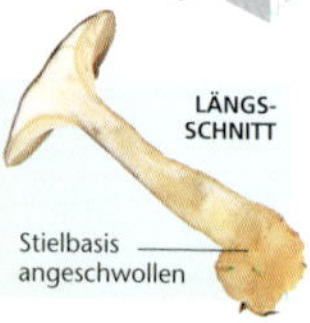

SPORENPULVER *Weiß*
ZEIT *Frühsommer bis Spätherbst*
VORKOMMEN *Weit verbreitet und häufig*
WERT *Essbar, aber zu meiden, da Unverträglichkeitsreaktionen möglich sind*
ÄHNLICHE ARTEN *Verschiedene graue Trichterlinge, darunter der Nebelgraue Trichterling* *(S. 171)*

Einzeln oder gesellig auf ungedüngten Wiesen und moosreichen Rasenflächen

Runzeliger Samtritterling ☠

Dermoloma cuneifolium (Tricholomataceae)

Der gewölbte, hell- bis dunkelgraue Hut ist jung manchmal fein bereift wie frische Trauben. Später platzt er felderig auf und wird runzlig. Die ziemlich entfernt stehenden, weißlichen bis blassgrauen Lamellen sind relativ dick; der ähnlich gefärbte, längsfaserige, nach unten leicht verjüngte Stiel wird im Alter hohl und ist ebenfalls bereift. Das Fleisch riecht und schmeckt stark mehlartig.

SPORENPULVER *Weiß*
ZEIT *Herbst und milde Winter*
VORKOMMEN *In Deutschland selten und vielerorts fehlend*
WERT *Giftig*
ÄHNLICHE ARTEN *Schwärzender Wiesenritterling* (Porpoloma metapodium): *mit Mehlgeruch, aber Fleisch erst rötend und dann schwärzend*

Tigerritterling

Einzeln oder in kleinen Gruppen in Laub- und Nadelwäldern auf Kalkböden, v.a. unter Buchen und Fichten

Tricholoma pardinum (Tricholomataceae)

Der trockene, gebuckelte Hut des sehr giftigen Tigerritterlings ist auf weißem bis blass gelblichem Grund dicht mit konzentrisch angeordneten schwärzlichgrauen Schuppen besetzt. Der Rand ist oft eingerollt. Die weißen Lamellen können einen grünlichen Anflug haben, das weiße Fleisch riecht stark nach Mehl und bleibt im Schnitt unverändert. Der zylindrische bis keulenförmige, weiße Stiel hat manchmal braune Längsfasern. Der Pilz ist für Anfänger nicht leicht bestimmbar und kann mit anderen nach Mehl riechenden, grauschuppigen Ritterlingen verwechselt werden.

ANMERKUNG

Der Tigerritterling kann schwere Vergiftungen hervorrufen. Schuppige graue Ritterlinge sollten beim geringsten Verdacht nicht zu Speisezwecken genutzt werden.

SPORENPULVER *Weiß*
ZEIT *Spätsommer bis Herbst*
VORKOMMEN *In süddeutschen Kalkgebieten stellenweise verbreitet, sonst selten*
WERT *Giftig*
ÄHNLICHE ARTEN *Schwarzschuppiger Ritterling* (T. atrosquamosum): *Geruch pfeffrig bis fruchtig, wie Geranien; Rötender Ritterling* (T. orirubens): *Hut und Fleisch langsam rötend*

Einzeln oder in kleinen Gruppen auf vermorschtem Laub- und Nadelholz

Graugrüner Dachpilz

Pluteus salicinus (Pluteaceae)

Der graue, trockene, radialfaserige Hut hat meist einen deutlich grünen Schimmer. Die Mitte kann mit spärlichen, schwärzlichen Schüppchen besetzt sein. Die reifen Lamellen sind fleischrosa, der weiße, glatte Stiel ist an der bisweilen angeschwollenen Basis grünlich getönt. Das weiße Fleisch riecht leicht rettichartig.

SPORENPULVER *Ockerrosa*
ZEIT *Sommer bis Herbst*
VORKOMMEN *In Mitteleuropa weit verbreitet*
WERT *Ungenießbar*
ÄHNLICHE ARTEN *Weißer Dachpilz* (Pluteus pellitus): *Hut weiß, ohne Grüntöne; Blaugrauer Scheidling* (Volvariella caesiotincta): *Stielbasis mit Volva*

Einzeln oder in kleinen Gruppen in Laub- und Nadelwäldern

Seifenritterling

Tricholoma saponaceum (Tricholomataceae)

Der variable Pilz kann sehr unterschiedlich gefärbt sein, u.a. braungrün bis cremegrau. Allen Formen gemeinsam ist der starke Seifengeruch. Die entferntstehenden Lamellen sind cremegelb bis cremegrau. Der feinschuppige Hut ist breit gebuckelt, der Rand eingebogen und manchmal wellig. Der glatte oder feinschuppige Stiel ist blasser und an der Basis oft rosa getönt.

SPORENPULVER *Weiß*
ZEIT *Sommer bis Spätherbst*
VORKOMMEN *Weit verbreitet und vielerorts ziemlich häufig*
WERT *Ungenießbar*
ÄHNLICHE ARTEN *Dem Gelbgrünen Ritterling (S. 134) und dem Schwarzfaserigen Ritterling* (T. portentosum) *fehlt der Seifengeruch.*

Grauer Scheidenstreifling

Amanita vaginata (Amanitaceae)

Einzeln oder gesellig auf dem Erdboden in Laub- und Nadelwäldern

Wer diesen Pilz essen will, muss sich sicher sein, dass keine Verwechslung mit giftigen Knollenblätterpilzen vorliegt. Der feucht-klebrige Hut hat einen gerieften Rand und nur selten Velumreste auf der Oberfläche. Anfangs eiförmig, wird er bald flach, die Mitte bleibt aber oft gebuckelt. Die weißen Lamellen haben bereifte Schneiden; der ringlose Stiel kann mit blassgrauen Zickzackbändern geschmückt sein und hat eine sackartige, blassgraue Volva.

SPORENPULVER *Weiß*
ZEIT *Frühsommer bis Herbst*
VORKOMMEN *Weit verbreitet, häufig*
WERT *Roh giftig, gekocht essbar*
ÄHNLICHE ARTEN *Es gibt eine ganze Reihe anders gefärbter Scheidenstreiflinge; Pantherpilz (S. 71): Stiel beringt, Hut mit weißen Velumflocken; sehr giftig*

Niedergedrückter Rötling

Entoloma rhodopolium (Entolomataceae)

Einzeln oder gesellig in der Streuschicht, im Falllaub meist bei Buche

Beim Trocknen verändert dieser Giftpilz seine Farbe. Der anfangs cremegelbe Hut wird grau und schließlich graubraun. Er hat einen breiten zentralen Buckel und einen welligen, gerieften Rand. Die anfangs grauen Lamellen werden bei der Reife rosa, der schlanke Stiel ist silbergrau. Das Fleisch riecht entweder unauffällig oder leicht nitrös.

SPORENPULVER *Rosa*
ZEIT *Spätsommer bis Spätherbst*
VORKOMMEN *In Buchenwaldgebieten ziemlich häufig*
WERT *Giftig*
ÄHNLICHE ARTEN *Mehrere andere große Rötlinge, darunter der Riesenrötling (S. 22): kräftiger, blasser, Lamellen gelb, Mehlgeruch*

Wohlriechender Schneckling

Hygrophorus agathosmus (Hygrophoraceae)

Meist gesellig in Nadelwäldern, v.a. unter Fichten

Dieser Pilz hat einen starken Bittermandelgeruch. Der gewölbte, graue Hut ist breit gebuckelt und hat einen deutlich eingerollten Rand. Die Oberfläche ist bei Feuchtigkeit schmierig. Die weißen, mäßig engstehenden Lamellen laufen leicht am Stiel herab. Der weiße Stiel ist flockig bereift und an der Basis mitunter leicht angeschwollen.

SPORENPULVER *Weiß*
ZEIT *Sommer bis Spätherbst*
VORKOMMEN *In süddeutschen Bergwäldern verbreitet, sonst selten oder fehlend*
WERT *Ungenießbar*
ÄHNLICHE ARTEN *Natternstieliger Schneckling* (Hygrophorus olivaceoalbus): *Stiel gebändert, ohne Bittermandelgeruch*

Brennender Ritterling

Tricholoma virgatum (Tricholomataceae)

Einzeln oder gesellig in Laub- und Nadelwäldern, v.a. im Bergland

Der Hut des Pilzes bleibt lange Zeit kegelig, und selbst bei ausgebreiteten Exemplaren ist die Mitte spitz gebuckelt. Die graue Oberfläche ist eigenartig seidig-faserig und trocken, der Rand reißt oft radial ein. Die weißlich grauen Lamellen sind ganzrandig, der längsfaserige Stiel ist weiß. Das Fleisch schmeckt brennend scharf.

SPORENPULVER *Weiß*
ZEIT *Spätsommer bis Spätherbst*
VORKOMMEN *Weit verbreitet; ziemlich häufig*
WERT *Ungenießbar*
ÄHNLICHE ARTEN *Schärflicher Ritterling* (T. sciodes): *Lamellenschneiden dunkel gefleckt; Rötender Ritterling* (T. orirubens): *Fleisch im Alter rötend*

In großen Scharen, oft in Hexenringen, in der Laub- und Nadelstreu verschiedener Waldtypen

Nebelgrauer Trichterling

Clitocybe nebularis (Tricholomataceae)

Der Pilz hat einen feinflaumigen, jung polsterförmig gewölbten und später ausgebreiteten bis tief trichterförmigen, grauen Hut. Der Rand ist oft blasser und jung eingerollt, später oft aufgebogen und wellig. Die graubraune, blaugraue, bisweilen auch gelbliche Hutoberfläche ist mit einem weißen reifartigen Überzug versehen und kann etwas schmierig sein. Die cremegelben bis grauen Lamellen laufen kurz an dem keuligen Stiel herab. Das Fleisch hat einen leicht unangenehmen Geruch. Der auch Nebelkappe genannte Pilz kann schwere Magenverstimmungen verursachen. Dabei handelt es sich unter Umständen um individuelle Unverträglichkeitsreaktionen oder Allergien. Auf jeden Fall sollten nur junge Exemplare gesammelt werden.

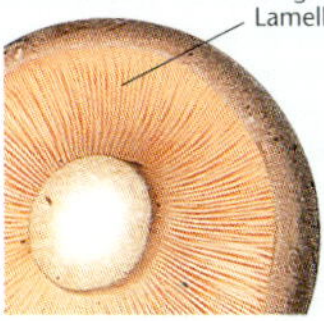

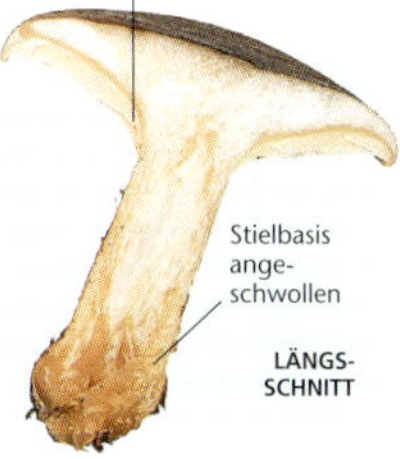

SPORENPULVER *Cremefarben*
ZEIT *Herbst und milde Winter*
VORKOMMEN *In Mitteleuropa weit verbreitet und fast überall häufig*
WERT *Essbar mit Vorbehalt (s.o.)*
ÄHNLICHE ARTEN *Beim giftigen Riesenrötling (S. 22) ist der Hutrand ebenfalls eingerollt, allerdings ist die Oberfläche unbereift, die Lamellen sind erst gelb, dann ockerrosa und das Sporenpulver rosa.*

ANMERKUNG

Bei alten Exemplaren ist der weißliche Reif auf der Hutoberfläche deutlicher ausgeprägt, und der ohnehin schon stechende Geruch wird noch unangenehmer.

Scharfer Haselmilchling

Lactarius pyrogalus (Russulaceae)

Einzeln oder in kleinen Gruppen in Haselgebüschen oder unter einzelnen Haseln in Wäldern und Parks

Die Milch dieses an die Hasel gebundenen Pilzes schmeckt brennend scharf und verfärbt sich beim Eintrocknen blass graugrün. Der schmierige Hut ist ockerrosa bis rauchgrau und undeutlich zoniert. Die entfernt stehenden Lamellen sind ockergelb. Der nach unten verjüngte Stiel ist blassgrau und oft hohl.

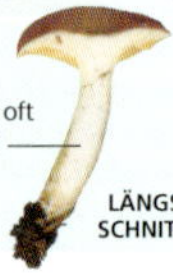

SPORENPULVER *Blassocker bis gelb*
ZEIT *Spätsommer bis Herbst*
VORKOMMEN *In Mitteleuropa weit verbreitet, aber nicht überall häufig*
WERT *Ungenießbar*
ÄHNLICHE ARTEN *Hainbuchenmilchling* (L. circellatus): *unter Hainbuchen; Graufleckender Milchling* (L. vietus): *unter Birken*

Großer Scheidling

Volvariella gloiocephala (Pluteaceae)

An nährstoffreichen Standorten wie Komposthaufen, Äckern, Gärten und in Brennnesselfluren

Der schmierige, jung konische, später ausgebreitete Hut ist grau, verfärbt aber im Alter cremeockerfarben bis blassbraun. Die reif rosafarbenen Lamellen sind frei. Die Stielbasis ist mit einer weißen bis blassgrauen Scheide (Volva) versehen, wie man sie sonst nur bei den Wulstlingen *(Amanita)* antrifft. Das Fleisch riecht rettichartig und schmeckt nach Gurke.

SPORENPULVER *Rosa*
ZEIT *Spätes Frühjahr bis Spätherbst*
VORKOMMEN *In Mitteleuropa weit verbreitet und oft häufig*
WERT *Essbar, aber leicht verderblich*
ÄHNLICHE ARTEN *Giftige* Amanita*-Arten wie der Grüne Knollenblätterpilz (S. 133) haben weiße Lamellen und weißes Sporenpulver.*

Rötender Wachstrichterling

Cantharellula umbonata (Tricholomataceae)

In kleinen Gruppen, normalerweise an moosigen Stellen in Nadelwäldern, Mooren und auf Heiden; kalkmeidend

Der kleine, graue, alt trichterförmige Pilz behält stets einen kleinen zentralen Buckel bei. Der eingebogene und radial runzelige Hutrand weist manchmal graubraune, olivfarbene oder violette Farbtöne auf. Die weißen bis cremefarbenen Lamellen sind gegabelt, laufen weit am Stiel herab und verfärben sich an Druckstellen rötlich. Der schlanke, feinsamtige Stiel ist oft blasser als der Hut. Das dünne Fleisch neigt zur Rötung.

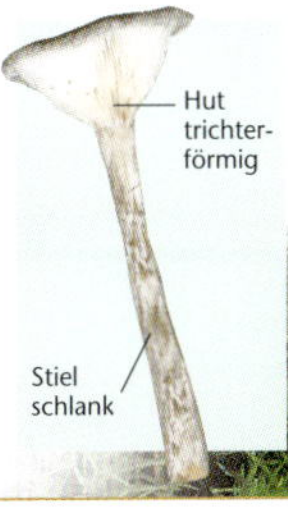

SPORENPULVER *Weiß*
ZEIT *Meist erst im Herbst*
VORKOMMEN *In Gebieten mit sauren Böden zerstreut, sonst selten*
WERT *Ungenießbar*
ÄHNLICHE ARTEN *Kaffeebrauner Gabeltrichterling* (Pseudoclitocybe cyathiformis): *Hut dunkelbraun, Lamellen nicht rötend*

Duftender Schuppenwulstling

Squamanita odorata (Tricholomataceae)

In Wäldern, Parks und Gärten, auch an Wegrändern, v. a. auf Sandboden; oft büschelig

S. odorata parasitiert auf anderen Pilzen und riecht nach Früchtebonbons. Der Hut ist auf grauem oder lilagrauem Grund mit derben, dunkelgrauen Schuppen besetzt. Die anfangs weißen Lamellen grauen im Alter, der weiße Stiel ist grau überfasert. Die knollig verdickte Stielbasis ist berandet und hat graue Schuppenkränze.

SPORENPULVER *Weißlich bis blassrosa*
ZEIT *Herbst*
VORKOMMEN *Sehr selten, in Deutschland nur von wenigen Standorten bekannt*
WERT *Ungenießbar, zu schonen*
ÄHNLICHE ARTEN *Es gibt noch einige andere Schuppenwulstlinge, die aber alle äußerst selten sind.*

In kleinen Gruppen zwischen Gras oder im Falllaub unter Schlehen und Weißdorn, in Gärten, unter Hecken und an Waldrändern

Schildrötling

Entoloma clypeatum (Entolomataceae)

Die kräftige Frühjahrsart hat einen leicht klebrigen, grauen Hut, der beim Eintrocknen dunkelbraun verfärbt und radialrissig aufplatzt. Der stumpf gebuckelte Hut hat einen oft unregelmäßig gewellten Rand. Die ausgebuchteten Lamellen sind jung blassgrau und im Alter rosa; der Stiel ist weißlich grau, das Fleisch riecht mehlartig.

SPORENPULVER *Rosa*
ZEIT *Frühjahr*
VORKOMMEN *Weit verbreitet, aber nicht überall häufig*
WERT *Ungenießbar*
ÄHNLICHE ARTEN *Mairitterling (S. 23): Lamellen und Sporen weiß; Dunkler Aprilrötling* (E. aprile)*: schlanker, v. a. in Hartholzauen*

Einzeln oder in kleinen Gruppen auf Baumstümpfen und Holzresten in Laub- und Nadelwäldern

Breitblättriger Rübling

Megacollybia platyphylla (Tricholomataceae)

Der sehr häufige, graue bis braune Pilz hat auffallende weiße Rhizomorphen (Myzelstränge) an der Stielbasis. Der flache, leicht gebuckelte Hut ist grob radialfaserig und hat einen dünnen, oft radial einreißenden Rand. Der längsfaserige, hellgraue bis blassbraune Stiel ist im Alter oft hohl. Die entferntstehenden Lamellen sind weiß.

SPORENPULVER *Blass cremefarben*
ZEIT *Frühsommer bis Herbst*
VORKOMMEN *Verbreitet, sehr häufig*
WERT *Ungenießbar*
ÄHNLICHE ARTEN *Wurzel-Schleimrübling (S. 56): Stiel viel schlanker, wurzelnd; Rehbrauner Dachpilz (S. 72): Sporen und reife Lamellen rosa*

Grauer Tintling (Faltentintling)

Coprinus atramentarius (Coprinaceae)

In dichten Büscheln an humus- und/oder stickstoffreichen Stellen in Wäldern, Parks und Gärten, oft an oder in der Nähe von totem Holz

Der Pilz ist essbar, kann jedoch zusammen mit Alkohol – auch in kosmetischen Präparaten – Vergiftungserscheinungen wie Übelkeit und Herzrasen hervorrufen, und zwar selbst dann noch, wenn der Alkohol erst mehrere Tage nach dem Pilzgericht aufgenommen wird. Der Graue Tintling hat einen eiförmigen, grauen bis graubraunen Hut mit rotbrauner Mitte und eine glatte, radialfaltige Oberfläche. Im Alter schirmt der Hut leicht auf, reißt stellenweise radial ein und verflüssigt sich vom Rand her. Der röhrig-hohle Stiel ist silbrigweiß und hat eine Ringzone. Die Stielbasis ist mit rotbraunen Fasern besetzt. Die freien, engstehenden Lamellen sind vor der Verflüssigung graulich bis rosa und haben hellere Schneiden.

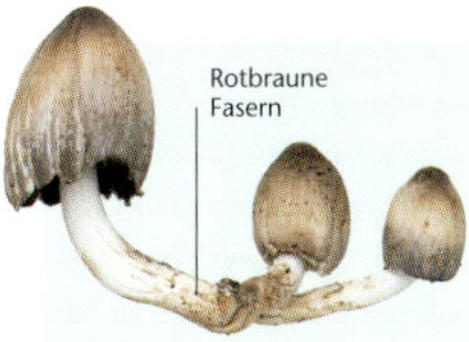

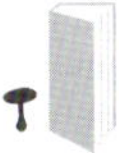

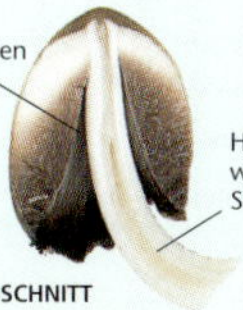

LÄNGSSCHNITT

SPORENPULVER *Schwarz*
ZEIT *Frühjahr bis Herbst*
VORKOMMEN *In Mitteleuropa weit verbreitet und fast überall häufig*
WERT *Essbar mit Vorbehalt (s. o.)*
ÄHNLICHE ARTEN *Gebuckelter Faltentintling* (C. acuminatus): *mit deutlichem, brustwarzenförmigem Hutbuckel; Glimmertintling* (C. micaceus): *kleiner, mit glimmeriger Hutbekleidung.*

ANMERKUNG

Auf den Genuss von Faltentintlingen sollte man verzichten, wenn man innerhalb von zwei Tagen vor oder nach dem Gericht Alkohol konsumiert. In vielen Pilzbüchern gilt der Pilz deshalb als giftig.

Einzeln oder in kleinen Gruppen in humusreichen Laubwäldern, besonders unter Buchen, manchmal zwischen Holzabfällen

Spechttintling

Coprinus picaceus (Coprinaceae)

An seiner schwarzweißen, an ein Spechtgefieder erinnernden Hutschuppung ist dieser Tintling leicht zu erkennen. Der hohe, glockenförmige Hut ist auf schwarzbraunem Grund mit weißen Velumflocken gesprenkelt, die am Rand oft spärlicher sind. Die Mitte bleibt meist ganz weiß. Die jungen Lamellen sind weiß, schwärzen aber schnell und zerfließen schließlich.

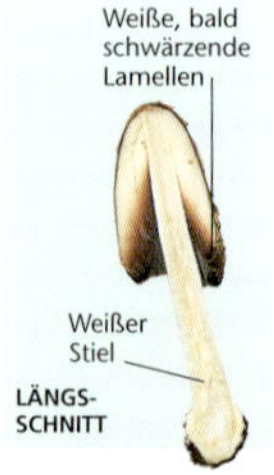

SPORENPULVER *Schwarz*
ZEIT *Meist erst im Herbst und Spätherbst*
VORKOMMEN *Weit verbreitet, aber meist nur zerstreut*
WERT *Giftig*
ÄHNLICHE ARTEN *Schopftintling (S. 39): Hut höher, mit aufgebogenen weißen Schuppen bedeckt*

Einzeln oder gesellig in der Laub- und Nadelstreu

Weißmilchender Helmling

Mycena galopus (Tricholomataceae)

Die Hüte dieses Helmlings können sehr unterschiedlich gefärbt sein, z.B. rein weiß *(M. galopus* var. *candida)* oder schwarz *(M. galopus* var. *nigra)*. Die graue Form hat eine dunklere Hutmitte mit einer weißen Stielspitze. Der Stiel der schwarzen Form ist völlig schwarz, während die weiße Form blass ist. Allen gemeinsam ist der weiße, milchartige Saft und ein leichter Rettichgeruch.

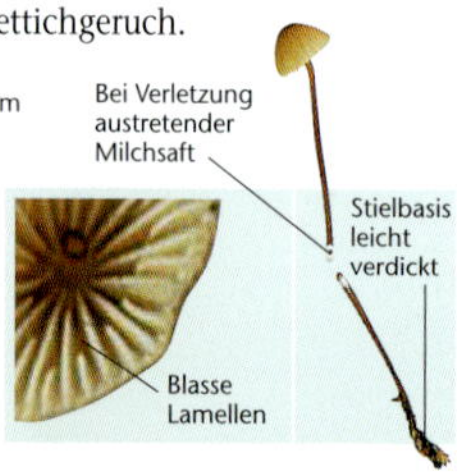

SPORENPULVER *Blass cremefarben*
ZEIT *Frühsommer bis Spätherbst*
VORKOMMEN *Die Normalform ist weit verbreitet und sehr häufig.*
WERT *Ungenießbar*
ÄHNLICHE ARTEN *Andere milchende Helmlinge (vgl. S. 112) haben einen gefärbten Milchsaft.*

Geselliger Rasling

Lyophyllum decastes (Tricholomaceae)

Der Gesellige Rasling bildet mit einigen Verwandten einen schwer zu trennenden Artenkomplex. Gemeinsam ist allen das büschelige Wachstum mit am Grunde oft verwachsenen Stielen. Der beigeockerfarbene bis graubraune Hut hat einen blassen Rand und bleibt auch nach dem Aufschirmen leicht gebuckelt. Die Huthaut ist abziehbar, das Fleisch elastisch.

Büschelig an Waldrändern, auf Wegen, in Parks und Gärten, oft in großer Zahl

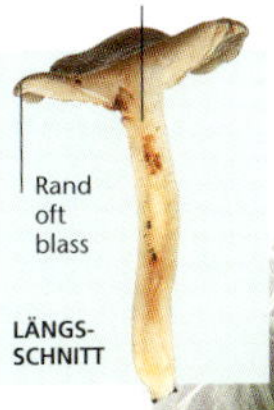

SPORENPULVER *Weiß*
ZEIT *Sommer bis Spätherbst*
VORKOMMEN *Weit verbreitet und häufig*
WERT *Essbar*
ÄHNLICHE ARTEN *Gepanzerter Rasling* (Lyophyllum loricatum): *mit sehr fester, knorpeliger Huthaut, die beim Durchbrechen vernehmbar knackt*

Graublättriger Erdritterling

Tricholoma terreum (Tricholomataceae)

Der trockene, grau- bis dunkelgraue Hut hat aufgrund seiner grob radialfaserigen Struktur einen fast seidenweißen Glanz. Der Hut ist anfangs konisch und in der Mitte gebuckelt, der Rand ist glatt. Die Lamellen und der Stiel sind blassgrau, das blasse Fleisch schmeckt mild.

Meist gesellig in Nadelwäldern, v.a. unter Kiefern, auf besseren Böden

SPORENPULVER *Weiß*
ZEIT *Sommer bis Spätherbst*
VORKOMMEN *In Nadelwäldern über Kalk ziemlich häufig, sonst nur zerstreut*
WERT *Essbar*
ÄHNLICHE ARTEN *Darf nicht mit dem giftigen Tigerritterling (S. 167) verwechselt werden*

Olivbrauner Milchling

Lactarius turpis (Russulaceae)

Einzeln, in Gruppen oder Ringen unter Birken und Fichten in Wäldern, Parks und Gärten

Der giftige Pilz hat einen »schmutzig« aussehenden dunkel olivgrünen bis fast schwarzbraunen Hut mit klebriger Mitte und faserig-filzigem Rand. Der glatte, alt meist hohle Stiel ist ähnlich gefärbt. Die blass cremefarbenen Lamellen sondern bei Verletzung eine weiße, scharfe Milch ab, die olivbraun eintrocknet.

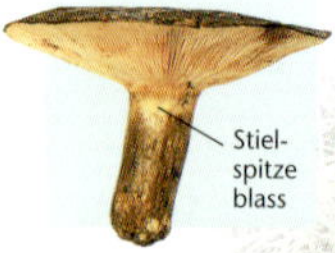

SPORENPULVER *Cremegelblich*
ZEIT *Sommer bis Spätherbst*
VORKOMMEN *Einer der häufigsten Milchlinge in feuchten Nadelwäldern*
WERT *Giftig*
ÄHNLICHE ARTEN *Graugrüner Milchling (S. 164): Hut deutlich gezont, glatt, unter Buchen*

Camembert-Täubling

Russula amoenolens (Russulaceae)

Einzeln oder in kleinen Gruppen unter Laubbäumen, v. a. Eichen, gern in Parks und Alleen

Der Pilz gehört zu einer Gruppe sehr ähnlich aussehender Täublinge. Der dunkel sepiabraune Hut ist leicht klebrig und am Rand deutlich gerieft. Die Lamellen sind oft rostfleckig, das Fleisch schmeckt scharf und hat einen säuerlichen, leicht fischigen Geruch wie reifer Camembert. Der Stiel ist oben blass und unten rötlichbraun.

SPORENPULVER *Creme bis blassocker*
ZEIT *Frühsommer bis Herbst*
VORKOMMEN *In Nord- und Westdeutschland häufig, über Kalk im Süden seltener*
WERT *Ungenießbar*
ÄHNLICHE ARTEN *Kratzender Kammtäubling* (R. pectinatoides)*: Hut gelbbraun; Großer Kammtäubling* (R. sororia)*: größer*

Weißflockiger Gürtelfuß

Cortinarius hemitrichus (Cortinariaceae)

Der kleine Schleierling hat einen spitzgebuckelten graubraunen Hut, der über und über mit weißen Velumresten gesprenkelt ist. Der silbrig-weiße Stiel ist gebändert, hat eine undeutliche Ringzone und wird im Alter bräunlich; jung kann er an der Spitze auch lila getönt sein. Die Lamellen sind jung violettgrau und im Alter braun. Das Fleisch ist dünn und geruchlos.

Einzeln oder in kleinen Gruppen auf dem Erdboden unter Birken, seltener auch unter Nadelbäumen

SPORENPULVER *Rostbraun*
ZEIT *Sommer bis Herbst*
VORKOMMEN *In Deutschland zerstreut*
WERT *Ungenießbar*
ÄHNLICHE ARTEN *Duftender Gürtelfuß* (C. paleaceus): *mit starkem Geruch nach Geranien; andere verwandte Arten können nur mikroskopisch unterschieden werden.*

Mohrenkopf

Lactarius lignyotus (Russulaceae)

Der Milchling hat einen sehr dunklen rußbraunen bis schwarzen, feinsamtigen Hut und Stiel. Der Hut ist in der Mitte leicht vertieft und mit einem kleinen spitzen Buckel versehen; der Rand ist eingerollt. Die Lamellen laufen rillig am Stiel herab und sind im Alter von eintrocknenden Milchtropfen lachsfarben gefleckt. Die milde weiße Milch verfärbt sich langsam rosa.

Einzeln oder gesellig in Nadelwäldern, v.a. unter Fichte und Tanne

SPORENPULVER *Hellocker*
ZEIT *Spätsommer bis Herbst*
VORKOMMEN *In Gebirgsnadelwäldern verbreitet, sonst selten oder fehlend*
WERT *Essbar*
ÄHNLICHE ARTEN *Rußbrauner Milchling (S. 57); Rosaanlaufender Milchling* (L. acris): *Milch binnen Sekunden rosa verfärbend*

In Laub- und Nadelwäldern, v.a. bei Fichten, Kiefern, Buchen, Eichen und Birken, oft in Reihen und Ringen und sogar in kleinen Büscheln

Semmelstoppelpilz

Hydnum repandum (Hydnaceae)

Dieser hochgeschätzte, häufige Speisepilz hat auf der Hutunterseite bleiche, spröde Stacheln, die sich leicht abstreifen lassen. Der Hut ist alt meist etwas niedergedrückt und der Rand eingerollt. Oft ist der Hut auch unregelmäßig gelappt. Die Oberfläche ist trocken bis feinfilzig, blass cremefarben bis rosaockerlich. Der Stiel ist meist blasser als der Hut und ziemlich glatt; er kann gelegentlich auch exzentrisch sein. Das weißliche Fleisch ist ziemlich fest und im Alter bisweilen rosa überhaucht. Alte Exemplare schmekken oft bitterlich, weshalb man beim Sammeln junge Fruchtkörper bevorzugen sollte. Ein besonderer Geruch ist nicht festzustellen.

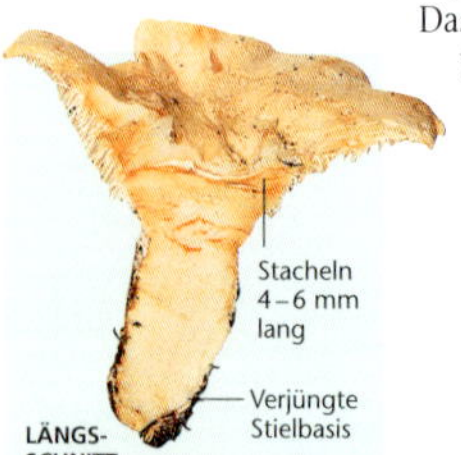

LÄNGSSCHNITT

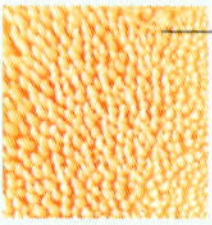

HUTUNTERSEITE

ANMERKUNG

Stoppelpilze (Hydnum) *unterscheiden sich von den Stachelingen* (Phellodon, Bankera, Hydnellum) *durch ihre fleischigen und brüchigen, aber nicht zähen Fruchtkörper. Ein Längsschnitt durch das Fleisch schafft aber Klarheit. Semmelstoppelpilzen fehlt ein besonderer Geruch und eine auffällige Fleischverfärbung.*

SPORENPULVER *Weiß*
ZEIT *Sommer bis Herbst*
VORKOMMEN *In Mitteleuropa v.a. in Buchenwäldern ziemlich häufig*
WERT *Jung guter Speisepilz*
ÄHNLICHE ARTEN *Rötender Stoppelpilz* (Hydnum rufescens): *ebenfalls essbar, aber kleiner und mehr orangefarben bis rötlich; Korkstachelinge* (Phellodon, Bankera, Sarcodon, Hydnellum) *haben ebenfalls Stacheln, sind aber lederig-zäh oder korkig.*

Zusammenfließender Duftstacheling

Phellodon confluens (Bankeraceae)

Der Hut dieses Pilzes ist ockerlich bis graubraun, der Rand meist weißlich, wobei sich die Farben oft mischen. Eine deutliche Zonung fehlt. Der sehr unregelmäßig geformte Hut verwächst rasch mit den Hüten benachbarter Fruchtkörper. Die Stacheln auf der Hutunterseite sind anfangs weißlich und werden später graubraun. Riecht getrocknet stark nach Currypulver.

In Gruppen, oft eng miteinander verwachsen in alten Buchen-, Eichen- und Kastanienwäldern, seltener auch im Nadelwald

SPORENPULVER *Weiß*
ZEIT *Meist erst im Herbst*
VORKOMMEN *Sehr selten, durch Umweltbeeinträchtigungen stark rückläufig*
WERT *Ungenießbar*
ÄHNLICHE ARTEN *Andere Duftstachelinge sind dunkler oder haben gezonte Hüte.* Hydnellum*-Arten haben braune Sporen.*

Ohrlöffel-Stacheling

Auriscalpium vulgare (Auriscalpiaceae)

Eine unverwechselbare Art, die aber nicht leicht zu finden ist. Der kleine Pilz hat einen nierenförmigen, oberseits haarigen bis filzigen rotbraunen Hut, dessen Rand jung blasser ist. Auf der Hutunterseite trägt er bis 3 mm lange, zugespitzte grauliche, Stacheln. Der dunkelbraune Stiel ist samtig-filzig, das Fleisch zäh und lederig.

Auf abgefallenen, oft schon im Boden vergrabenen Kiefernzapfen, sehr selten an Fichtenzapfen

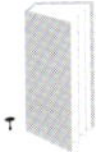

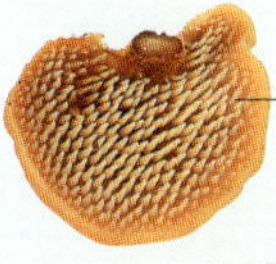

SPORENPULVER *Weiß*
ZEIT *Ganzjährig*
VORKOMMEN *Folgt der Kiefer*
WERT *Ungenießbar*
ÄHNLICHE ARTEN *Auf Kiefernzapfen wachsen auch kleine Lamellenpilze wie der Mäuseschwanz* (Baeospora myosura) *und Zapfenrüblinge* (Strobilurus).

Einzeln oder in kleinen Gruppen in naturnahen Nadelwäldern, v.a. unter Kiefern und Fichten

Habichtspilz

Sarcodon imbricatus (Bankeraceae)

Der Habichtspilz ist gut durch die aufgerichteten dunkelbraunen Hutschuppen gekennzeichnet, die sich deutlich vom weißlichen Untergrund abheben. Die Stacheln auf der Unterseite sind blassbraun wie der Stiel. Anders als Stachelinge aus den Gattungen *Hydnellum* und *Phellodon* verwachsen die Fruchtkörper von *Sarcodon* nicht miteinander.

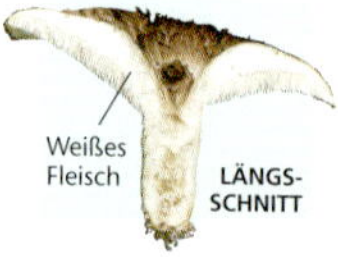

SPORENPULVER *Braun*
ZEIT *Spätsommer bis Herbst*
VORKOMMEN *In Nadelwaldgebieten regional noch ziemlich häufig*
WERT *Jung essbar*
ÄHNLICHE ARTEN *Gallenstacheling* (Sarcodon scabrosus): *Fleisch gallebitter, Stielbasis mit blaugrünen Tönen*

Auf dem Erdboden in der Streuschicht trockener Kiefernwälder, die auf Sandboden wachsen

Schmutziger Stacheling

Bankera fuligineoalba (Bankeraceae)

Der jung blass cremefarbene, später bräunliche bis rosabräunliche, am Rande unregelmäßig gewellte oder gelappte Hut ist oft mit Kiefernnadeln und Humus bedeckt. Die weißen bis grauen Stacheln auf der Unterseite können bis 5 mm lang werden. Der Stiel ist oben blass und zur Basis hin braun; er kann exzentrisch ansitzen und ist kurz und kräftig. Getrocknet riecht das Fleisch nach Maggiwürze.

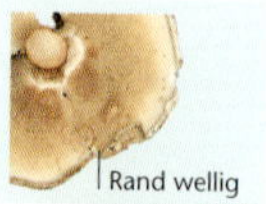

SPORENPULVER *Weiß*
ZEIT *Meist erst im Herbst*
VORKOMMEN *In Deutschland sehr selten, vom Aussterben bedroht*
WERT *Ungenießbar*
ÄHNLICHE ARTEN *Semmelstoppelpilz (S. 180): blasser, einfarbig, Fleisch weicher; essbar*

Gezonter Korkstacheling

Hydnellum concrescens (Bankeraceae)

Der Pilz wächst oft in großen, miteinander verwachsenen Gruppen. Der unregelmäßig höckerige Hut ist rötlichbraun gezont; die Stacheln auf der Unterseite sind ähnlich gefärbt. Der Rand des jungen Hutes ist weißlich. Der Stiel ist ebenfalls rötlichbraun. Alle Teile des Pilzes neigen zur Schwärzung. Er ähnelt der Schmetterlingstramete (S. 222) und anderen Porlingen, die unten keine Stacheln, sondern Poren haben.

Meist zu mehreren in Gruppen, oft eng miteinander verwachsen in älteren Laub- und Nadelwäldern

SPORENPULVER *Braun*
ZEIT *Sommer bis Spätherbst*
VORKOMMEN *In Deutschland sehr zerstreut, vielerorts rückläufig*
WERT *Ungenießbar*
ÄHNLICHE ARTEN *Grubiger Korkstacheling* (Hydnellum scrobiculatum): *Farben eher diffus, nur mikroskopisch sicher trennbar*

Zitterzahn

Pseudohydnum gelatinosum (Exidiaceae)

Der Pilz sieht auf den ersten Blick einem Porling ähnlich. Er hat einen kurzen, meist seitlich ansitzenden Stiel und verhältnismäßig festes, wenngleich gallertiges Fleisch. Die flaumige bis raue Hutoberfläche ist jung weißlich und dunkelt im Alter graubraun nach. Die Unterseite ist mit weichen, gelatinösen Stacheln besetzt. Der Fruchtkörper ist fast durchsichtig.

An toten Stämmen und Stümpfen von Nadelbäumen

SPORENPULVER *Weiß*
ZEIT *Spätsommer bis Spätherbst*
VORKOMMEN *In Nadelwaldgebieten, besonders im Gebirge, ziemlich häufig*
WERT *Essbar*
ÄHNLICHE ARTEN *Kaum verwechselbar. Das Judasohr (S. 235) hat eine ähnliche Konsistenz, aber keine Stacheln.*

In kleinen Gruppen in naturnahen Kiefern- und Fichtenwäldern auf sauren, sandigen Böden, oft an Böschungen und anderen gestörten Stellen

Blauer Korkstacheling

Hydnellum caeruleum (Bankeraceae)

Die Art gehört zu den auffallendsten Stachelpilzen und ist – zumindest jung – an dem leuchtenden Blau oder Graublau des Hutes und der Stacheln auf der Unterseite zu erkennen. Aus einem rundlichen Initialfruchtkörper entwickelt sich der feinsamtige, alt sehr unregelmäßige Hut, der wie alle anderen Arten der Gattung im weiteren Verlauf kleine Zweige und andere Pflanzen einschließt und mit den Hüten benachbarter Fruchtkörper verwächst. Alte Exemplare verkahlen und haben kurze weiße Stacheln, die zunächst grauen und später bräunen. Der Stiel ist zunächst orangebraun, das Fleisch im Hut blaugrau und im Stiel orangebraun. Im Längsschnitt ist das Fleisch gezont und riecht mehlartig.

ANMERKUNG

Korkstachelinge reagieren sehr empfindlich auf Luftschadstoffe und sauren Regen. Sie gehören daher zu den gefährdetsten Pilzgruppen Europas.

SPORENPULVER *Braun*
ZEIT *Meist erst im Herbst*
VORKOMMEN *Wie alle Korkstachelinge sehr selten, durch Umweltschadstoffe vom Aussterben bedroht, nur im Gebirge lokal noch verbreitet*
WERT *Ungenießbar*
ÄHNLICHE ARTEN *Wohlriechender Korkstacheling* (H. suaveolens): *im Stiel blau, mit deutlichem Anisgeruch, ebenfalls sehr selten. Anderen Stachelingen fehlen die Blautöne und das Fleisch ist meist dünner.*

Gilbender Schafporling

Albatrellus ovinus (Albatrellaceae)

Der fleischige weißliche bis graubraune Pilz ist in Skandinavien als Speisepilz sehr beliebt, obwohl individuelle Unverträglichkeitsreaktionen bekannt geworden sind. Der oft leicht eingebogene, wellig-verbogene Hutrand erinnert in der Form an Schafshufe, daher der Name. Die häufig rissig-zerklüftete Oberfläche kann im Alter grünlich überhaucht sein, der kurze und recht kräftige grauliche Stiel ist oft exzentrisch angewachsen. Oberflächlich erinnert die Art an einen Lamellenpilz, doch hat sie auf der Unterseite kleine Poren, die am Stiel herablaufen und an Druckstellen gilben. Das Fleisch des Schafporlings ist fest und weiß.

Gesellig und oft in großer Zahl auf dem Erdboden in Nadelwäldern, gern an moosreichen Stellen unter Fichten

ANMERKUNG

Gestielte, bodenbewohnende Porlinge erkennt man daran, dass sie auf der Hutunterseite statt Lamellen oder Stacheln kleine Poren tragen.

SPORENPULVER *Weiß*
ZEIT *Sommer bis Herbst*
VORKOMMEN *In süddeutschen Bergwäldern verbreitet, sonst selten oder fehlend*
WERT *Essbar, wird aber nicht von jedem vertragen*
ÄHNLICHE ARTEN *Rötender Schafporling* (Albatrellus subrubescens): *Stiel orangerötlich fleckend, meist bei Kiefern; Semmelporling* (Albatrellus confluens): *Hut orange-ockerlich, nicht gilbend, selten*

Weißlicher Birkenpilz

Leccinum holopus (Boletaceae)

Einzeln oder in kleinen Gruppen in feuchten, moosreichen Wäldern, v.a. in Mooren und Heiden, an die Birke gebunden

Durch ihre helle Farbe ist diese Art von anderen Röhrlingen unterschieden. Sie hat einen weißen Hut mit im Alter etwas gewellter Oberfläche, weiches Fleisch und weißliche Stielschuppen. Alte Fruchtkörper können, v.a. auf dem Hut und an der Stielbasis, blassgrün verfärben. Das weiße Fleisch verfärbt sich im Schnitt nicht.

SPORENPULVER *Zimtockerbraun*
ZEIT *Sommer bis Spätherbst*
VORKOMMEN *Ortshäufig, aber nicht leicht von nahestehenden Arten zu unterscheiden*
WERT *Essbar*
ÄHNLICHE ARTEN *Andere Birkenröhrlinge haben verfärbendes Fleisch und andere mikroskopische Merkmale.*

Wurzelnder Bitterröhrling

Boletus radicans (Boletaceae)

Einzeln oder in kleinen Gruppen unter Laubbäumen auf tonigen, kalkhaltigen Böden

Der große Röhrling hat einen polsterförmigen, blass cremefarbenen bis beigegrauen Hut, dessen wildlederartige Oberfläche manchmal rissig aufspringt. Die gelben Poren blauen auf Druck und werden im Alter schmutzig grünlich. Der kräftige, kurze Stiel ist im mittleren Bereich oft rot überlaufen und mit einem feinen gelben Netz bedeckt. Die Stielbasis ist zugespitzt. Das bittere Fleisch blaut im Schnitt, die Verfärbung verblasst aber nach einigen Minuten wieder.

SPORENPULVER *Olivbraun*
ZEIT *Sommer bis Herbst*
VORKOMMEN *In Kalkgebieten weit verbreitet, besonders in wärmeren Regionen*
WERT *Ungenießbar*
ÄHNLICHE ARTEN *Satanspilz: mit roten Poren und rotem Stielnetz; Fahler Röhrling* (B. impolitus): *ohne Stielnetz, mit Jodgeruch*

Satansröhrling (Satanspilz)

Boletus satanas (Boletaceae)

Der auffällige Giftpilz kann schwere Störungen im Magen- und Darmtrakt auslösen. Er hat einen großen, polsterförmigen, manchmal etwas klebrigen Hut mit wildlederartiger, weißlicher bis blassgrauer oder sogar graugrüner Oberfläche. Die jungen Poren sind gelb, verfärben sich aber sehr schnell blutrot, nur am Rand bleiben sie lange orangegelb. Der gewöhnlich sehr dicke und kräftige Stiel ist oben gelb, darunter rötlich und mit einem feinen blutroten Netz überzogen. Das dicke, creme- bis strohgelbe Fleisch und die Poren blauen nur schwach. Der Satanspilz riecht jung würzig, im Alter aber sehr unangenehm nach verfaulendem Fleisch. Bei Trockenheit sind die Fruchtkörper oft sehr langlebig.

Einzeln oder in kleinen Gruppen an warmen, oft südgeneigten Standorten unter Laubbäumen, v.a. Buchen und Eichen, über Kalk

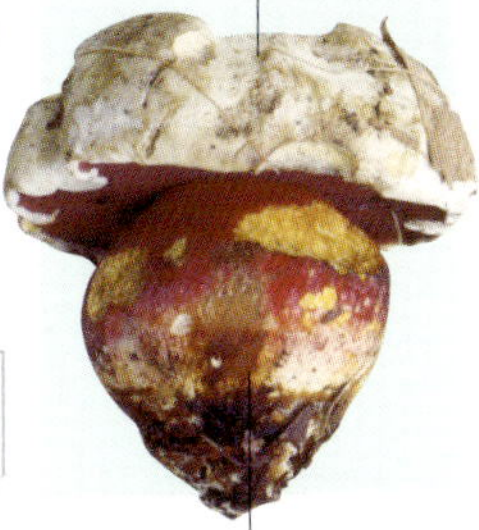

ANMERKUNG

Die Farbe des Stielnetzes überprüft man am besten mit Hilfe einer Lupe. Im Schnitt wird die Fleischverfärbung sichtbar; sie kann bei Trockenheit verzögert eintreten.

SPORENPULVER *Olivbraun*
ZEIT *Sommer bis Frühherbst*
VORKOMMEN *Selten, nur in Kalkgebieten*
WERT *Giftig*
ÄHNLICHE ARTEN *Wurzelnder Bitterröhrling (links): Netz gelb; Hexenröhrlinge (S. 195–197) haben schnell blauendes Fleisch und dunklere Hüte, sie sind – bis auf den Glattstieligen – viel häufiger und gut gekocht essbar.*

Erlengrübling

Nur unter Erlen in Bruch-, Moor- und Auwäldern

Gyrodon lividus (Boletaceae)

Dieser Röhrling wächst ausschließlich unter Erlen. Er ist an seinen herablaufenden gelblichen Röhren zu erkennen. Der schmierige, jung blassgelbe und später gelbbraune Hut hat einen eingerollten Rand. Der Stiel ist unten leicht zugespitzt und auf gelbem Grund rotbräunlich überlaufen. Das blasse Fleisch und die Röhren blauen im Schnitt intensiv.

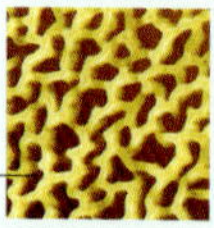

POREN

SPORENPULVER *Braun*
ZEIT *Sommer bis Herbst*
VORKOMMEN *In Süddeutschland stellenweise nicht selten, sonst sehr zerstreut*
WERT *Essbar*
ÄHNLICHE ARTEN *Erlenkrempling* (Paxillus rubicundulus): *oft an den gleichen Standorten, von oben ähnlich, aber mit Lamellen*

Schönfußröhrling

Einzeln oder in kleinen Gruppen in Laub- und Nadelwäldern auf sauren Böden, v.a. unter Buchen und Fichten

Boletus calopus (Boletaceae)

Der große, farbenfrohe Röhrling hat einen gewölbten, cremefarbenen, oft auch stellenweise ockerbraunen oder olivgrünen Hut, dessen feinfilzige Oberfläche bei Trockenheit oft rissig aufplatzt. Die Poren sind lebhaft gelb, nehmen im Alter einen olivfarbenen Ton an und blauen auf Druck wie das blasse, bittere Fleisch. Der satt karminrote Stiel ist an der Spitze gelb und mit einem feinen gelben Netz überzogen, das zur Basis hin dunkler wird.

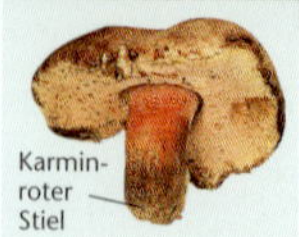

SPORENPULVER *Olivbraun*
ZEIT *Sommer bis Spätherbst*
VORKOMMEN *In Gebieten mit sauren Böden weit verbreitet, sonst eher selten*
WERT *Ungenießbar*
ÄHNLICHE ARTEN *Wurzelnder Bitterröhrling (S. 186): Stiel gelb; Silberröhrling* (Boletus fechtneri): *Fleisch mild; auf Kalk.*

Schuppiger Porling

Polyporus squamosus (Polyporaceae)

Der Schuppige Porling macht im Laufe seines kurzen Lebens einen bemerkenswerten Gestaltwandel durch. Zunächst erscheint ein großer, rundlicher, brauner Klumpen mit abgeflachtem Scheitel an dem befallenen Holz. Der Fruchtkörper breitet sich rasch aus und formt kreis- oder nierenförmige Hüte mit einem kurzen, dicken Stiel, sodass die Art wie eine Mischung aus Hutpilz und konsolenförmigem Porling aussieht. Die blassbraune Oberfläche ist mit zahlreichen angedrückten, dunkelbraunen Schuppen bedeckt; die Unterseite besteht aus großen, nahezu wabenförmigen Poren. Der zähe, fast holzige Stiel ist dunkelbraun oder schwarz, das weiße Fleisch riecht jung kräftig nach Mehl.

An toten, stehenden oder liegenden Laubholzstämmen in Wäldern, Parks und Gärten; nicht selten auch in Stammwunden noch lebender Bäume

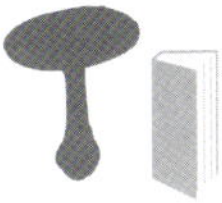

LÄNGSSCHNITT

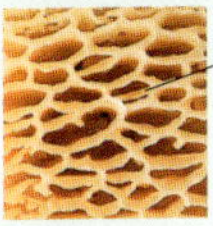

POREN

SPORENPULVER *Weiß*
ZEIT *Frühjahr bis Herbst*
VORKOMMEN *In Mitteleuropa weit verbreitet und vielerorts häufig*
WERT *Jung essbar*
ÄHNLICHE ARTEN *Sklerotienporling* (Polyporus tuberaster): *Dieser Pilz mit fransigem Hutrand und faserigen Hutschuppen ist kleiner und kommt auf am Boden liegenden Ästen vor.*

ANMERKUNG

Die meisten großen Porlinge sind mehrjährig und holzartig-hart. Einige wenige wie der Schuppige Porling sind dagegen weichfleischig, schnellwüchsig und einjährig.

Einzeln oder in Scharen in Kiefernwäldern, oft in Heiden oder Mooren, auf sandigen oder torfigen Böden

Sandröhrling

Suillus variegatus (Gomphidiaceae)

Wie alle Röhrlinge der Gattung *Suillus* lebt der Pilz in Symbiose mit Nadelbäumen. Seine orange- bis gelbbraune Huthaut ist trocken und feinfilzig. Die kleinen Röhren und Poren sind braun bis olivbraun und blauen auf Druck. Der relativ lange Stiel ist braun, stellenweise oliv oder rötlich überlaufen. Das zitronengelbe Fleisch blaut im Schnitt.

SPORENPULVER *Braun*
ZEIT *Sommer bis Spätherbst*
VORKOMMEN *In Kiefernwäldern, auf sauren Böden häufig*
WERT *Guter Speisepilz*
ÄHNLICHE ARTEN *Schmerling (S. 201): kleiner, mit glattem, schmierigem, orangebraunem Hut und blassgelbem Stiel*

Einzeln oder in kleinen Gruppen in Kiefernwäldern

Kiefernrotkappe

Leccinum vulpinum (Boletaceae)

Die Art *L. vulpinum* ist an die Kiefer gebunden. Der halbkugelig gewölbte Hut hat eine dunkle, fuchsrote bis kastanienbraune, feinfilzige Oberfläche. Die Huthaut steht am Rand leicht über. Die Poren sind graugelblich. Der kräftige, zylindrische Stiel ist mit dunkel rotbraunen Schuppen besetzt, das weißliche Fleisch verfärbt sich im Schnitt grauviolett und später schwärzlich.

SPORENPULVER *Braun*
ZEIT *Sommer bis Spätherbst*
VORKOMMEN *In Nordeuropa verbreitet, in Mitteleuropa meist nur zerstreut*
WERT *Guter Speisepilz*
ÄHNLICHE ARTEN *Eichenrotkappe (S. 205): bei Eichen; Espenrotkappe* (L. aurantiacum)*: Stielschuppen blass, bei Zitterpappeln*

Steinpilz

Boletus edulis (Boletaceae)

Der Steinpilz ist einer der beliebtesten Speisepilze Europas und kommt in verschiedenen Formen sowohl in Laub- als auch in Nadelwäldern vor. *B. edulis* im engeren Sinne ist der Fichtensteinpilz. Er kann – wie seine Verwandten – sehr groß und kräftig werden und hat einen gelb- bis dunkelbraunen Hut, der an frisch gebackenes Brot erinnert. Der im Normalfall bauchige Stiel ist im oberen Teil mit einem feinen weißen Adernetz überzogen. Die anfangs weißen Poren verfärben sich später zunächst gelblich und im Alter oliv. Das weiße Fleisch verfärbt sich im Schnitt nicht, riecht angenehm und schmeckt mild.

Meist unter Fichten in Wäldern auf sauren oder neutralen Böden, aber auch unter anderen Bäumen wie Tannen und Buchen

SPORENPULVER *Olivbraun*
ZEIT *Frühsommer bis Spätherbst*
VORKOMMEN *In Deutschland weit verbreitet und in manchen Jahren nach wie vor recht häufig*
WERT *Guter Speisepilz*
ÄHNLICHE ARTEN *Schwarzer Steinpilz* (Boletus aereus): *Hut schwarzbraun, Stielnetz dunkelbraun, wärmeliebende Art; Sommersteinpilz* (Boletus aestivalis): *Hut und Stiel hellbraun, Huthaut trocken, rau*

ANMERKUNG

Bei der Zubereitung achte man auf Madenfraßgänge und mögliche gelbe Flecken, die von Parasiten hervorgerufen worden sein können. Die befallenen Stellen können herausgeschnitten werden.

Einzeln oder gesellig in Laub- und Nadelwäldern auf sauren Böden

Gallenröhrling

Tylopilus felleus (Boletaceae)

Es gibt einige Röhrlinge mit sehr bitterem Geschmack, die zwar nicht giftig, aber völlig ungenießbar sind. Einer von ihnen ist der Gallenröhrling, der, versehentlich ins Pilzgericht geraten, die ganze Mahlzeit verderben kann. Er hat aber einige gute Kennzeichen: Sowohl der polsterförmige, trocken-raue Hut als auch der Stiel sind hell ockerbräunlich bis gelbbraun gefärbt. Röhren und Poren sind anfangs weiß bis blass cremefarben, verfärben sich aber bei der Reife rosa und dunkeln an Druckstellen etwas nach. Der Stiel ist fast auf ganzer Länge mit einer erhabenen Netzzeichnung überzogen. Das weiße Fleisch verändert sich im Schnitt nicht.

ANMERKUNG

Bei Röhrlingen sollte man daran denken, dass sich die Porenfarbe im Laufe der Entwicklung verändern kann. Schneiden Sie immer einen Fruchtkörper durch, um festzustellen, ob sich das Fleisch verfärbt.

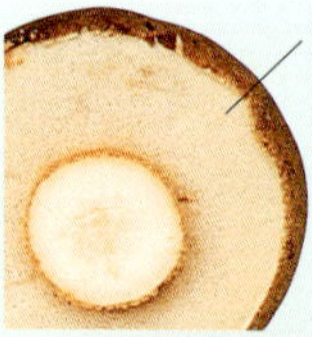

SPORENPULVER *Rosa*
ZEIT *Sommer bis Spätherbst*
VORKOMMEN *In Gebieten mit Nadelwäldern auf sauren Böden häufig, vor allem in kühlen und nassen Jahren*
WERT *Ungenießbar*
ÄHNLICHE ARTEN *Junge Steinpilze (S. 191) können täuschend ähnlich sehen, haben reif aber gelbe bis olivgrüne Poren und schmecken mild.*

Meist in Gruppen oder Scharen in Laub- und Nadelwäldern, vor allem unter Fichten auf sauren Böden

Maronenröhrling

Boletus badius (Boletaceae)

Der beliebte Speisepilz hat einen anfangs polsterförmig gewölbten, aber bald verflachenden rot- bis dunkelbraunen (in manchen Formen sogar hell orangebraunen) Hut, der bei Trockenheit feinfilzig oder samtig ist, bei Feuchtigkeit aber auch recht schmierig sein kann. Röhren und Poren sind zunächst blass cremeweiß und verfärben sich im Alter gelb- bis olivgrün. Der meist zylindrische Stiel ist wie der Hut gefärbt, wenn auch etwas blasser, und weist eine undeutliche braune Längsstreifung, aber keine Netzzeichnung auf. Das weißliche Fleisch, die Röhren und die Poren blauen im Schnitt.

LÄNGS-SCHNITT

SPORENPULVER *Braun*
ZEIT *Frühsommer bis Spätherbst*
VORKOMMEN *In Mitteleuropa weit verbreitet; einer der häufigsten Röhrlinge*
WERT *Guter Speisepilz, regional aber radioaktiv belastet (Tschernobyl-Folge)*
ÄHNLICHE ARTEN *Brauner Filzröhrling* (Boletus ferrugineus): *kleiner, weichfleischiger Hut braun bis grünlichbraun, Hut samtig-filzig*

ANMERKUNG

Das Vorhandensein oder Fehlen einer netzartigen Zeichnung auf dem Stiel ist ein wichtiges Bestimmungsmerkmal bei den Röhrlingen. Sehen Sie sich vor allem die Stielspitze unterhalb der Röhren an.

Meist in Scharen in Kiefernwäldern auf sandigen Böden

Butterpilz

Suillus luteus (Gomphidiaceae)

Wie alle Röhrlinge der Gattung *Suillus* lebt die Art in Symbiose mit Nadelbäumen, hier mit der Waldkiefer oder Föhre. Der Butterpilz hat einen flach gewölbten, purpurbraunen Hut, dessen schmierig-schleimige Oberhaut sich leicht abziehen lässt. Der kräftige Stiel hat einen breiten, hängenden Ring, der beim jungen Pilz als Teilhülle die Poren bedeckt. Über dem Ring ist der Stiel dunkel punktiert, darunter ist er lilabraun, ebenso wie die Unterseite des Rings. Die Poren sind gelb, die Röhren kurz. Das Fleisch ist blassgelb und verfärbt sich im Schnitt nicht.

SPORENPULVER *Braun*
ZEIT *Sommer bis Herbst*
VORKOMMEN *In Kiefernwäldern auf sauren Böden verbreitet; wird in Kalkgebieten vom Schmerling (S. 201) ersetzt*
WERT *Essbar mit Vorbehalt, da Unverträglichkeitsreaktionen bekannt geworden sind; die Huthaut sollte auf jeden Fall abgezogen werden.*
ÄHNLICHE ARTEN *Ringloser Butterpilz* (Suillus collinitus): *ockerbraun, Myzel und Stielbasis rosa; ohne Ring*

ANMERKUNG

Schmierröhrlinge (Suillus) *sind beliebte Speisepilze, haben aber auch schon Magen-Darm-Probleme verursacht. Man sollte deshalb von allen Pilzen, die man zum ersten Mal verspeist, nur wenig probieren.*

Flockenstieliger Hexenröhrling ☠

Boletus luridiformis (Boletaceae)

In Laub- und Nadelwäldern und an deren Rändern; bildet Mykorrhizen mit Eichen, Buchen und Nadelbäumen

Wie bei einigen anderen Arten der Gattung *Boletus* verfärbt sich der oft recht große und schwere Fruchtkörper im Schnitt und an Druckstellen schnell dunkelblau. Der polsterförmige, samtige dunkelbraune Hut wird im Alter etwas blasser, doch ist der Rand manchmal orangegelb gesäumt. Der Stiel ist gelb, erscheint jedoch orangerot, da er mit zahlreichen roten Punkten übersät ist, die man nur unter der Lupe erkennen kann. Fleisch und Röhren sind hellgelb bis oliv, laufen aber im Schnitt sofort tiefblau an. Die Poren sind blutrot und werden im Alter orange.

Der Speisewert wird in Europa regional unterschiedlich beurteilt; roh und ungenügend gekocht ist der Pilz giftig und kann Magenbeschwerden hervorrufen.

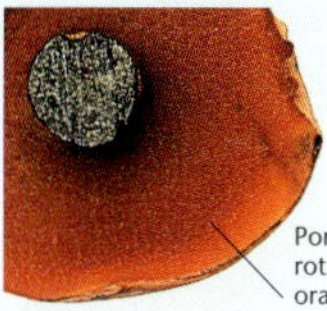

SPORENPULVER *Olivbraun*
ZEIT *Frühjahr bis Herbst, einer der frühesten Röhrlinge im Jahr*
VORKOMMEN *In Mitteleuropa weit verbreitet und stellenweise häufig*
WERT *Gut gekocht essbar, roh giftig*
ÄHNLICHE ARTEN *Schwarzblauender Röhrling (S. 196): Poren gelb, noch schnellere Blauung; Netzstieliger Hexenröhrling (S. 196): Stiel mit Netzzeichnung, Röhrenboden orange*

ANMERKUNG

Die starke Blauung im Schnitt, das Fehlen einer orangefarbenen Linie über den Röhren und der fein punktierte Stiel sind charakteristisch.

Schwarzblauender Röhrling

In Laub- und Nadelwäldern, gern unter Eichen, Buchen und Fichten, oft an Wegrändern und Böschungen auf nährstoffreichen Böden

Boletus pulverulentus (Boletaceae)

Der Hut dieses Röhrlings ist dunkelrot bis gelbbraun, die Oberfläche feinfilzig bis glatt. Die Poren sind blassgelb, der Stiel ist oben gelb und unten rotbraun. Der Pilz lässt sich leicht an der sehr schnellen tiefblauen Verfärbung des Fleisches im Schnitt und bei Berührung erkennen.

SPORENPULVER *Braun*
ZEIT *Sommer bis Herbst*
VORKOMMEN *In Mitteleuropa unregelmäßig verbreitet, ortshäufig*
WERT *Essbar*
ÄHNLICHE ARTEN *Hexenröhrlinge (S. 195 und unten) blauen ebenfalls schnell, haben aber rote Poren.*

Netzstieliger Hexenröhrling ☠

In Laubwäldern besonders unter Buche, Linde, Birke und Eiche auf Kalkböden, auch unter Einzelbäumen in Parks

Boletus luridus (Boletaceae)

Eine sehr schöne und sehr variable Art. Die Hutfarbe schwankt zwischen gelborange, oliv und dunkelbraun mit rosa- bis aprikosenfarbenen Schattierungen. Die Poren sind orange bis rot und blauen auf Druck schnell. Der keulige Stiel ist gelb bis aprikosenfarben und mit einem feinen, erhabenen Netz überzogen. Das Fleisch ist bis auf die dunkelrötliche Stielbasis gelblich und blaut im Schnitt stark.

SPORENPULVER *Braun*
ZEIT *Frühsommer bis Herbst*
VORKOMMEN *Auf Kalkböden einer der häufigsten Röhrlinge in Mitteleuropa*
WERT *Gut gekocht essbar, roh giftig*
ÄHNLICHE ARTEN *Glattstieliger Hexenröhrling (rechts): Stiel glatt, ohne Netzzeichnung, sehr selten*

Rotfußröhrling

Boletus chrysenteron (Boletaceae)

Die olivbraune Huthaut älterer Exemplare platzt oft rissig auf, sodass das hellere, in den Rissen rötende Fleisch sichtbar wird. Die eckigen Poren sind gelb bis trüboliv, das Fleisch weiß bis blassgelb. Der schlanke Stiel ist oben gelblich und nach unten zu rot und längsfaserig gestreift. Stiel, Poren und Fleisch können leicht blauen.

In Laub- und Nadelwäldern auf unterschiedlichen Böden, oft in kleinen Gruppen

SPORENPULVER *Braun*
ZEIT *Frühsommer bis Herbst*
VORKOMMEN *In Mitteleuropa weit verbreitet und fast überall häufig*
WERT *Essbar*
ÄHNLICHE ARTEN *Düsterer Rotfußröhrling* (Boletus porosporus): *Hut dunkel olivbraun, Risse nicht rötend, Stiel oft ohne Rot*

Glattstieliger Hexenröhrling

Boletus queletii (Boletaceae)

Die Farbe des feinfilzigen Hutes variiert zwischen gelbbraun, olivgelb mit Rottönen und rot oder orangebraun. Die schön aprikosen-orangefarbenen Poren blauen auf Druck. Der kräftige, an der Basis zugespitzte Stiel ist gelb bis orange und mit feinen roten Pünktchen besetzt; die Basis ist purpurrot. Das Fleisch ist im Hut und im oberen Stielteil gelb, weiter unten jedoch purpurrot und blaut im Schnitt.

Unter Laubbäumen, v.a. Eichen, Buchen, Linden, auf reichen Kalkböden

SPORENPULVER *Braun*
ZEIT *Sommer bis Herbst*
VORKOMMEN *In Deutschland sehr selten, nur in warmen, südlichen Lagen*
WERT *Ungenießbar, als Seltenheit zu schonen*
ÄHNLICHE ARTEN *Flockenstieliger Hexenröhrling (S. 195): Hut dunkelbraun, Poren rot bis orange, im unteren Stielteil nicht purpurrot*

In Laub- und Nadelwäldern, besonders auf sauren bis neutralen Böden

Ziegenlippe

Boletus subtomentosus (Boletaceae)

Der Hut dieser Art ist feinsamtig-wildlederartig, die Farbe variiert zwischen gelb oder gelbbraun bis oliv oder rötlichbraun; Röhren und Poren sind leuchtend gelb. Der meist schlanke Stiel ist gelblich und oben oft bräunlich punktiert oder gerippt. Das blasse, gelblich weiße Fleisch blaut auf Druck oder im Schnitt nicht oder nur geringfügig.

SPORENPULVER *Braun*
ZEIT *Sommer bis Herbst*
VORKOMMEN *In Mitteleuropa weit verbreitet und vielerorts noch häufig*
WERT *Essbar, aber nicht sehr schmackhaft*
ÄHNLICHE ARTEN *Brauner Filzröhrling* (B. ferrugineus): *Hut lebhafter rostbraun, Fleisch weiß, Stiel mit erhabenem Netz*

In Nadelwäldern auf sauren Böden, auch unter Birken, oft an den gleichen Standorten wie der Fliegenpilz (S. 158)

Pfefferröhrling

Chalciporus piperatus (Boletaceae)

Dieser kleine Röhrling hat einen blass ockergelben bis zimtbraunen Hut, der bei Feuchtigkeit glatt und schmierig wird. Die Röhren und Poren sind lebhaft rostrot und laufen kurz am Stiel herab. Der schlanke Stiel ist blass ockerbraun, das Fleisch ist im Hut blassgelb und in der Stielbasis chromgelb; es schmeckt pfeffrig scharf.

SPORENPULVER *Braun*
ZEIT *Frühsommer bis Herbst*
VORKOMMEN *In Nadelwaldgebieten häufig*
WERT *Gut gekocht in kleinen Mengen essbar*
ÄHNLICHE ARTEN *Kleinsporiger Zwergröhrling (S. 209): mit karminroten Röhren und Poren unter Eichen, sehr selten*

Anhängselröhrling

Boletus appendiculatus (Boletaceae)

Der Hut ist satt ockerrötlich bis rotbraun oder auch blasser braun. Die glatte und leicht radialfaserige Huthaut platzt im Alter oft rissig auf. Röhren und Poren sind jung lebhaft goldgelb und später mehr gelbbraun; an verletzten Stellen blauen sie leicht. Der kräftige, zur Basis hin verjüngte Stiel ist blassgelb und mit einem feinen, erhabenen Netz gleicher Farbe überzogen. Das gelbe Fleisch blaut im Schnitt und hat einen angenehmen, leicht säuerlichen Geruch.

Unter Eichen und Buchen auf Kalkboden, v.a. in warmen, südlichen Lagen

SPORENPULVER *Braun*
ZEIT *Sommer bis Herbst*
VORKOMMEN *In Mitteleuropa selten bis sehr selten, vielerorts fehlend*
WERT *Essbar, als Seltenheit zu schonen*
ÄHNLICHE ARTEN *Wurzelnder Bitterröhrling (S. 186): Hut blasser, Fleisch bitter; Silberröhrling* (Boletus fechtneri): *Hut blassgrau*

Birkenröhrling

Leccinum scabrum (Boletaceae)

Der häufige »Birkenpilz« hat einen dunkel- bis mittelbraunen oder ockerbraunen Hut, der bei Feuchigkeit schmierig ist. Die weißlichen bis graulichen Röhren und Poren werden im Alter blassbraun. Der oft recht lange keulige Stiel ist auf cremefarbenem Grund mit schwärzlich-braunen Schüppchen besetzt. Das blasse Fleisch bleibt im Schnitt unverändert.

Unter Birken in Wäldern und Alleen; in Birkenmooren meist durch verwandte Arten ersetzt

SPORENPULVER *Braun*
ZEIT *Frühsommer bis Herbst*
VORKOMMEN *In Mitteleuropa weit verbreitet*
WERT *Essbar*
ÄHNLICHE ARTEN *Verfärbender Birkenpilz* (Leccinum variicolor): *mit graubraun marmoriertem Hut, an feuchteren Standorten*

Pappel-Raufuß

Bei Zitterpappeln und anderen Pappelarten, oft in großer Zahl

Leccinum duriusculum (Boletaceae)

Trockener bis fein filziger, glatter, graubrauner bis hellbrauner Hut, dessen Oberhaut im Alter rissig aufplatzt. Poren und Röhren sind cremefarben und verfärben sich an Druckstellen braun. Der kräftige Stiel ist cremefarben und mit braunen bis schwärzlichen Flockenschüppchen überzogen. Das Fleisch verfärbt sich rosaviolett und danach rauchgrau bis schwarz.

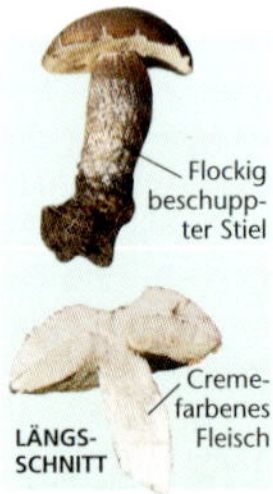

SPORENPULVER *Braun*
ZEIT *Sommer bis Herbst*
VORKOMMEN *Zerstreut bis selten, in warmen Gebieten häufiger*
WERT *Essbar*
ÄHNLICHE ARTEN *Die Espenrotkappe* Leccinum aurantiacum: *mit orangefarbenem Hut und braunen Stielschuppen*

Hainbuchenröhrling

Unter Hainbuchen und/oder Hasel, oft gruppenweise, manchmal an sehr schattigen Stellen

Leccinum pseudoscabrum (Boletaceae)

Erscheint nach den ersten Regenfällen im Frühsommer. Er hat einen gewölbten Hut, dessen Oberfläche oft rissig aufreißt. Röhren und Poren sind cremegelb und verfärben sich an Druckstellen schwarz. Der schlanke, oft gebogene weißliche Stiel ist mit feinen, dunkelbraunen Schüppchen besetzt. Das cremefarbene Fleisch verfärbt sich im Schnitt zunächst blass violettgrau und dann schwärzlich.

SPORENPULVER *Braun*
ZEIT *Frühsommer bis Herbst*
VORKOMMEN *Weit verbreitet und an geeigneten Stellen häufig*
WERT *Essbar*
ÄHNLICHE ARTEN *Gelber Raufuß (S. 205): unter Eichen, anfangs lebhaft gelb, bald bräunlich verfärbend*

Hohlfußröhrling

Suillus cavipes (Gomphidiaceae)

Der rostbraune bis orangebraune Hut ist im Gegensatz zu anderen *Suillus*-Arten trocken-faserig und schuppig. Die stumpf olivgelben Röhren mit ihren weiten eckigen Poren laufen kurz am Stiel herab. Der kurze Stiel ist blass orangebraun und wird bald hohl; er hat einen wolligen weißen, oft zerfetzten Ring.

Streng an die Lärche gebunden, meist in Bergnadelwäldern

SPORENPULVER *Olivbraun*
ZEIT *Sommer bis Herbst*
VORKOMMEN *Im Bergland verbreitet*
WERT *Essbar*
ÄHNLICHE ARTEN *Der Rostrote Lärchen-Röhrling* (Suillus tridentinus) *hat einen schmierigen, mehr orange-rostroten Hut mit dunkleren Schuppen*

Körnchenröhrling (Schmerling)

Suillus granulatus (Gomphidiaceae)

Der kleine Röhrling hat einen glatten, erst gewölbten, dann abgeflachten orangebraunen Hut. Röhren und Poren sind klein und blassgelb und sondern jung ebenso wie der kurze gelbliche, an der Basis zugespitzte Stiel milchartige Tröpfchen ab. Die Stieloberfläche ist mit dunkel rostbraunen Drüsenpunkten besetzt. Das blassgelbe Fleisch schmeckt säuerlich.

An zweinadelige Kiefern gebunden, vor allem auf kalkhaltigen Böden

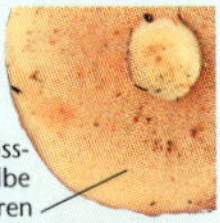

SPORENPULVER *Olivbraun*
ZEIT *Sommer bis Herbst*
VORKOMMEN *In Mitteleuropa weitverbreitet und in Kalkgebieten häufig*
WERT *Essbar, aber manchmal mit stark abführender Wirkung*
ÄHNLICHE ARTEN *Ringloser Butterpilz* (S. collinitus) *mit dunkler braunem Hut*

Auf Stümpfen, Stämmen und abgefallenen Ästen verschiedener Laubbäume

Winterporling

Polyporus brumalis (Polyporaceae)

Obwohl er Poren hat, ist er kein Röhrling. Er hat zähes, korkiges Fleisch. Der glatte oder fein behaarte, gelb- bis graubraune Hut ist flach bis trichterig und sehr dünnfleischig. Der Rand ist oft gewellt. Die kurzen Röhren und die Poren sind weißlich bis ocker; etwa zwei bis vier Poren kommen auf einen Millimeter. Der dünne Stiel ist fest und zur Basis hin dunkelbraun.

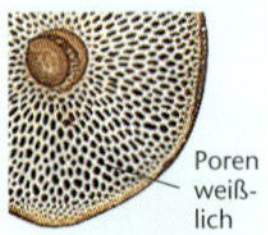

SPORENPULVER *Weiß*
ZEIT *Spätherbst, Winter und Vorfrühling*
VORKOMMEN *In Mitteleuropa weit verbreitet und häufig*
WERT *Ungenießbar*
ÄHNLICHE ARTEN *Schwarzroter Porling* (Polyporus badius): *größer, mit dunkel rotbraunem, glänzendem Hut*

An zweinadelige Kiefern gebunden, oft zusammen mit Rosaroten Schmierlingen (Gomphidius roseus)

Kuhröhrling

Suillus bovinus (Boletaceae)

Dieser relativ kleine Röhrling hat einen gewölbten bis flachen, schmierigen, blass orangebraunen bis rostbraunen Hut, oft mit einem weißlichen eingerollten Rand. Die Röhren sind grauoliv, die Poren stumpforange bis oliv, breit und eckig sowie durch niedrige Trennwände in kleinere Poren unterteilt. Der oft nur kurze Stiel ist hell braungelb, glatt und unberingt.

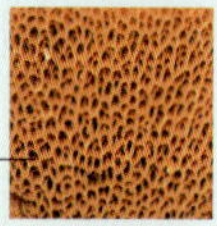

PORENOBERFLÄCHE

SPORENPULVER *Oliv*
ZEIT *Sommer bis Herbst*
VORKOMMEN *Auf sauren Böden weit verbreitet und häufig*
WERT *Essbar*
ÄHNLICHE ARTEN *Sandröhrling (S. 190): Hut filzig bis feinschuppig, Poren braun, Stiel meist höher, Fleisch leicht blauend*

In Nadelwäldern und Heiden auf sandigen, nährstoffarmen Böden, seltener auch im Laubwald

Dauerporling

Coltricia perennis (Hymenochaetaceae)

Dieser nicht Holz, sondern Boden bewohnende Porling bildet dünnfleischige, trichterförmige Fruchtkörper mit verbogenen Rändern. Die seidig glänzende, gold- bis gelbbraune Oberfläche weist dunklere und blassere konzentrische Zonen auf. Die sehr dünnen Röhren und Poren sind graubraun und laufen am braunfilzigen Stiel herab.

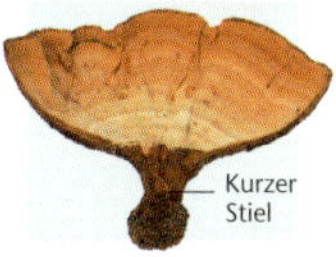

SPORENPULVER *Goldbraun*
ZEIT *Sommer bis Herbst*
VORKOMMEN *In Gebieten mit Sandböden weit verbreitet und häufig, auf Kalk fehlend*
WERT *Ungenießbar*
ÄHNLICHE ARTEN *Ähnliche Duft- und Korkstachelinge (S. 181, 183) haben auf der Unterseite des Hutes Stacheln.*

Auf dem Boden in Laubwäldern und Parks, auch an Wegrändern unter gepflanzten Bäumen

Gezonter Büschelschwärzling

Podoscypha multizonata (Podoscyphaceae)

Dieser äußerst seltene Pilz bildet dichte Rosetten aus zähen, klebrigen Lappen, die ein kohlkopfartiges Gebilde formen. Die wildlederartige Oberfläche ist blass bis rötlichbraun und dunkler zoniert. Am Grund vereinen sich die Hüte zu einer kompakten Basis. Die Unterseiten sind graubraun und haben weder Röhren noch Stacheln.

SPORENPULVER *Weiß*
ZEIT *Sommer bis Herbst*
VORKOMMEN *In Deutschland bisher nur bei Dessau gefunden*
WERT *Ungenießbar, zu schonen*
ÄHNLICHE ARTEN *Erdwarzenpilze (S. 288) haben braune, stachelige Poren und sind viel häufiger.*

Heiderotkappe

Leccinum versipelle (Boletaceae)

Unter Birken in feuchten Wäldern, manchmal in großer Zahl

Der beliebte Speisepilz kann beträchtliche Ausmaße erreichen. Der anfangs rundlich geschlossene, feinfilzige Hut breitet sich später aus. Die Oberfläche ist gelborange bis orange, die Huthaut steht am Rande leicht über, vor allem bei jungen Fruchtkörpern. Die bis zu 3 cm langen Röhren sind blassbraun. Die Poren sind bei jungen Pilzen fast weiß, nehmen aber bald einen blass ockerfarbenen Ton an und bräunen auf Druck. Der kräftige, oft ziemlich lange Stiel ist auf weißlichem Grund dicht mit kleinen schwarzen Schüppchen bedeckt. Im Schnitt verfärbt sich das kompakte weiße Fleisch schnell graurosa, später wird es schwärzlich-grau.

ANMERKUNG

Da sich bei Röhrlingen die Porenfarbe im Laufe der Entwicklung verändert, sammeln Sie möglichst Exemplare in verschiedenen Altersstufen.

SPORENPULVER *Braun*
ZEIT *Sommer bis Herbst*
VORKOMMEN *In Gebieten mit sauren Böden weit verbreitet und stellenweise häufig*
WERT *Guter Speisepilz*
ÄHNLICHE ARTEN *Eichenrotkappe (S. 205) mit dunkel ziegelrotbraunem Hut, bei Eichen; Espenrotkappe* (L. aurantiacum): *Hut rotorange, unter Zitterpappeln, Stielbeschuppung anfangs weißlich*

Eichenrotkappe

Leccinum quercinum (Boletaceae)

An die Eiche gebunden, normalerweise in wärmebegünstigten Wäldern und Parkanlagen

Der polsterförmige, trocken-filzige Hut hat eine überstehende Huthaut. Der kräftige Stiel ist auf weißlichem bis blassbraunem Grund mit rötlichbraunen Schuppen besetzt. Im Schnitt verfärbt sich das weiße Stielfleisch zunächst graurosa und dann schwarzviolett, während die blassbraunen Röhren und Poren dunkelbraun flecken.

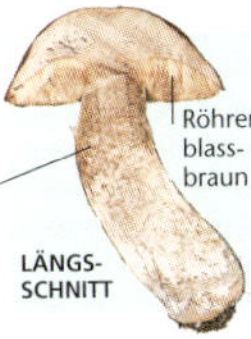

SPORENPULVER *Olivbraun*
ZEIT *Sommer bis Herbst*
VORKOMMEN *In klimatisch begünstigten Lagen verbreitet, sonst ziemlich selten*
WERT *Essbar*
ÄHNLICHE ARTEN *Espenrotkappe* (Leccinum aurantiacum): *Hut rotorange, unter Zitterpappeln*

Gelber Raufuß

Leccinum crocipodium (Boletaceae)

Unter Eichen in wärmebegünstigten Lagen, gern an trockenen Stellen

Jung ist der gesamte Pilz safrangelb bis ockergelb gefärbt, doch werden die Farben im Alter trüber. Beim Ausbreiten des Hutes springt die Huthaut mosaikartig auf. Röhren und Poren sind gelb und schwärzen an Druckstellen. Der Stiel ist auf blassgelbem Grund mit kleinen, dunkler gelben Schüppchen besetzt. Das Fleisch verfärbt sich blass rotbraun.

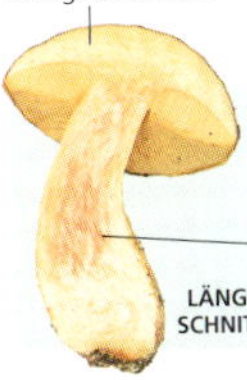

SPORENPULVER *Olivbraun*
ZEIT *Sommer bis Herbst*
VORKOMMEN *In Deutschland ziemlich selten, nur in warmen Gegenden*
WERT *Essbar, aber als Seltenheit zu schonen*
ÄHNLICHE ARTEN *Hainbuchenröhrling (S. 200): Huthaut ebenfalls aufplatzend, braun, unter Hainbuchen und Haseln*

Kornblumenröhrling

In Laub- und Nadelwäldern auf sauren Böden

Gyroporus cyanescens (Gyroporaceae)

Hut und Stiel sind weißlich bis strohgelblich oder hellockerbraun und festfleischig. Die Oberfläche des gewölbten Hutes ist feinfilzig. Röhren und Poren sind cremefarben bis strohgelb, der Stiel innen bald gekammert. Alle Teile des Pilzes verfärben sich im Schnitt und an verletzten Stellen tief kornblumenblau.

SPORENPULVER *Gelb*
ZEIT *Sommer bis Herbst*
VORKOMMEN *Nur in manchen Gegenden verbreitet, fehlt in Kalkgebieten*
WERT *Essbar*
ÄHNLICHE ARTEN *Von oben kann der Ockertäubling* (Russula ochroleuca) *ähnlich aussehen, doch hat er Lamellen statt Röhren.*

Goldröhrling

In Lärchenwäldern, vor allem in Schonungen häufig, aber auch unter einzelnen Lärchen in Mischwäldern und Parks

Suillus grevillei (Gomphidiaceae)

Der unter Lärchen vorkommende, ziemlich häufige Pilz hat einen gewölbten, schleimig-schmierigen, lebhaft gelborangefarbenen bis dunkel orangebraunen Hut. Die feinen Röhren und Poren sind zitronengelb. Der orangebraune Stiel ist mit einem schleimigen, gelbweißen Ring versehen. Das feste, kompakte gelbe Fleisch verändert sich im Schnitt nicht.

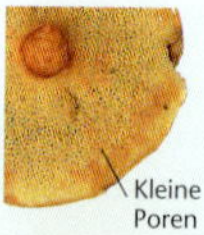

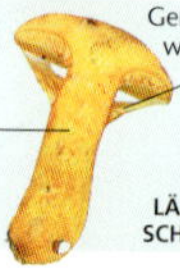

SPORENPULVER *Oliv*
ZEIT *Sommer bis Herbst*
VORKOMMEN *In ganz Europa weit verbreitet*
WERT *Essbar*
ÄHNLICHE ARTEN *Der Moorröhrling* (Suillus flavidus) *ist kleiner und blasser mit dunklerer, eingewachsener Streifung; nur unter Kiefern in Mooren, selten*

In Laubwäldern, vor allem unter Eichen in wärmebegünstigten Lagen

Blaufleckender Purpurröhrling

Boletus rhodopurpureus (Boletaceae)

Der Hut dieser seltenen Art ist anfangs blass rosaweißlich, verfärbt sich später tief purpurrosa mit einzelnen gelben und weinrötlichen Flecken. Die Röhren sind gelb, die Poren zunächst goldgelb und später orange bis blutrot. Der kräftige Stiel zeigt auf gelbem Grund ein feines, erhabenes, hellrotes Netz. Das gelbe Fleisch verfärbt sich im Schnitt schwarzblau.

SPORENPULVER *Olivbraun*
ZEIT *Sommer bis Herbst*
VORKOMMEN *In Süd- und Südwesteuropa verbreitet, nördlich der Alpen sehr selten*
WERT *Ungenießbar, zu schonen*
ÄHNLICHE ARTEN *Rosahütiger Röhrling (B. legaliae): Hut blass purpurrosa, nicht fleckend, Fleisch nur schwach blauend; selten*

Unter Laub- und Nadelbäumen vor allem in wärmebegünstigten Gebieten

Ochsenröhrling

Boletus torosus (Boletaceae)

Der Hut dieses sehr seltenen Röhrlings ist graugelblich oder grüngraulich, manchmal auch rötlich gefleckt. Röhren und Poren sind gelb bis tief rotorange, der gelbe Stiel ist an der Basis mit einem feinen roten Netz überzogen. Das gelbe Fleisch ist ungewöhnlich kompakt und schwer. Alle Teile des Pilzes werden an Schnittstellen oder auf Druck schwarzblau.

SPORENPULVER *Olivbraun*
ZEIT *Sommer bis Herbst*
VORKOMMEN *In Deutschland äußerst selten, häufiger in Südeuropa*
WERT *Ungenießbar, zu schonen*
ÄHNLICHE ARTEN *Blaufleckender Purpurröhrling: im Alter purpurrosa; B. xanthocyaneus: zitronengelb, sofort blauend, selten*

Unter Laubbäumen, vor allem Buchen, Eichen, Birken und Linden entlang von Wegen, an Waldrändern und in Parkanlagen

Blutroter Porling

Boletus rubellus (Boletaceae)

Der flach gewölbte, bald ausgebreitete, feinsamtige Hut dieses relativ kleinen Röhrlings ist jung blut- bis scharlachrot. Später neigt die Huthaut dazu, felderig aufzuspringen, und wird trüb rotbräunlich. Der rote Stiel kann dunkler gestreift sein. Das gelbe Fleisch verfärbt sich dunkelblau; in der Stielbasis ist es orange- bis karottenrot gefärbt.

SPORENPULVER *Olivbraun*
ZEIT *Frühsommer bis Herbst*
VORKOMMEN *Ortshäufig, vor allem in innerstädtischen Parkanlagen; in Wäldern selten*
WERT *Essbar*
ÄHNLICHE ARTEN *Rotfußröhrling (S. 197) und Bereifter Filzröhrling* (Boletellus pruinatus): *Fleisch in Stielbasis nicht orange*

Unter Laubbäumen, vor allem Eichen, Buchen und Hainbuchen auf tonigen Böden

Goldporiger Röhrling

Aureoboletus gentilis (Boletaceae)

Der kleine gewölbte Hut dieses Röhrlings ist blass rosabraun bis korallenrot und gelegentlich rot geflammt. Die Hutoberfläche ist glatt und bei Feuchtigkeit schmierig. Röhren und Poren sind lebhaft goldgelb und verfärben sich auf Druck oder im Schnitt nicht. Der schlanke Stiel ist glatt und schmierig, unten blassrosa und zur Spitze hin gelb. Die Basis läuft spitz zu. Das weiße Fleisch kann rosa überlaufen sein, vor allem im Hutbereich.

SPORENPULVER *Ocker*
ZEIT *Sommer bis Herbst*
VORKOMMEN *In Deutschland sehr selten*
WERT *Essbar, als Seltenheit zu schonen*
ÄHNLICHE ARTEN *Keine – dieses ist der einzige Röhrling in Laubwäldern mit lebhaft gelben, unveränderlichen Poren und einem rosalichen, schmierigen Hut.*

Königsröhrling

Boletus regius (Boletaceae)

Dieser Pilz hat einen rosa- bis kaminroten Hut mit trockener, feinfilzig-faseriger Oberfläche. Die Röhren und die Poren sind gelb und blauen an verletzten Stellen nicht. Der blassgelbe Stiel ist an der Basis leicht rötlich getönt und mit einem feinen gelben Netz geschmückt, vor allem an der Spitze. Das kompakte Fleisch ist gelb und im Schnitt unveränderlich.

Bei Buchen, selten auch bei Edelkastanien auf neutralen bis kalkhaltigen Böden

SPORENPULVER *Olivbraun*
ZEIT *Frühsommer bis Herbst*
VORKOMMEN *Sehr selten, nur in wärmeren Teilen Europas etwas häufiger*
WERT *Essbar, aber als Seltenheit zu schonen*
ÄHNLICHE ARTEN *Blauender Königsröhrling* (Boletus pseudoregius): *Hut blasser rosabraun, Poren und Fleisch blauend*

Kleinsporiger Zwergröhrling

Rubinoboletus rubinus (Boletaceae)

Diese sehr seltene kleine Art hat einen gewölbten hell rötlichbraunen Hut, dessen Oberfläche normalerweise trocken und feinfilzig ist, bei Feuchtigkeit aber leicht klebrig. Die Röhren laufen kurz am Stiel herab. Sie sind lebhaft karminrot, ebenso wie die Poren. Der kurze, gelbbraune Stiel ist oben karminrot überlaufen, das Fleisch ist im Hut weißlich bis blass rötlich und in der Stielbasis chromgelb.

Einzeln oder in kleinen Gruppen unter Eichen, gern an grasigen Stellen in Parkanlagen

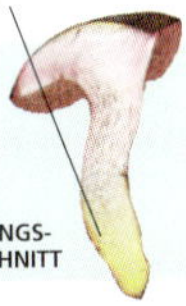

SPORENPULVER *Braun*
ZEIT *Sommer bis Herbst*
VORKOMMEN *In Deutschland bisher nur in Sachsen; sehr selten*
WERT *Vom Aussterben bedroht, zu schonen*
ÄHNLICHE ARTEN *Pfefferröhrling (S. 198): Poren kupferbraun, unter Birken und Nadelbäumen, sehr häufig*

Blutroter Hexenröhrling

Einzeln oder zu wenigen bei Eichen, seltener bei anderen Laubbäumen, oft zwischen Gras

Boletus dupainii (Boletaceae)

Der leuchtend scharlachrote Hut dieser sehr seltenen Art ist zunächst halbkugelig geschlossen und später breit gewölbt. Die Röhren sind gelb, die Poren dagegen lebhaft orange- bis scharlachrot. Sie blauen stark bei Berührung. Der kräftige, zylindrische Stiel ist oben gelb und weiter unten rötlich. Die Oberfläche ist fein rot gepunktet. Das gelbe Fleisch blaut im Schnitt, vor allem oberhalb der Röhren.

SPORENPULVER *Braun*
ZEIT *Sommer bis Herbst*
VORKOMMEN *Nördlich der Alpen extrem selten, häufiger im Mittelmeerraum*
WERT *Ungenießbar, zu schonen*
ÄHNLICHE ARTEN *Glattstieliger Hexenröhrling (S. 197): Hut ebenfalls rötlich, Stiel fein punktiert, Fleisch in der Basis purpurrot*

Grauer Lärchenröhrling

Ausschließlich unter Lärchen, sowohl in Wäldern als auch unter Einzelbäumen in Gärten und Parks

Suillus viscidus (Boletaceae)

Die Farbe des schmierig-klebrigen Hutes variiert zwischen graubraun, olivgrau und ocker und ist oft mit dunkleren Flecken gesprenkelt. Die Poren sind weißlich bis schmutzig olivgrau und werden an Druckstellen dunkler. Der wie der Hut gefärbte Stiel hat oben einen dünnen, klebrigen Ring. Das weiche Fleisch verfärbt sich matt blaugrün.

POREN

SPORENPULVER *Braun*
ZEIT *Sommer bis Spätherbst*
VORKOMMEN *Ziemlich häufig; überall, wo Lärchen wachsen*
WERT *Essbar, nicht besonders schmackhaft*
ÄHNLICHE ARTEN *Keine andere* Suillus*-Art hat so trübe Farben.*

Rußgrauer Porling

Boletopsis leucomelaena (Bankeraceae)

In kleinen Gruppen auf nacktem Boden oder in der Nadelstreu unter Fichten, meist in Bergnadelwäldern

Obwohl dieser Pilz auf den ersten Blick wie ein Röhrling aussieht, gehört er in die Verwandtschaft der Stachelpilze, wie z. B. des Habichtspilzes (S. 182). Die ledrig-zähen Fruchtkörper haben eine gewölbte, dunkel graubraune bis schwärzlichgraue Hutoberfläche, die zunächst glatt ist, bald aber radial aufsplittert und im Alter schuppig wird. Auf der Unterseite ist der Hut mit einer dünnen Schicht zäher weißer Röhren mit kleinen cremegrauen Poren überzogen. Der kurze, kräftige schwarzgraue Stiel kann zentral oder exzentrisch ansitzen und ist manchmal mit feinen orangefarbenen Fasern überzogen. Die Art ist ein gutes Beispiel dafür, dass unterschiedliche Pilzfamilien bisweilen sehr ähnliche Formen ausgebildet haben.

SPORENPULVER *Weiß*
ZEIT *Sommer bis Herbst*
VORKOMMEN *Vereinzelt in süddeutschen Bergwäldern, sonst sehr selten und rückläufig*
WERT *Ungenießbar, als Seltenheit zu schonen*
ÄHNLICHE ARTEN Boletopsis grisea *hat keine orangefarbigen Fasern an der Stielbasis und wächst in Nordeuropa unter Kiefern.*

ANMERKUNG

Bei Röhrlingen sind die Röhren weich und lassen sich vom Hut trennen, bei Porlingen sind sie fester mit dem Hutfleisch verwachsen.

Düsterer Röhrling

Sowohl in Laub- als auch in Nadelwäldern auf sauren Böden

Porphyrellus porphyrosporus (Strobilomycetaceae)

Hut und Stiel sind dunkel sepia- bis grau- oder olivbraun gefärbt, der Hut hat jung eine feinsamtige Oberfläche, die später glatt wird. Röhren und Poren sind rötlichocker bis dunkelrotbraun und verfärben an Druckstellen dunkel blaugrün bis fast schwarz. Im Schnitt verfärbt sich das Fleisch blau, grün oder schwärzlich mit roten Flecken.

SPORENPULVER *Purpurbraun*
ZEIT *Sommer bis Herbst*
VORKOMMEN *In Gebirgsnadelwäldern verbreitet, sonst seltener*
WERT *Giftig*
ÄHNLICHE ARTEN *Keine andere Röhrlingsart in Europa hat trüb sepiabraune Farben und rotbräunliche Poren.*

Strubbelkopf-Röhrling

In Laub- und Nadelwäldern normalerweise auf eher sauren bis neutralen Böden

Strobilomyces strobilaceus (Strobilomycetaceae)

Der schwarzgraue Hut dieser Art ist mit dicken, wolligen Schuppen bedeckt. Röhren und Poren sind zunächst weißgrau, röten bei Verletzung und Druck und verfärben sich schließlich schwarz. Der zylindrische, schwärzliche Stiel ist wollig-filzig und hat einen oft nur teilweise erhaltenen Ring. Das feste Fleisch verfärbt trübrot und später schwarz.

SPORENPULVER *Schwarz*
ZEIT *Sommer bis Herbst*
VORKOMMEN *In den Mittelgebirgen und im Voralpenland weit verbreitet und z. T. häufig*
WERT *Essbar*
ÄHNLICHE ARTEN *Kein anderer Röhrling hat einen schuppigen, dunklen Hut und Fleisch, das zunächst rötet und dann schwärzt*

Porlinge, Schichtpilze und andere Holzbewohner

Porlinge und Schichtpilze wachsen auf totem oder noch lebendem Holz, manche oben an den Stämmen und in den Kronen, andere am Stammgrund oder an Stümpfen. Einige haben einen rudimentären Stiel, alle aber sind mit einer Seite des Fruchtkörpers am Holz angewachsen. Sie treten einzeln oder dachziegelig übereinander auf. Schichtpilze sind dünnfleischig, Porlinge meist dicker. Die meisten Porlinge haben auf der Unterseite Poren.

SCHMETTERLINGS-TRAMETE

SCHWEFELPORLING

ZOTTIGER SCHICHTPILZ

BIRKENPORLING

An noch stehenden, aber auch an umgestürzten Laubholzstämmen, vor allem an Buchen und Birken

Ästiger Stachelbart

Hericium coralloides (Hericiaceae)

Einer von mehreren seltenen und schützenswerten Stachelbärten. Der Pilz bildet große, unregelmäßig-klumpige, aus zahlreichen Verästelungen bestehende Fruchtkörper, die einem gemeinsamen fleischigen Strunk entspringen. Jeder Ast ist mit hängenden weißen Stacheln besetzt, wobei die längsten Stacheln oft am Ende des Astes sitzen. Das weiße, weiche und brüchige Fleisch schmeckt roh rettichartig. Obwohl streng genommen essbar, sollten Stachelbärte wegen ihrer Seltenheit nicht gesammelt werden. Sie gehören zu unseren schönsten Großpilzen und erinnern an exotische Meereskorallen.

Älterer, gegilbter Fruchtkörper

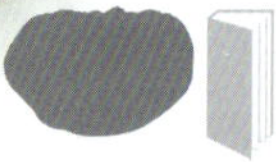

SPORENPULVER *Weiß*
ZEIT *Meist erst im Herbst*
VORKOMMEN *Sehr selten, fast nur noch in Naturwaldreservaten*
WERT *Essbar, als Seltenheit zu schonen*
ÄHNLICHE ARTEN *Igel-Stachelbart* (Hericium erinaceum): *bildet einen einzigen rundlichen Fruchtkörper mit zahllosen langen, hängenden, weißen Stacheln; Tannen-Stachelbart* (Hericium alpestre)*: an alten Tannen im Gebirge, in den Alpen verbreitet*

ANMERKUNG

Diese und ähnliche Arten werden heute zu Speisezwecken gezüchtet. Dies schont die wilden Vorkommen.

Dorniger Stachelbart

Hericium cirrhatum (Hericiaceae)

Der seltene, aber auffällige Pilz bildet dachziegelig übereinander sitzende, konsolenförmige, dickfleischige Hüte, deren Oberseite mit kurzen dornartigen Stacheln und einem weißen Filz besetzt ist, während die Unterseite dichte, lange Stacheln aufweist. Das weiße Fleisch riecht und schmeckt recht angenehm, doch sollte der Pilz wegen seiner Seltenheit nicht gegessen werden.

An liegenden toten Stämmen von Laubbäumen, besonders Buche; auch an Stümpfen und in Stammwunden

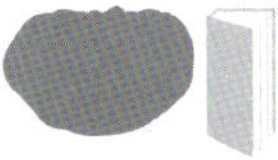

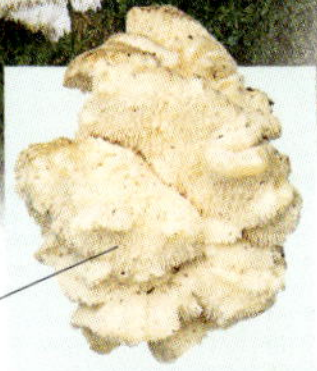

SPORENPULVER *Weiß*
ZEIT *Sommer bis Herbst.*
VORKOMMEN *In West-, Südwest- und Mitteldeutschland zerstreut, sonst sehr selten*
WERT *Essbar, als Seltenheit zu schonen*
ÄHNLICHE ARTEN *Nördlicher Stachelseitling* (Climacodon septentrionalis): *große regelmäßige, geschichtete Fruchtkörper*

Bitterer Saftporling

Postia stiptica (Fomitopsidaceae)

Relativ kleine rein weiße bis cremefarbene Art. Der halbkreisförmige Fruchtkörper ist weich und fleischig, die Poren auf der Unterseite sind klein. Die Hutkante ist sehr schmal, sodass der Pilz von der Seite dreieckig wirkt. Das Fleisch ist sehr wasserhaltig und schmeckt gallebitter.

An totem Nadelholz (Stümpfen, Stämmen, Ästen), sehr selten an Laubholz

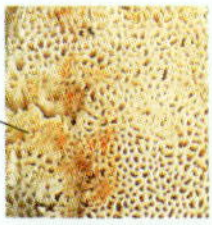

POREN

SPORENPULVER *Weiß*
ZEIT *Sommer bis Herbst*
VORKOMMEN *Weit verbreitet und sehr häufig in ganz Europa*
WERT *Ungenießbar*
ÄHNLICHE ARTEN *Blauender Saftporling* (Postia caesia): *anfangs weiß, bald blauend, Oberfläche filzig, häufig*

An alten Stümpfen und Stämmen von Laubbäumen, besonders Buchen; Weißfäule-Erreger

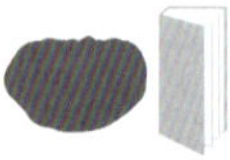

Gebuckelte Tramete

Trametes gibbosa (Coriolaceae)

Diese Tramete lebt mit einer bestimmten Algenart zusammen, die die Mitte der weißlichen bis blassgelben Hüte grün färbt. Die Oberfläche ist unregelmäßig höckerig, die Poren sind in typischer Weise in die Länge gezogen und blass cremefarben bis braun. Das zähe Fleisch ist ungenießbar.

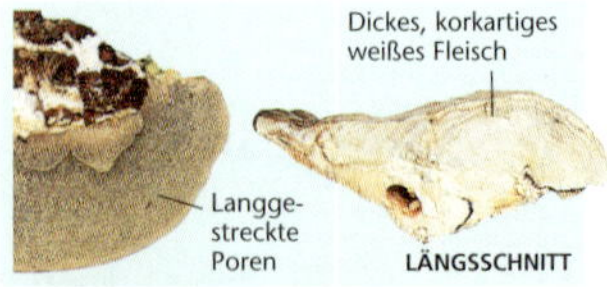

SPORENPULVER *Weiß*
ZEIT *Sommer bis Herbst*
VORKOMMEN *In Buchenwaldgebieten häufig*
WERT *Ungenießbar*
ÄHNLICHE ARTEN *Die Striegelige Tramete* (Trametes hirsuta) *ist dünnfleischiger, ihre Oberfläche zottig, die Poren grau und rundlich.*

An liegenden Stämmen sowie an Stümpfen von Laubbäumen, sehr selten an Nadelholz

Laubholz-Blättling

Lenzites betulinus (Coriolaceae)

Dieser Porling hat keine Poren, sondern zähe, dünne blass cremefarbene bis grauliche Lamellen. Die halbkreisförmigen bis rundlichen Hüte haben eine zottige Oberfläche, die in unterschiedlichen Brauntönen gezont ist. Das weiße, zähe Fleisch ist von korkartiger Konsistenz. Der Pilz wächst oft zu mehreren übereinander und verursacht im befallenen Holz eine weiche Weißfäule.

SPORENPULVER *Weiß*
ZEIT *Sommer bis Herbst*
VORKOMMEN *Weit verbreitet, aber nicht überall häufig*
WERT *Ungenießbar*
ÄHNLICHE ARTEN *Eichenwirrling (S. 219): mit dickerem Fleisch und labyrinthisch verzweigten, z. T. porigen Lamellen, an Eiche*

Wurzelschwamm

Heterobasidion annosum (Perenniporiaceae)

Dieser Holzparasit kann sich unterirdisch von Baum zu Baum verbreiten. Bäume, die vom Wurzelschwamm attackiert werden, reagieren darauf oft mit Harzabsonderungen und schwellen am Stammgrund an. Der Wurzelschwamm bildet sehr unregelmäßige Fruchtkörper, die sich zum Teil unmittelbar an das Substrat anschmiegen und in diesen Fällen oft nur eine schmale Hutkante bilden. Die Oberfläche ist dunkel rotbraun, der Rand blass cremefarben, oft mit einer orangefarbenen Zone unmittelbar dahinter. Das blasse, cremegelbliche Fleisch (»Trama«) ist dick und korkartig bis schwammig; es hat einen süßlichen Geruch.

Am Stammgrund noch stehender Nadelbäume, insbesondere Fichte, aber auch an Stümpfen; Vorkommen an Laubholz sind seltener.

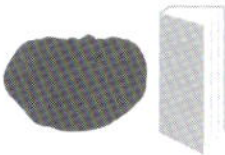

ANMERKUNG

Der Wurzelschwamm greift sogar junge Bäume an und kann in Schonungen erhebliche Schäden anrichten. Die Sporen sind, ungewöhnlich für einen Porling, feinstachelig.

SPORENPULVER *Weiß*
ZEIT *Frühjahr bis Herbst*
VORKOMMEN *Überall häufig, vor allem in Fichtenforsten*
WERT *Ungenießbar*
ÄHNLICHE ARTEN *Fenchelporling* (Gloeophyllum odoratum): *mit goldorangefarbenen Poren, orangefarbenem Rand und einer geschwärzten Mitte; an die Fichte gebunden, an alten Stümpfen, häufig*

Nur an Birken, sowohl an lebenden wie an toten Stämmen und an abgefallenen Ästen, vor allem in Moorwäldern

Birkenporling

Piptoporus betulinus (Fomitopsidaceae)

Der Birkenporling ist der häufigste Porling in Birkenwäldern, in denen er bereits vorgeschädigte Bäume zum Absterben bringt und auf dem toten Holz weiter wächst. Junge Exemplare sehen auf den befallenen Stämmen wie kleine braune Bälle aus. Sie wachsen schnell zu nierenförmigen, ausgebreiteten Fruchtkörpern heran. Die glatte, lederige Oberfläche ist blassbraun, der Rand abgerundet, die Unterseite mit winzigen weißen Poren versehen. Die weiße Trama ist weich und korkig. Trotz ihres angenehmen Geruchs schmeckt sie bitter und ist ungenießbar. Der Birkenporling ist streng an seinen Wirt gebunden und fast überall vorhanden, wo Birken größere Bestände bilden.

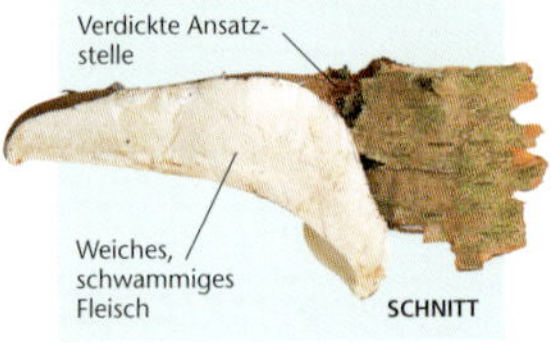

ANMERKUNG

Birkenporlinge wurden früher vielfältig genutzt, z.B. als Riemen zum Schärfen von Rasiermessern, zur Blutstillung, als Zunder beim Feuermachen sowie, in dünne Streifen geschnitten, zum Fixieren von Insekten in entomologischen Sammlungen.

SPORENPULVER *Weiß*
ZEIT *Sommer bis Spätherbst*
VORKOMMEN *Folgt seinem Wirt überallhin*
WERT *Ungenießbar*
ÄHNLICHE ARTEN *An Birken gibt es keine vergleichbaren Arten; Eichen-Zungenporling (S. 231): Fruchtkörper gelblich, an alten Eichen*

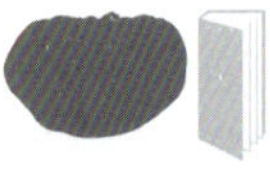

An alten Eichenstümpfen und -stämmen, selten auch an Edelkastanien und anderen Laubhölzern; Braunfäule-Erreger

Eichenwirrling

Daedalea quercina (Fomitopsidaceae)

Die Poren sind unregelmäßig verlängert, sodass sie wie dicke, korkig-zähe Lamellen aussehen. Die Röhren sind blassocker und bilden eine labyrinthische Struktur. Die oft dachziegelig übereinander wachsenden Fruchtkörper sind dickfleischig und oft unregelmäßig geformt. Die stumpf ockerbraune bis blass graugelbe Oberfläche ist uneben-höckerig, die braune Trama sehr fest und getrocknet holzartig.

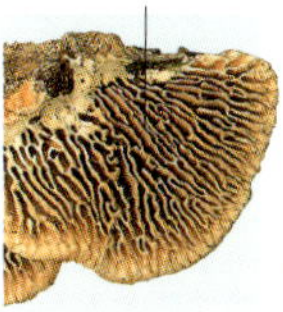

SPORENPULVER *Weiß*
ZEIT *Ganzjährig*
VORKOMMEN *In ganz Europa weit verbreitet*
WERT *Ungenießbar*
ÄHNLICHE ARTEN *Rötende Tramete (S. 220): dünner, mit rundlichen bis leicht verlängerten Poren, auf Druck rosa färbend*

Nur an Salweide, oft an Bachrändern, meist in Naturwaldreservaten

Nördlicher Anisporling

Haploporus odorus (Haploporaceae)

Diese sehr seltene nordosteuropäische Art ist an ihrem starken, fast penetranten Geruch nach Anis und ihren speziellen Standortsansprüchen zu erkennen. Junge Fruchtkörper sind rundlich und gänzlich weiß, später werden sie graubraun, hufförmig und holzig. Die Oberseite ist matt, die Poren auf der Unterseite sind cremeweiß. Die korkig-zähe weißliche Trama schmeckt bitter.

SPORENPULVER *Weiß*
ZEIT *Ganzjährig*
VORKOMMEN *Sehr selten, nur in Nord- und Nordosteuropa*
WERT *Ungenießbar*
ÄHNLICHE ARTEN *Fenchelporling* (Gloeophyllum odoratum)*: mit zimtbraunen Fruchtkörpern, Poren eckig, an Fichte, sehr häufig*

An alten Stümpfen, Stämmen und Ästen von Laubbäumen, insbesondere Weiden; Weißfäule-Erreger; in feuchten Wäldern, Auen und Moorwäldern verbreitet

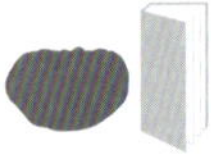

Rötende Tramete

Daedaleopsis confragosa (Coriolaceae)

In der Ausbildung ihrer Poren ist diese häufige Art sehr variabel. Sie können klein und rund sein, in die Länge gezogen, labyrinthartig oder lamellig. Der einjährige Pilz bildet halbkreisförmige Fruchtkörper mit uneben-rauer, rötlich bis gelbbraun gezonter Oberfläche. Alte und durchfeuchtete Exemplare werden zunächst dunkelrot und dann schwarzbraun. Die weiße Trama ist korkig-zäh. Die Poren sind blass cremefarben bis graulich und verfärben sich auf Druck rötlich braun, vor allem in jungem Zustand. Es ist manchmal schwer einzusehen, dass Exemplare mit lamelligen Poren zur gleichen Art gehören wie jene mit kleinen runden Poren, doch wird dies durch die identische Verfärbung bestätigt.

Fruchtkörper 5–15 cm breit

Oberfläche uneben-höckerig, gezont

Poren rundlich bis unregelmäßig

Rötliche Verfärbung

Dicke, korkig-zähe Trama

Rötlichbraune Röhrenschicht

SCHNITT

SPORENPULVER *Weiß*
ZEIT *Sommer bis Winter*
VORKOMMEN *Einer der häufigsten Porlinge in Mitteleuropa*
WERT *Ungenießbar*
ÄHNLICHE ARTEN *Eichenwirrling (S. 219): robuster, meist an Eiche; Zinnoberrote Tramete (rechts); Striegelige Tramete* (Trametes hirsuta): *dünner, Oberfläche haarig-zottig, Poren grau*

ANMERKUNG

Die var. tricolor *hat eine dunkelrote bis schwärzliche Oberfläche und sehr dünnwandige, lamellige Röhren; oft an Buche oder Kirsche.*

Zottiger Schichtpilz

Stereum hirsutum (Stereaceae)

Die Fruchtkörper sehen von oben wie dünne Porlinge aus, haben auf der Unterseite aber ein glattes Hymenium von ockergelber bis orangebrauner Farbe. Das dünne, zähe Fleisch ist ähnlich gefärbt. Die Oberfläche der oft reihig wachsenden, unregelmäßigen Fruchtkörper ist blass graugelb bis ockerbraun, mit dunkleren Zonen versehen und haarig-filzig.

An Totholz von diversen Laubhölzern, vor allem Eiche, Birke und Buche, sehr selten an Nadelholz

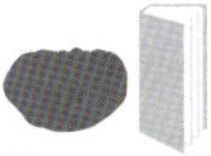

SPORENPULVER *Weiß*
ZEIT *Sommer bis Spätherbst*
VORKOMMEN *In Mitteleuropa weit verbreitet und häufig*
WERT *Ungenießbar*
ÄHNLICHE ARTEN *Blutender Laubholz-Schichtpilz* (S. rugosum)*: meist krustenförmig mit schmaler Hutkante, an Druckstellen rötend*

Zinnoberrote Tramete

Pycnoporus cinnabarinus (Coriolaceae)

Der intensiv zinnoberrot gefärbte Pilz ist leicht bestimmbar. Der halbkreisförmige, relativ dickfleischige Fruchtkörper hat eine unebene, etwas höckerige, undeutlich gezonte Oberfläche mit einem feinen Haarfilz, der unter der Lupe erkennbar ist. Die kurzen Röhren sind ungefähr 4–6 mm dick, die Poren sind rundlich. Auch die Trama ist zinnoberrot.

An alten Stümpfen, Ästen und Stämmen von Laubholz, selten auch an Nadelholz; Weißfäule-Erreger

SPORENPULVER *Weiß*
ZEIT *Sommer bis Herbst*
VORKOMMEN *Weit verbreitet, aber nur in manchen Jahren häufiger*
WERT *Ungenießbar*
ÄHNLICHE ARTEN *Rötende Tramete (links): weißlich bis blass- oder rötlichbraun, gezont, nie einheitlich rot*

An alten Stümpfen und Stämmen der verschiedensten Laubbäume, selten auch an Nadelholz

Schmetterlingstramete

Trametes versicolor (Coriolaceae)

Einer der häufigsten holzbewohnenden Porlinge, der in den verschiedensten Farben vorkommt. Alle Formen bieten fächer- bis halbkreisförmige Fruchtkörper, die mit benachbarten Exemplaren zu langen Streifen oder Konsolen verwachsen sind. Die Oberfläche ist schwarz, braun, grau, blaugrau, violettlich oder gelb, in den unterschiedlichsten Schattierungen gezont und feinseidig. Die sehr flachen, dünnwandigen Röhren sind blass cremefarben. Frisch ist die blasse Trama zäh-lederig.
Üppige Rasen der Schmetterlingstrameten gehören zu den schönsten Erscheinungen in den Wäldern.

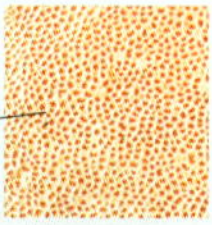

SPORENPULVER *Weiß*
ZEIT *Ganzjährig*
VORKOMMEN *In ganz Europa weit verbreitet und häufig*
WERT *Ungenießbar*
ÄHNLICHE ARTEN *Zonentramete* (Trametes multicolor): *deutlich dicker an der Ansatzstelle, nicht so »bunt«; Samtige Tramete* (Trametes pubescens): *blasser, Hüte kaum gezont, an totem Laubholz*

ANMERKUNG

Prüfen Sie die Unterseite dieser Pilze mit der Lupe: Trameten haben Röhren und Poren, Schichtpilze (vgl. S. 221) nicht.

Echter Zunderschwamm

Fomes fomentarius (Fomitaceae)

Der Zunderschwamm bildet mehrjährige holzig-harte, breite, weit abstehende, hufförmige Fruchtkörper. Die Oberfläche ist blassbraun bis dunkel graubraun gezont und bis auf den blassen, feinflaumigen Rand glatt. Jedes Jahr kommt eine neue, etwa 5–6 mm dicke Röhrenschicht hinzu. Die Poren sind graulich bis graubraun, zwei bis drei Poren kommen auf einen Millimeter. Die sehr dicke holzbraune Trama ist hart, faserig und riecht angenehm fruchtig. Der Pilz bildet je nach Wirt verschiedene Formen aus. Früher wurde er zum Feuermachen genutzt, daher der Name.

An noch stehenden Laubbäumen sowie an Stümpfen und liegenden Stämmen, besonders an Buche und Birke; Weißfäule-Erreger

SPORENPULVER *Weiß*
ZEIT *Mehrjährig*
VORKOMMEN *Weit verbreitet und häufig in ganz Europa, vor allem in Laubwaldgebieten*
WERT *Ungenießbar*
ÄHNLICHE ARTEN *Rotrandiger Schichtporling (S. 233): Oberfläche graubraun bis fast schwarz, frische Zuwachszone rötlich- oder orangebraun*

ANMERKUNG

Der Zunderschwamm kann manchen Lackporlingen ähneln, doch haben diese rotbraunes Sporenpulver, das sich auf der Oberfläche ablagert.

An alten Stümpfen und noch stehenden toten Stämmen von Laubbäumen, vor allem Eichen und Nussbäumen, selten an Nadelholz

Glänzender Lackporling

Ganoderma lucidum (Ganodermataceae)

Der ungewöhnliche, attraktive Glänzende Lackporling ist in Asien aus medizinischen Gründen sehr begehrt: die getrockneten Hüte werden gemahlen und als Tee verabreicht. Die Fruchtkörper sind nierenförmig und normalerweise mit einem deutlichen, bisweilen recht langen, seitlichen Stiel versehen. Die Oberfläche des Hutes ist rötlich bis violettbraun oder rotschwarz und glänzt wie poliert oder lackiert. Die kleinen Poren auf der Unterseite sind blass cremefarben. Die weißliche Trama wird später hellbraun. Der Pilz ist einjährig, d.h. er bringt jedes Jahr neue Fruchtkörper hervor.

ANMERKUNG

Alle Lackporlinge haben eine glänzende oder matte Kruste und eine oft höckerige Oberfläche. Die Stielbildung ist von Art zu Art unterschiedlich.

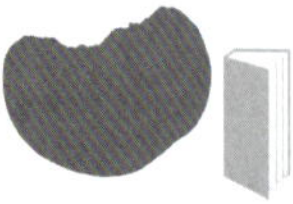

SPORENPULVER *Braun*
ZEIT *Sommer bis Spätherbst*
VORKOMMEN *In ganz Europa weit verbreitet, aber fast überall selten*
WERT *Ungenießbar, es sei denn verarbeitet als Naturheilmittel*
ÄHNLICHE ARTEN *Der seltene Harzige Lackporling* (Ganoderma resinaceum) *hat eine Oberfläche mit einer abkratzbaren, in einer Flamme schmelzenden Harzschicht, seine Sporen sind glatter, er sitzt meist an alten Eichen.*

Wulstiger Lackporling

Ganoderma australe (Ganodermataceae)

Meist am Grunde alter beschädigter, noch stehender Laubbäume, wie Buchen, Eichen, Linden, oder an alten Stümpfen

Die mehrjährige, oft sehr große Art bildet breite, halbkreis- oder konsolenförmige Fruchtkörper, bei denen jedes Jahr eine neue Porenschicht hinzukommt. Die Trama ist an der Ansatzstelle sehr dick. Die rotbraune Oberfläche ist unregelmäßig höckerig. Röhren und Poren sind blass cremefarben und verfärben sich auf Druck rötlich braun. Die harte Trama ist dunkel rotbraun.

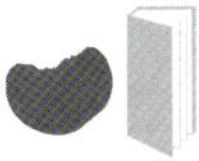

SPORENPULVER *Braun*
ZEIT *Mehrjährig*
VORKOMMEN *In Westeuropa verbreitet, selten im Süden und Südosten*
WERT *Ungenießbar*
ÄHNLICHE ARTEN *Flacher Lackporling* (G. applanatum): *dünner, Trama blasser, oft mit weißlichem Gewebe durchzogen*

Zottiger Rostporling

Inonotus hispidus (Hymenochaetaceae)

An Laubbäumen, vor allem Esche, Walnuss, Obstbäume; oft hoch am Stamm in Astlöchern

Der große Fruchtkörper dieses Pilzes ist dickfleischig und am Rand breit abgerundet. Die Oberfläche ist jung lebhaft rotbraun und mit einem dichten Filz bedeckt, im Alter schwärzlich. Röhren und Poren sind blass grüngelb und werden später graubräunlich; die ziemlich weiche, gelbliche Trama färbt sich an Druckstellen braun.

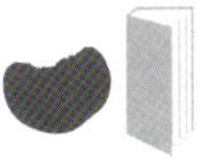

SPORENPULVER *Gelb*
ZEIT *Sommer bis Herbst*
VORKOMMEN *Wärmeliebende, in Europa ziemlich häufige Art*
WERT *Ungenießbar*
ÄHNLICHE ARTEN *Nadelholz-Braunporling (S. 227); Erlen-Schillerporling* (I. radiatus): *hauptsächlich an Erlen in Bruchwäldern*

Tropfender Schillerporling

Inonotus dryadeus (Hymenochaetaceae)

Meist am Stammgrund von geschädigten alten Laubbäumen, vor allem Eiche, Ahorn, Ulme, Kastanie, sehr selten auch an Tanne

Der einjährige Pilz bildet sehr dicke, wulstige Fruchtkörper mit einer fein samtigen oder filzigen, ocker- bis rötlichbraunen grubigen Oberfläche. Der junge Pilz sondert große, rot- bis goldbraune Guttationstropfen ab. Röhren und Poren sind grauweißlich bis, im Alter, gelblich, und die dicke, rotbraune Trama ist weich und etwas gezont. Sie riecht unangenehm.

SPORENPULVER *Braun*
ZEIT *Sommer bis Herbst*
VORKOMMEN *In Mitteleuropa meist sehr zerstreut*
WERT *Ungenießbar*
ÄHNLICHE ARTEN *Flacher Schillerporling* (I. cuticularis): *an Buchen und anderen Laubbäumen, viel flacher, ohne Tropfen*

Angebrannter Rauchporling

Bjerkandera adusta (Bjerkanderaceae)

An Stämmen und Stümpfen von Laub- und Nadelbäumen, vor allem Buche

Der Pilz ist leicht bestimmbar. Er wächst oft rasig an liegenden Stämmen und bildet kleine, unregelmäßige Fruchtkörper mit abgerundeten Kanten aus. Die Oberfläche ist blass graubraun und konzentrisch gezont. Die schmale Porenschicht ist dunkel rauchgrau und schwärzt auf Druck. Im Schnitt kontrastiert das weiße Fleisch auffällig mit den grauen Röhren.

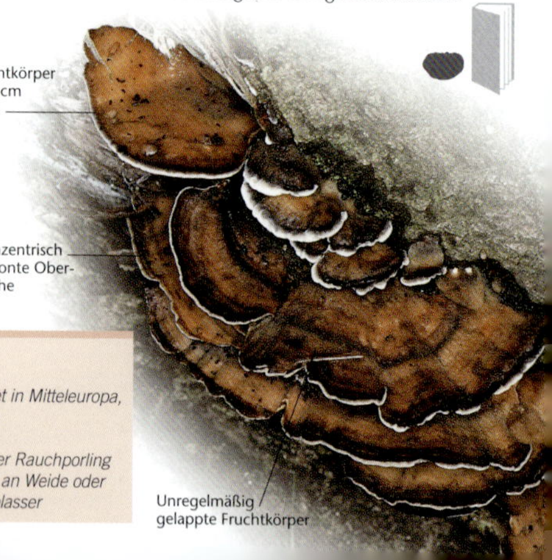

SPORENPULVER *Weiß*
ZEIT *Ganzjährig*
VORKOMMEN *Weit verbreitet in Mitteleuropa, einer der häufigsten Porlinge*
WERT *Ungenießbar*
ÄHNLICHE ARTEN *Graugelber Rauchporling* (Bjerkandera fumosa): *meist an Weide oder Esche, etwas größer, Poren blasser*

Parasitisch an Nadelbäumen, vor allem an Kiefern, meist den Wurzeln des Baumes aufsitzend; Vorkommen an Laubholz sind sehr selten.

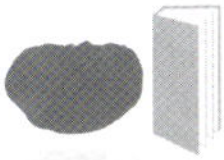

Nadelholz-Braunporling

Phaeolus schweinitzii (Polyporaceae)

Der Nadelholz-Parasit ist bei Färbern beliebt, die aus ihm ein gelbbraunes Pigment zum Färben von Wolle und Leinen gewinnen. Der schwammige Fruchtkörper entwickelt sich an den Baumwurzeln zunächst als eine formlose Knolle, die von einem feinen leuchtend gelben Flaum überzogen ist. Später formt sich daraus ein breiter, unregelmäßiger, meist rundlicher Hut mit einem dicken, kurzen, zentralen oder lateralen Stiel. Die Oberfläche des reifen Fruchtkörpers ist dunkelrotbraun und filzig, die Röhren und Poren sind schwefelgelb und werden im Alter braun. Das dicke, schwammige Fleisch ist braun und schmeckt säuerlich. Abgestorbene Fruchtkörper schwärzen.

SPORENPULVER *Weiß*
ZEIT *Sommer bis Herbst*
VORKOMMEN *In ganz Europa weit verbreitet und in manchen Gebieten sehr häufig*
WERT *Ungenießbar*
ÄHNLICHE ARTEN *Der Zottige Rostporling (S. 225) ist ebenfalls haarig, filzig und ungestielt. Er wächst in Astlöchern von Laubholzstämmen.*

ANMERKUNG

Bei der Bestimmung von Porlingen sollte man versuchen, Exemplare in verschiedenen Wachstumsstadien zu finden, da sich viele Arten hier stark verändern.

In großen Büscheln an der Stammbasis von lebenden Laubbäumen, insbesondere Eichen

Klapperschwamm

Grifola frondosa (Bjerkanderaceae)

Der Klapperschwamm formt große büschelartige Fruchtkörper. Die fleischigen Einzelhüte entspringen einem gemeinsamen Stiel, sind oben blassgrau und werden im Alter braun. Jeder Einzelhut ist zungenförmig und auf blassem Untergrund mit radialfaserigen, dunkleren Streifen durchzogen. Klapperschwämme riechen jung angenehm, später aber zunehmend säuerlich, wie alter Käse. Die anfangs weißen Poren werden allmählich hell ockerbraun. Der Pilz zieht die Eiche als Wirt vor, kann aber auch an anderen Laubbäumen gefunden werden, u.a. Edelkastanien und Buchen. Er ist im Jugendzustand essbar und wurde z.B. in England im frühen 16. Jh. gesammelt und auf Märkten verkauft. Heute wird er kommerziell angebaut, v.a. in Japan, wo er unter dem Namen »Maitake« bekannt ist. Ihm werden eine Reihe von Heilwirkungen zugeschrieben. Man kann sich dort mit Myzel beimpfte Hölzer kaufen und den Pilz zuhause züchten.

SPORENPULVER *Weiß*
ZEIT *Meist erst im Herbst*
VORKOMMEN *Weit verbreitet aber vielerorts selten; in Gebieten mit vielen alten Eichen etwas häufiger*
WERT *Jung essbar, aber als Seltenheit zu schonen*
ÄHNLICHE ARTEN *Riesenporling (rechts): Hüte größer, fächerförmig; Eichhase* (Polyporus umbellatus)*: mit kleineren, schirmartig geformten Hüten, meist schon im Sommer*

ANMERKUNG

Dieser Pilz wächst immer am Stammgrund, der Schwefelporling (S. 230) oft auch weiter oben am Stamm.

Riesenporling

Meripilus giganteus (Bjerkanderaceae)

Der Riesenporling bildet sehr große übereinanderstehende oder rosettenförmige, weiche, fleischige, fächerartige Hüte aus, die einem gemeinsamem Strunk entspringen. Die Hüte sind ockerbraun, die Poren weißlich. Alle Teile des Pilzes grauen und schwärzen an verletzten Stellen. Der Riesenporling wächst meist in Bodennähe an der Stammbasis, um Stümpfe herum oder an vergrabenen Wurzeln.

An der Stammbasis und an Stümpfen von Buchen und Eichen sowie anderen Laubbäumen

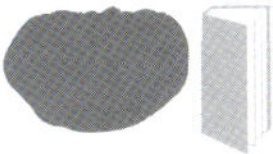

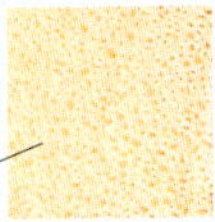

SPORENPULVER *Weiß*
ZEIT *Sommer bis Herbst*
VORKOMMEN *Weit verbreitet und ziemlich häufig in Mitteleuropa*
WERT *Ungenießbar*
ÄHNLICHE ARTEN *Klapperschwamm (links): kleinere Einzelhüte, Fleisch nicht grauend oder schwärzend*

Falscher Zunderschwamm

Phellinus igniarius (Hymenochaetaceae)

Die holzig-harten Fruchtkörper können viele Jahre alt werden und beträchtliche Ausmaße erreichen. Die glatte, im Alter aufreißende schwarzgraue Oberfläche ist oft mit Moosen und Algen besetzt. Poren und Trama sind braun. Der Pilz wächst an verschiedenen Laubhölzern, besonders an Birke, Weide und Erle.

An alten, noch lebenden Stämmen, abgestorbenen Stämmen und abgefallenen Ästen von Laubbäumen

SPORENPULVER *Braun*
ZEIT *Mehrjährig*
VORKOMMEN *Weit verbreitet*
WERT *Ungenießbar*
ÄHNLICHE ARTEN *Echter Zunderschwamm (S. 223): hufförmig, Sporen weiß; Lackporlinge* (Ganoderma): *mit weißen Poren, Farbe mehr braun*

Schwefelporling

Laetiporus sulphureus (Polyporaceae)

An alten, lebenden Laub- und Nadelbäumen, seltener an Totholz. Am häufigsten an Eichen, Weiden und Obstbäumen, auch an Eibe

Der leuchtend gelbe Pilz bildet große, übereinanderstehende, fächerförmige Fruchtkörper. Er ist einer der spektakulärsten Porlinge. Ganz jung sind die Fruchtkörper fast orange und haben eine fleischartige Konsistenz. Allerdings verfaulen sie ziemlich schnell; die Farbe verblasst zu blass ockerbraun, das weiche Fleisch wird käseartig-mürb und zerbröckelt leicht. Der Pilz wird oft als »jung essbar« bezeichnet, hat aber nachweislich bei manchen Menschen Magenverstimmungen hervorgerufen und sollte nur mit Vorsicht genossen werden. Es soll sich um allergische Reaktionen mit heftigem Verlauf handeln, von denen etwa jeder Zehnte betroffen ist.

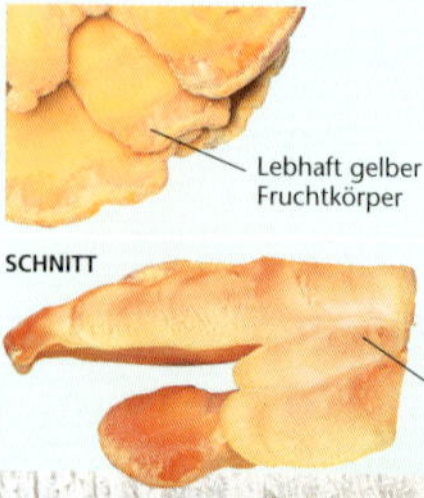

ANMERKUNG

Vergessen Sie nicht, auf der Pilzpirsch einen Blick nach oben zu werfen. Trotz ihrer Größe werden Baumpilze wie der Schwefelporling leicht übersehen, weil die Sammler ihren Blick meist starr auf den Boden richten.

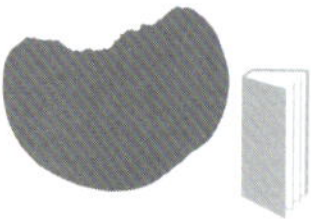

SPORENPULVER *Weiß*
ZEIT *Spätes Frühjahr bis Frühherbst*
VORKOMMEN *Weit verbreitet in Mitteleuropa und vielerorts ziemlich häufig*
WERT *Jung essbar, wird aber nicht von jedem vertragen*
ÄHNLICHE ARTEN *Riesenporling (S. 229): niemals lebhaft gelb, fast immer am Stammgrund. Eichen-Zungenporling (rechts): sehr viel seltener, matter gefärbt, Trama lederig-zäh*

Eichen-Zungenporling

Piptoporus quercinus (Fomitopsidaceae)

Am Kernholz alter Eichen, in Parkanlagen und auf Weiden

Der fleischige, aber lederig-zähe Fruchtkörper hat eine auf lebhaft gelbem Grund kastanienbraune, gestreifte Oberfläche; die weißlichen Poren bräunen auf Druck. Junge Exemplare sind weich und abgerundet, ältere zeigen im Schnitt eine eher dreieckige Form und blassen aus. Der Pilz ist auf alte Eichen beschränkt, die immer seltener werden, weshalb er z. B. in England nur mit Genehmigung gesammelt werden darf.

SPORENPULVER *Weiß*
ZEIT *Sommer bis Herbst*
VORKOMMEN *In Deutschland sehr selten, nur von wenigen Standorten bekannt*
WERT *Ungenießbar*
ÄHNLICHE ARTEN *Schwefelporling (links): einheitlich gelb; Leberreischling (S. 232): Fruchtkörper blutrot*

Gelbstieliger Muschelseitling

Panellus serotinus (Tricholomataceae)

In kleinen Büscheln an Laubholz, sowohl an toten als auch an lebenden Stämmen, auch an toten, noch ansitzenden oder abgefallenen Ästen

Der erst spät im Jahr erscheinende essbare Pilz lässt sich an seinem gelbbraunen bis olivgrünen, bei Feuchtigkeit klebrig-schmierigen, glänzenden Hut sowie an den orangegelben Lamellen leicht erkennen. Der Stiel sitzt seitlich am ohrförmigen Hut an. Der kurze, stummelartige Stiel ist oft sehr unauffällig.

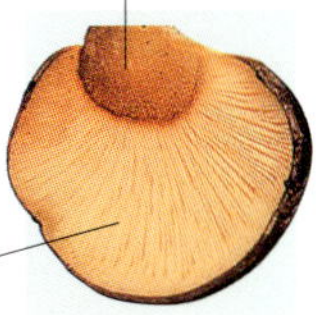

SPORENPULVER *Weiß*
ZEIT *Spätherbst bis Winter*
VORKOMMEN *Weit verbreitet, häufig*
WERT *Essbar*
ÄHNLICHE ARTEN *Austernseitling (S. 236): ähnlich geformt, aber Lamellen weiß; Hut grau bis bräunlich, nie olivgrün gefärbt*

Einzeln oder zu mehreren an lebenden alten Eichen oder Edelkastanien, seltener auch an Totholz

Leberreischling (Ochsenzunge)

Fistulina hepatica (Fistulinaceae)

Wie eine rote Clownsnase brechen die jungen Fruchtkörper dieses essbaren, weichfleischigen Holzbewohners aus der Rinde oder aus Stammwunden des Wirtsbaumes hervor. Der Fruchtkörper breitet sich schnell aus, wird zungenförmig und nimmt eine dunkle, blutrote Farbe an. Frische Exemplare sondern oft rote Tröpfchen ab. Die blassgelben Poren auf der Unterseite verfärben sich an verletzten Stellen und im Alter rötlich; die Röhren lassen sich leicht vom Hutfleisch trennen. Das rote, marmorierte Fleisch sondert einen roten Saft ab und erinnert in seiner Struktur an eine Ochsenzunge. Der Leberreischling schmeckt im Alter säuerlich und sollte daher nur jung und frisch gegessen werden.

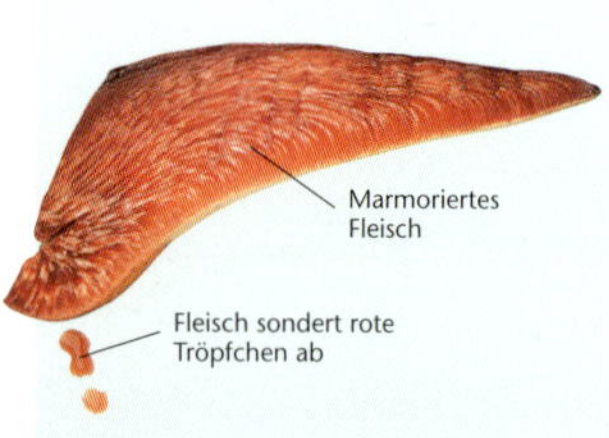

ANMERKUNG

Schneiden Sie den Fruchtkörper durch und betrachten Sie das weiche, marmorierte rote Fleisch. Es erinnert an ein rohes Beefsteak. In England nannte man den Pilz deshalb auch das »Beefsteak der Armen«.

SPORENPULVER *Weiß*
ZEIT *Sommer bis Herbst*
VORKOMMEN *Ziemlich selten, aber weit verbreitet*
WERT *Essbar*
ÄHNLICHE ARTEN *Eigentlich unverwechselbar; rote oder rotbraun gefärbte Porlinge wie die Zinnoberrote Tramete haben allesamt hartes, holzartiges Fleisch und sind ungenießbar. Der Leberreischling ist der einzige porlingsartige rote Pilz mit weichem, fleischigem Fruchtkörper.*

Rotrandiger Schichtporling

Fomitopsis pinicola (Fomitopsidaceae)

Ein sehr harter, mehrjähriger, huf- bis konsolenförmiger Porling, gekennzeichnet durch eine unebene, graubraune bis schwärzlichgraue Oberfläche und eine klebrige rötlich- bis orangebraune Randzone. Die Poren sind cremefarben und gilben frisch auf Druck. Der Pilz hat einen charakteristischen, säuerlichen Geruch und kommt an den verschiedensten Laub- und Nadelgehölzen vor.

An stehenden und liegenden Stämmen sowie an Stümpfen

POREN

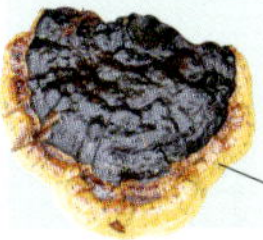

SPORENPULVER *Weiß*
ZEIT *Mehrjährig*
VORKOMMEN *In Deutschland weit verbreitet und vielerorts einer der häufigsten Porlinge*
WERT *Ungenießbar*
ÄHNLICHE ARTEN *Beim Echten Zunderschwamm (S. 223) sind die Poren graulich bis graubraun.*

Gallertfleischiges Krüppelfüßchen

Crepidotus mollis (Cortinariaceae)

Der ohrförmige, in seiner Gestalt an einen winzigen Austernseitling erinnernde Pilz wächst oft dachziegelig an totem Laubholz. Seine Farbe kann zwischen graubraun bei Feuchtigkeit bis fast weiß bei Trockenheit variieren. Hauptmerkmal ist die gelatinöse, gummiartige, leicht abziehbare Huthaut. Der Hutrand kann fein gerieft sein, die Lamellen sind graubraun. Der Pilz hat allenfalls einen rudimentären Stiel, der seitlich ansitzt.

Einzeln oder in Reihen übereinander an totem Laubholz, insbesondere an Stämmen und Stümpfen von Ulmen, Eschen, Pappeln und Buchen

SPORENPULVER *Braun*
ZEIT *Frühjahr bis Herbst*
VORKOMMEN *In Mitteleuropa weit verbreitet und stellenweise häufig*
WERT *Ungenießbar*
ÄHNLICHE ARTEN *Andere Krüppelfüßchen haben keine gallertige Huthaut. Seitlinge (Pleurotus) und Verwandte haben weiße Sporen.*

Büschelig oder in kleinen Gruppen an Totholz aller Art, v.a. an Buchen, an sonnenexponierten, trockenen Standorten.

Spaltblättling

Schizophyllum commune (Schizophyllaceae)

Die kleinen lederig-zähen, gelappten bis fächerförmigen Fruchtkörper haben eine weißliche bis graubeige, filzige Oberfläche und auf der Unterseite rosagrauliche Lamellen. Jede Lamelle ist, wie man unter der Lupe gut erkennen kann, längs gespalten, wobei sich die beiden Seiten bei Trockenheit nach innen einrollen. Der Spaltblättling ist in der Lage, auch unter sehr trockenen Bedingungen und bei hohen Temperaturen zu wachsen, deswegen findet man ihn in den Tropen an freiliegenden, sonnengebleichten Stämmen besonders häufig. Er wächst unter ähnlichen Bedingungen auch in Nordeuropa, ist dort aber seltener. Neuerdings hat er eine Vorliebe für in PE-Folie eingewickelte Strohballen entwickelt, auf denen er bisweilen dichte Büschel bildet.

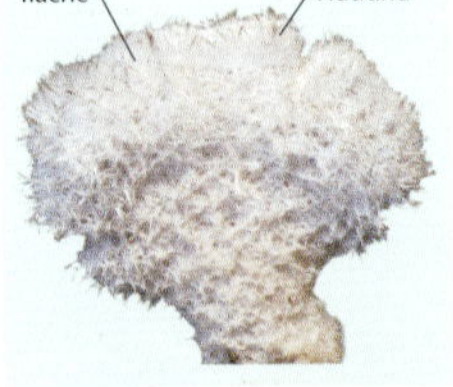

SPORENPULVER *Weiß*
ZEIT *Ganzjährig*
VORKOMMEN *In Mitteleuropa weit verbreitet und fast überall häufig.*
WERT *Ungenießbar*
ÄHNLICHE ARTEN *Alte, ausgeblichene Schichtpilze* (Stereum) *können von oben ähnlich aussehen, haben aber auf der Unterseite keine Lamellen. Verschiedene andere Lamellenpilze, z.B. Krüppelfüßchen* (Crepidotus) *haben einfache braune, ungespaltene Lamellen.*

ANMERKUNG

Spaltblättlinge können Sie auch im Urlaub in tropischen und subtropischen Regionen finden. Sie wachsen dort sogar auf am Strand liegendem Treibholz.

Judasohr

Auricularia auricula-judae (Auriculariaceae)

Der eigenartig ohrförmige Pilz ist auf der Oberfläche feinsamtig-braun, die Innenseite des »Ohrs« ist graubraun und oft stark geadert. Frische Fruchtkörper sind fest und knorpelartig. Bei Trockenheit schrumpfen sie ein und werden hart und brüchig, bei Feuchtigkeit quellen sie wieder auf. Judasohren findet man meist sehr gesellig in Büscheln, seltener auch einzeln, an verschiedenen Laubhölzern. Bei Feuchtigkeit können sie von Algen grünlich gefärbt sein. Eine sehr ähnliche, tropische Art, *A. polytricha*, ist in der chinesischen Küche und Heilkunde sehr beliebt.

An stehendem und liegendem Laubholz, v.a. an Holunder, aber auch an Buche, Esche, Ahorn und Weide, sehr selten an Nadelholz

SPORENPULVER *Weiß*
ZEIT *Wächst meist in milden Wintern, ist aber ganzjährig zu finden*
VORKOMMEN *Weit verbreitet und vielerorts ziemlich häufig*
WERT *Essbar, doch sollten ausgetrocknete und überalterte Exemplare nicht verwendet werden*
ÄHNLICHE ARTEN *Gezonter Ohrlappenpilz* (Auricularia mesenterica): *Oberfläche graubraun gezont; Braune Gallertpilze* (Exidia, Tremella) *sind auch gallertig, meist gehirnartig gewunden und ungenießbar.*

ANMERKUNG

Bei vermeintlichen Judasohren mit graubraun gezonter, filziger Oberfläche handelt es sich vermutlich um den Gezonten Ohrlappenpilz.

An toten oder absterbenden Laubbäumen, sehr selten auch an Nadelholz, oft an noch stehenden Bäumen hoch am Stamm

Austernseitling

Pleurotus ostreatus (Polyporaceae)

Die halbkreis- bis austernförmigen Hüte dieser Art bilden große Büschel und stehen oft dachziegelig übereinander. Die Oberfläche variiert zwischen blassbraun und satt blaugrau und hat oft eine weißlich-filzige Bereifung in der Mitte, v.a. bei feuchtem und kühlem Wetter. Die schmalen, engstehenden Lamellen sind weiß, laufen an dem sehr kurzen, manchmal fast fehlenden Stiel herab und sind oftmals von kleinen Insekten besiedelt. Das weiße Fleisch riecht und schmeckt angenehm; es hat eine feste, fleischartige Konsistenz. Der Austernseitling lässt sich leicht züchten, wird heue weltweit angebaut und ist in den meisten Supermärkten erhältlich. Es werden sogar Anzucht-Sets für den Hobbygärtner angeboten.

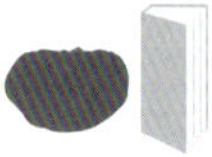

SPORENPULVER *Blass lavendelfarben*
ZEIT *Herbst bis milde Winter*
VORKOMMEN *In Nord- und Westdeutschland ziemlich häufig, im Süden und Südosten zerstreut*
WERT *Essbar, guter Speisepilz*
ÄHNLICHE ARTEN *Rillstieliger Seitling (S. 41): trompetenförmige, büschelige Fruchtkörper mit gerilltem Stiel; Lungenseitling* (Pleurotus pulmonarius): *blasser, Frühsommer bis Herbst*

ANMERKUNG

Da sich in den Lamellen des Austernseitlings oft kleine Käfer ansiedeln, schütteln Sie die Hüte ein wenig. Die Pilze vor dem Kochen waschen und abtropfen lassen.

Orangerötlicher Adernseitling

Rhodotus palmatus (Tricholomataceae)

Die pfirsichrosafarbene, netzaderig gerunzelte Huthaut dieser sehr seltenen Art ist gallertig-knorpelig. Der Hut hat meist einen eingerollten Rand und ist bei feuchtem Wetter oft mit roten Tröpfchen besetzt. Die etwas blasseren Lamellen sind ziemlich entferntstehend und am Stiel oft aderig verbunden. Der Stiel ist oft verbogen und sitzt mitunter exzentrisch an. Der Adernseitling wächst büschelig an totem Laubholz. Das blass rosafarbene Fleisch schmeckt leicht bitter, der angenehm fruchtige Geruch gleicht dem von Pfirsichen oder Aprikosen.

Büschelig oder in kleinen Gruppen auf verrottendem Laubholz, besonders – wenn auch nicht ausschließlich – an Ulme, v.a. in Auwäldern

ANMERKUNG

Ein gutes Kennzeichen des Adernseitlings ist die dehnbare, gelatinöse Huthaut, die sich leicht abziehen lässt.

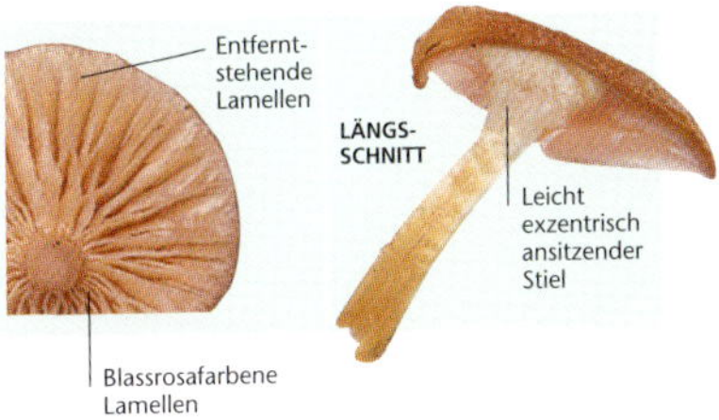

SPORENPULVER *Rosa*
ZEIT *Spätsommer bis Spätherbst*
VORKOMMEN *In Deutschland sehr selten, die meisten Standorte liegen im Rheintal.*
WERT *Ungenießbar, als Seltenheit zu schonen*
ÄHNLICHE ARTEN *Seitlinge* (Pleurotus) *sind grau bis weiß gefärbt; Orangeroter Dachpilz* (Pluteus aurantiorugosus): *meist geradstielig, Huthaut rotorange, ebenfalls sehr selten*

Kugelige, keulenförmige und andere Pilze

In dieses Kapitel fallen eine große Zahl unterschiedlich geformter Fruchtkörper, denen gemeinsam ist, dass so gut wie alle weder Lamellen, Röhren oder Stacheln besitzen. In diesem Abschnitt werden eine Vielzahl von Pilzen zusammengefasst, die nicht miteinander verwandt sind. Ihre Größen, Farben, Überlebensstrategien und Formen der Sporenverbreitung sind entsprechend variabel. Zur Vielfalt der Formen zählen z. B. becher-, finger-, gitter-, kugel-, keulenförmige Strukturen oder bizarre Hüte.

LAUBHOLZ-HÖRNLING

ROTER GITTERLING

PUPPEN-KERNKEULE

TOTEN-TROMPETE

Stinkender Stäubling

Lycoperdon nigrescens (Lycoperdaceae)

Der dem Flaschenstäubling (S. 240) ähnelnde Pilz ist ebenso häufig, zieht aber saure Wälder und Heiden vor. Er ist dunkler als der Flaschenstäubling und mit kleinen schwarzbraunen, an der Spitze zusammenneigenden Stacheln besetzt, die im Alter abfallen und ein netzartiges Muster hinterlassen.

Einzeln oder in kleinen Gruppen auf dem Boden in sauren Wäldern und Heiden, manchmal auch in Dünen

SPORENPULVER *Braun*
ZEIT *Sommer bis Spätherbst*
VORKOMMEN *Weit verbreitet und in vielen Teilen Europas sehr häufig*
WERT *Ungenießbar*
ÄHNLICHE ARTEN *Flaschenstäubling (S. 240), Igelstäubling (S. 241) sowie andere Stäublinge, die jedoch keine Stacheln haben.*

Weicher Stäubling

Lycoperdon molle (Lycoperdaceae)

Einer der häufigsten waldbewohnenden Stäublinge, dessen Außenhülle mit winzigen weichen Körnchen und nicht abfallenden Stacheln bedeckt ist. Der Weiche Stäubling ist im Normalfall milchkaffeefarben und wird im Alter gelbbraun. Der sterile Stiel ist oft nur kurz und wenig auffällig.

Einzeln oder in kleinen Gruppen in Laub- und Mischwäldern auf neutralen bis kalkhaltigen Böden

SPORENPULVER *Braun*
ZEIT *Sommer bis Herbst*
VORKOMMEN *Weit verbreitet in Mitteleuropa und stellenweise häufig*
WERT *Jung vermutlich essbar*
ÄHNLICHE ARTEN *Der Beutelstäubling (S. 249) ist viel größer; der Graubraune Stäubling* (L. lividum) *wächst auf Trockenrasen*

In kleinen Gruppen oder in Büscheln auf dem Erdboden, selten auch an totem Holz, in Laub- und Nadelwäldern

Flaschenstäubling

Lycoperdon perlatum (Lycoperdaceae)

Wie alle Arten der Gattung *Lycoperdon* produziert der Flaschenstäubling seine Sporen innen im oberen Teil des Fruchtkörpers und entlässt sie durch eine scheitelständige Öffnung. Auftreffende Regentropfen sorgen dafür, dass die Sporen in kleinen Wolken durch die Öffnung geschleudert werden. Der Pilz ist essbar, solange er innen noch weiß ist. Von ähnlichen Arten kann man ihn anhand der kleinen weißlichen Stacheln unterscheiden, die im Alter abfallen und ein netzartiges Muster hinterlassen.

SPORENPULVER *Braun*
ZEIT *Sommer bis Spätherbst*
VORKOMMEN *Weit verbreitet und häufig in ganz Europa*
WERT *Jung essbar, solange das Fleisch noch weiß ist*
ÄHNLICHE ARTEN *Stinkender Stäubling (S. 239), Weicher Stäubling (S. 239), Igelstäubling (rechts), Birnenstäubling (rechts) und Flockenstäubling (S. 242): allen fehlen die typischen konischen Stacheln des Flaschenstäublings.*

ANMERKUNG

Essbare Stäublinge sollten nicht mit giftigen Kartoffelbovisten (S. 247) verwechselt werden, die schwerere, kompaktere, oft gelbliche Fruchtkörper haben.

Igelstäubling

Lycoperdon echinatum (Lycoperdaceae)

Der weniger häufige Igelstäubling ist durch seine bis zu 5 mm langen Stacheln gut zu erkennen. Sie fallen bei der Reife ab und hinterlassen ein netzartiges Narbenmuster. Das Fleisch der jungen Pilze ist fest und weiß, es gilbt jedoch schnell und wird bei der Sporenreife braun.

Einzeln oder in kleinen Gruppen in Laubwäldern v.a. in naturnahen Buchenwäldern, auf neutralen bis kalkhaltigen Böden

SPORENPULVER *Braun*
ZEIT *Sommer bis Herbst*
VORKOMMEN *Nur in Kalkgebieten häufiger, sonst selten, wenngleich weit verbreitet*
WERT *Ungenießbar*
ÄHNLICHE ARTEN *Stinkender Stäubling (S. 239): Stacheln kürzer, in Wäldern auf sauren Böden*

Birnenstäubling

Lycoperdon pyriforme (Lycoperdaceae)

Die ganz jungen Fruchtkörper sind mit körnigen kleinen Stacheln besetzt, doch fallen diese schnell ab und hinterlassen eine weiche, glatte Oberfläche. An der Stielbasis befindet sich jeweils ein weißer wurzelartiger Myzelstrang. Im Gegensatz zu anderen Stäublingen wächst diese Art stets am Totholz.

In großen dichten Kolonien an Stümpfen, vergrabenem Holz und liegenden Stämmen

SPORENPULVER *Braun*
ZEIT *Sommer bis Spätherbst*
VORKOMMEN *Weit verbreitet und sehr häufig in Mitteleuropa*
WERT *Essbar, solange innen noch weiß*
ÄHNLICHE ARTEN *Kaum verwechselbar, wenn man das Wachstum auf Holz und den wurzelartigen Myzelstrang berücksichtigt*

Flockenstäubling

Lycoperdon mammiforme (Lycoperdaceae)

Einzeln oder in kleinen Gruppen in Laubwäldern auf Kalkboden

Im Gegensatz zu allen anderen europäischen Stäublingen ist der junge Flockenstäubling mit einem dünnen, schleierartigen Velum überzogen. Diese Schicht bricht jedoch rasch auf und hinterlässt flockige Reste auf der Oberfläche. Bei ausgereiften Fruchtkörpern können die Flocken verschwunden sein, weshalb es schwer ist, die Art von ähnlichen Stäublingen zu unterscheiden.

SPORENPULVER *Braun*
ZEIT *Sommer bis Herbst*
VORKOMMEN *In Mitteleuropa weit verbreitet, aber selten; nur in Kalkgebieten häufiger*
WERT *Ungenießbar*
ÄHNLICHE ARTEN *Weicher Stäubling (S. 239): ähnlich wie der Flockenstäubling, aber ohne Flocken*

Wiesenstäubling

Vascellum pratense (Lycoperdaceae)

Einzeln oder in kleinen Gruppen in kurzem Gras, v.a. auf stickstoffreichen Weiden, in Rasenflächen und auf Parkwiesen

Der typisch kreiselförmige Wiesenstäubling ist cremefarben und mit kleiigen kleinen Stacheln besetzt. Im Alter wird die Hülle papierartig und bräunt, zum Schluss reißt sie auf, um die Sporen freizusetzen. Im Längsschnitt zeigen alte Fruchtkörper eine deutliche Membran zwischen der Sporenmasse (Gleba) und der sterilen Stielbasis, ein Merkmal, das bei Arten der Gattung *Lycoperdon* fehlt.

SPORENPULVER *Braun*
ZEIT *Frühsommer bis Herbst*
VORKOMMEN *In Mitteleuropa weit verbreitet und stellenweise häufig*
WERT *Essbar, solange noch jung und weiß*
ÄHNLICHE ARTEN *Schwärzender Bovist (rechts); Graubrauner Stäubling* (Lycoperdon lividum)*: mit deutlicherem Stiel, ohne Membran*

Schwärzender Bovist

Bovista nigrescens (Lycoperdaceae)

An seiner Kugelform und seiner relativen Größe ist dieser Pilz leicht zu erkennen. Unreife Fruchtkörper sind weich und glatt, die sterile Basis ist mit einem Myzelstrang im Boden verankert. Mit zunehmender Reife wird der Fruchtkörper glänzend schwarzbraun. Zum Schluss reißt er unregelmäßig auf und setzt dadurch die purpurbraunen Sporen frei. In diesem Zustand ist er federleicht wie Styropor.

Auf dem Erdboden in unterschiedlichen Lebensräumen, gern auf stickstoffreichen Wiesen und Heiden

SPORENPULVER *Purpurbraun*
ZEIT *Sommer bis Spätherbst*
VORKOMMEN *Weit verbreitet und häufig*
WERT *Essbar, solange noch jung und weiß*
ÄHNLICHE ARTEN *Wiesenstäubling (links): mit kleiigen Stacheln und kurzem Stiel; Bleigrauer Bovist* (B. plumbea): *Die weiße Außenhülle blättert ab, darunter ist der Pilz bleigrau.*

Hasenstäubling

Handkea utriformis (Lycoperdaceae)

Der Pilz kann jung an seinem breiten, birnenförmigen weißen Fruchtkörper und der Oberfläche erkannt werden, die in kleine vieleckige Plättchen aufspringt. Ältere Fruchtkörper sind braun und papierartig-dünn; der obere Teil löst sich allmählich auf und setzt so die Sporen frei. Am Ende bleibt eine becherförmige, sterile Basis übrig.

Einzeln oder in kleinen Gruppen in kurzrasigen Wiesen, v.a. auf saurem Grasland und in Dünenrasen

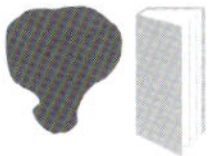

SPORENPULVER *Braun*
ZEIT *Sommer bis Herbst*
VORKOMMEN *Weit verbreitet in Mitteleuropa, vielerorts nur zerstreut*
WERT *Essbar, solange noch jung und weiß*
ÄHNLICHE ARTEN *Riesenstäubling (S. 244): Fruchtkörper rund, stiellos, viel größer*

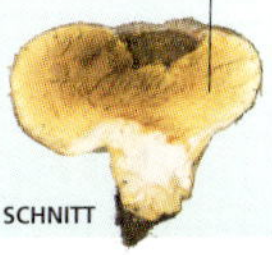

Auf stickstoffreichen Standorten in Weiden und unter Hecken, oft auch in der Nähe von Misthaufen, in Brennnesselfluren und bei anderen stickstoffliebenden Pflanzen, sogar in Wäldern

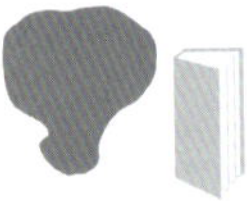

Riesenstäubling (Riesenbovist)

Calvatia gigantea (Lycoperdaceae)

Der eindrucksvolle Pilz ist allein schon an seinem Umfang erkennbar. Die Größe schwankt von der eines kleinen Fußballs bis zu der eines ruhenden Lammes, wofür er schon mehrfach gehalten wurde. Die Grundform ist rund, kann aber auch etwas unregelmäßig sein; die Oberhaut ist bisweilen etwas zerklüftet. Unreife Fruchtkörper sind essbar. Das feste weiße Fleisch ist mit einer dicken, lederigen Hülle umschlossen, die sich aber leicht abschälen lässt. An der Basis können weiße Myzelstränge auftreten. Bei der Reife verfärben sich die Riesenboviste innen zunächst gelblich und schließlich dunkel olivbraun; am Ende sind sie sehr leicht, wie Styropor.

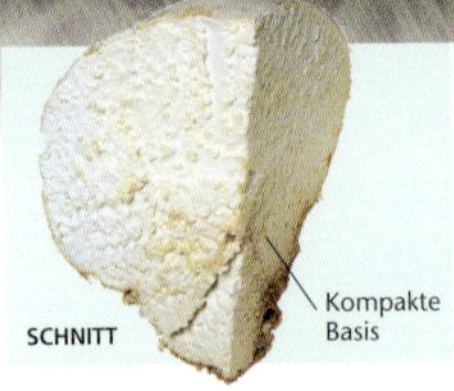

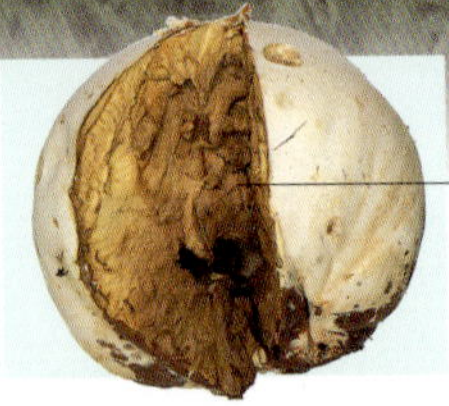

SPORENPULVER *Olivbraun*
ZEIT *Sommer bis Herbst*
VORKOMMEN *In ganz Deutschland verbreitet, aber nur stellenweise etwas häufiger*
WERT *Essbar, solange noch jung und weiß*
ÄHNLICHE ARTEN *Hasenstäubling (S. 243): klein, birnenförmig, Oberfläche fein granuliert bis kleiig-schorfig, Basis deutlich stielartig ausgeprägt*

ANMERKUNG

An Misthaufen und in Brennnesselfluren kann man diese seltene Art finden. Sie sollte nur gegessen werden, solange das Fleisch noch fest und weiß ist.

Großer Nest-Erdstern

Geastrum fornicatum (Geastraceae)

Einzeln oder in kleinen Gruppen unter Hecken, in Robinienwäldern, Laubwäldern und Parks

Der Fund dieses Erdsterns ist ein seltenes Vergnügen. Die spröde Außenhülle (Exoperidie) reißt auf. Halb im Boden vergraben, bleibt eine schalenförmige Basis zurück, während sich der übrige Teil in mehrere Arme aufspaltet, aufwölbt und die Innenkugel, die die Sporen enthält, nach oben schiebt. Durch Regentropfen, die auf die Innenkugel treffen, werden die Sporen freigesetzt.

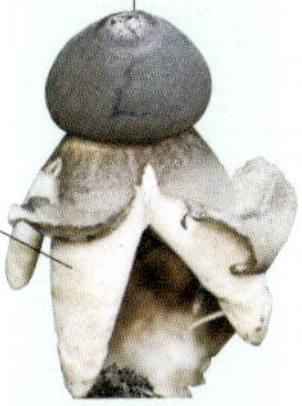

SPORENPULVER *Braun*
ZEIT *Sommer bis Spätherbst*
VORKOMMEN *In Deutschland sehr selten, nur in Sachsen-Anhalt etwas häufiger*
WERT *Ungenießbar*
ÄHNLICHE ARTEN *Kleiner Nest-Erdstern* (G. quadrifidum): *kleiner, häufiger, in Laub- und Nadelwäldern in der Streuschicht*

Halskrausen-Erdstern

Geastrum triplex (Geastraceae)

In kleinen Gruppen in Laub- und Nadelwäldern, auch unter Hecken und in Dünen

Eine der größten und häufigsten Erdsterne. Junge Fruchtkörper sind zwiebelförmig und oben deutlich zugespitzt. Bei der Reife reißt die äußere Schicht auf und öffnet sich sternförmig, sodass die bovistähnliche Innenkugel mit den Sporen frei wird. Sie ist mit einer charakteristischen »Halskrause« umgeben, der der Pilz seinen Namen verdankt.

SPORENPULVER *Braun*
ZEIT *Sommer bis Spätherbst*
VORKOMMEN *In Deutschland weit verbreitet, aber nur mancherorts häufiger*
WERT *Ungenießbar*
ÄHNLICHE ARTEN *Der Wetterstern (S. 246) und der häufige Gewimperte Erdstern* (Geastrum fimbriatum) *haben keine »Halskrause«.*

Wetterstern

Astraeus hygrometricus (Sclerodermataceae)

In Scharen in Wäldern und Parks, v.a. auf sandigen Böden in warmen Gebieten

Der junge Fruchtkörper dieses Erdsternverwandten bildet eine rundliche, hellbraune Kugel, die bei der Reife sternförmig aufreißt und 6 bis 15 Lappen bildet. Diese sind etwas blasser und mit weißlichen Schüppchen besetzt. Die zentrale Sporen tragende Innenkugel ist rotbraun, mit rauer Oberfläche und zentraler Öffnung. Der Name Wetterstern rührt daher, dass sich die Lappen bei Trockenheit schließen und bei Feuchtigkeit wieder öffnen.

SPORENPULVER *Braun*
ZEIT *Ganzjährig*
VORKOMMEN *Nur in Gebieten mit sauren Böden, aber auch dort nur zerstreut*
WERT *Ungenießbar*
ÄHNLICHE ARTEN *Erdsterne (S. 245): ebenfalls mit sternförmig aufreißenden Lappen, die sich jedoch nicht öffnen und schließen*

Sieb-Erdstern

Myriostoma coliforme (Geastraceae)

In kleinen Gruppen auf trockenem, sandigem Boden, z.B. in Weinbergen und Gebüschen

Der Pilz erinnert an einen Erdstern, hat aber keine zentrale Mündung, sondern mehrere Löcher, durch die die Sporen freigesetzt werden können. Außerdem wird die Innenkugel von mehreren Stielchen getragen. Durch diese beiden Merkmale ist die Art unverwechselbar. Ursprünglich in England beschrieben, gilt sie dort als ausgestorben, tritt aber noch auf den Kanalinseln und dem europäischen Festland auf.

SPORENPULVER *Braun*
ZEIT *Sommer bis Spätherbst*
VORKOMMEN *In Deutschland sehr selten, nur im kontinentalen Klima*
WERT *Ungenießbar, als Seltenheit zu schonen*
ÄHNLICHE ARTEN *Unverwechselbar, wenn man die siebartige Innenkugel berücksichtigt*

Dünnschaliger Kartoffelbovist ☠

Scleroderma verrucosum (Sclerodermataceae)

Einzeln oder in kleinen Gruppen bei Laubbäumen, oft an Wegrändern in Gärten, Parks und Wäldern

Dieser Bovist hat einen deutlichen, wenn auch unregelmäßig gerippten und gefurchten Stiel mit wurzelähnlichen, weißlichen Myzelsträngen an der Basis, der teilweise im Boden vergraben sein kann. Die Außenseite ist ockerbraun, feinschuppig, die Hülle dünn. Im Inneren des Fruchtkörpers befindet sich die schwarze Sporenmasse (Gleba).

SPORENPULVER *Dunkelbraun*
ZEIT *Sommer bis Spätherbst*
VORKOMMEN *In Europa weit verbreitet und vielerorts häufig*
WERT *Giftig*
ÄHNLICHE ARTEN *Leopardenfell-Hartbovist* (Scleroderma areolatum): *im Allgemeinen etwas kleiner, ohne ausgeprägten Stiel*

Dickschaliger Kartoffelbovist ☠

Scleroderma citrinum (Sclerodermataceae)

Einzeln oder in kleinen Gruppen bei Laub- und Nadelbäumen auf sauren Böden, z.B. in Heiden und Mooren

Die schuppige gelbe Oberfläche ist typisch für diesen Bovist. Der Fruchtkörper ist schwerer und zeigt im Schnitt eine dicke, fleischige Außenhülle (Exoperidie), die eine dichte schwarze Sporenmasse enthält. Mit dem Zerfall des alten Fruchtkörpers werden die Sporen freigesetzt. Die Gleba riecht nach altem Gummi.

SPORENPULVER *Dunkelbraun*
ZEIT *Sommer bis Spätherbst*
VORKOMMEN *In Mitteleuropa weit verbreitet und vielerorts sehr häufig*
WERT *Giftig*
ÄHNLICHE ARTEN *Rotbrauner Kartoffelbovist* (S. bovista): *auf besseren Böden, Oberfläche glatter, graulich bis rotbraun, Hülle viel dünner*

SCHNITT

Auf trockenen, sandigen Böden, gerne bei Kiefern, aber auch im Laubwald und auf überwachsenen Halden

Erbsenstreuling

Pisolithus arrhizus (Sclerodermataceae)

Trotz seiner Größe ist der knollige braune Erbsenstreuling nicht sehr auffällig, zumal man ihn leicht für einen alten Rossapfel halten kann. Der dicke Stiel, so vorhanden, steckt oft ganz oder teilweise im Boden. Der Schnitt durch einen jungen Fruchtkörper zeigt ein typisches Mosaik aus erbsengroßen Gebilden, in denen die Sporen enthalten sind. Bei der Reife zerfallen sie in eine pulverige braune Sporenmasse. Der Erbsenstreuling ist in Südeuropa stellenweise häufig, nördlich der Alpen dagegen selten. Früher benutzte man ihn zum Färben von Textilien, denn er enthält mehrere gelbe bis purpurbraune Farbstoffe.

ANMERKUNG

Der Erbsenstreuling trägt dazu bei, arme Böden mit lebenswichtigen Nährstoffen zu versorgen. Er ist einer von mehreren Pilzen, die in Aufforstungen den jungen Bäumen die Wiederbesiedelung von Brachland und rekultivierten Abraumhalden erleichtern.

SPORENPULVER *Braun*
ZEIT *Sommer bis Herbst*
VORKOMMEN *In Südeuropa verbreitet, in Deutschland nur in Sachsen, Thüringen und Nordbayern etwas häufiger, sonst selten*
WERT *Ungenießbar*
ÄHNLICHE ARTEN *Kartoffelboviste (S. 247). Alte und verfallene Beutelstäublinge (rechts) und Hasenstäublinge (S. 243) haben keine mosaikartige Fleischstruktur.*

Beutelstäubling

Handkea excipuliformis (Lycoperdaceae)

Der Pilz sieht aus wie ein zu groß geratener Flaschenstäubling (S. 240), doch setzt er seine Sporen nicht durch ein Loch im Scheitel frei, sondern durch den Zerfall der Außenhülle. Der Pilz ist variabel, hat meist einen langen, gut ausgeprägten Stiel (mit styroporartigem Fleisch), der auch im Winter am Standort verbleibt, während der kugelige Kopfteil mit den Sporen vom Wind davongeblasen wird. Der junge Pilz ist essbar, solange das Fleisch rein weiß ist.

Einzeln oder in kleinen Gruppen in Laub- und Nadelwäldern, aber auch in offenem Grasland

SPORENPULVER *Braun*
ZEIT *Spätsommer bis Herbst*
VORKOMMEN *In Mitteleuropa weit verbreitet, aber vielerorts sehr zerstreut*
WERT *Essbar, s. o.*
ÄHNLICHE ARTEN *Der Erbsenstreuling (links) hat eine mosaikartige Fleischstruktur. Andere Stäublinge sind meist kleiner.*

Winter-Stielbovist

Tulostoma brumale (Tulostomataceae)

Stielboviste sehen aus wie winzige Stäublinge oder Kaninchendung auf Stielen. Ihre holzigen Stiele sind jedoch oft tief im Sand verborgen, sodass man sie kaum erkennt. Der »Kopf« enthält die Sporen und hat eine kleine scheitelständige Öffnung, durch die sie freigesetzt werden. Der Kopf blasst bald weißlich aus, der Stiel ist blassbraun bis milchkaffeefarben.

In kleinen Gruppen oder auch in großen Scharen auf Trockenrasen, Straßenböschungen, Dünenrasen, sogar auf Mauern

SPORENPULVER *Braun*
ZEIT *Spätherbst und Winter*
VORKOMMEN *In Mitteleuropa weit verbreitet und vielerorts häufig*
WERT *Ungenießbar*
ÄHNLICHE ARTEN *Schwarzgehöfter Stielbovist* (T. melanocyclum)*: seltenere Art mit dunkelbraun gehöfter Mündung*

An toten, stehenden oder liegenden Laubholzstämmen, v.a. Eschen und Birken

Kohliger Kugelpilz

Daldinia concentrica (Xylariaceae)

Die rundlichen bis unregelmäßig knolligen schwarzen Fruchtkörper wachsen an toten, noch stehenden oder bereits gefallenen Baumstämmen. Sie sind hart, aber relativ leicht. Die Farbe junger Exemplare ist dunkel rostbraun, später schwärzen sie. Die reifen Sporen werden ausgeschleudert und überziehen in Form eines schwarzen Pulvers die Umgebung des Pilzes. Es können auch einige Fruchtkörper miteinander verwachsen sein. Im Schnitt erkennt man mehrere konzentrische, dunkle und helle Linien. In der Volksmedizin wurde der Pilz gegen Krämpfe verwendet. In England wurde der Pilz auch »König Alfreds Kuchen« genannt, da er den Kuchen ähnelt, die der Sachsenkönig angeblich verbrennen ließ.

ANMERKUNG

Viele Porlinge bilden zunächst kugelige Initialstadien. Der Kohlige Kugelpilz kann an seiner hell-dunklen, konzentrischen Zonung beim Schnitt durch den Fruchtkörper erkannt werden.

SPORENPULVER *Schwarz*
ZEIT *Ganzjährig*
VORKOMMEN *In Westeuropa einschließlich Großbritannien häufig, in Mitteleuropa zerstreut bis selten*
WERT *Ungenießbar*
ÄHNLICHE ARTEN *Schleimpilz* (Enteridium lycoperdon): *ähnlich, mit silbergrauer Haut und schwarzer Sporenmasse im Inneren, aber nie so hart wie der Kohlige Kugelpilz*

Roter Gitterling

Clathrus ruber (Clathraceae)

Reife Fruchtkörper können an ihrem üblen Geruch bereits aus einiger Entfernung erkannt werden. Der reif käfigartige, schwammige, lebhaft rosarote Fruchtkörper hat eine schleimige dunkelbraune Sporenmasse auf der Innenseite, die durch Insekten verbreitet wird. Die Gitterkugel entspringt einem golfballähnlichen Hexenei.

In humusreichen Wäldern, aber auch in Gärten, Treibhäusern, v.a. in warmen Regionen, einzeln oder aber häufiger in kleinen Gruppen

SPOREN *Olivbraun*
ZEIT *Sommer bis Herbst, im Süden ganzjährig*
VORKOMMEN *Im Mittelmeerraum; nördlich der Alpen sehr selten*
WERT *Ungenießbar*
ÄHNLICHE ARTEN *Der Tintenfischpilz (S. 252) und die Hundsrute (S. 265) entwickeln sich aus Hexeneiern, sind aber anders geformt.*

Kohlenbeere

Hypoxylon fragiforme (Xylariaceae)

Die harten, krustenartigen Fruchtkörper sind frisch rosarötlich und unter der Lupe dicht warzig. Später verfärben sie sich ziegelrot bis rotbraun und sind am Ende vollkommen schwarz. Es gibt viele andere holzkohlenartige schwärzliche Arten wie die Kohlenbeere. Ihre Aufgabe besteht darin, Totholz aufzuzehren. Die meisten dieser Arten bilden flache oder polsterförmige Krusten.

In großen Scharen auf totem Buchenholz, sowohl auf abgefallenen Ästen als auch liegenden Stämmen

SPORENPULVER *Braun*
ZEIT *Ganzjährig*
VORKOMMEN *Sehr häufig, in jedem Buchenwald zu finden*
WERT *Ungenießbar*
ÄHNLICHE ARTEN *Hasel-Kohlenbeere* (Hypoxylon fuscum): *violettbraun, an Hasel und Erle*

Tintenfischpilz

Clathrus archeri (Clathraceae)

Einzeln oder in kleinen Gruppen in der Streuschicht der Wälder, aber auch Kulturfolger in Gärten und auf Wiesen

Der aus Australien eingeschleppte Pilz entspringt einem ovalen, gelatinösen, rosaockerlichen »Hexenei«, das mit einem Myzelstrang im Boden verwurzelt ist. Bei der Reife platzt das Ei oben auf. Eine schwammige rote Säule schiebt sich heraus, teilt sich in vier bis acht Arme, die sich sternförmig ausbreiten und zurückbiegen. Die karminrosafarbenen Äste sind auf ihrer Innenseite mit stinkendem schwarzem Sporenschleim bedeckt.

SPORENPULVER *Olivbraun*
ZEIT *Sommer bis Spätherbst*
VORKOMMEN *Inzwischen in fast ganz Europa verbreitet*
WERT *Ungenießbar*
ÄHNLICHE ARTEN *Roter Gitterling (S.251): bildet reif eine Gitterkugel; Hundsrute (S. 265): ohne Arme, nur ein einziger Sporenträger*

Rossapfel-Kernpilz

Poronia punctata (Xylariaceae)

Einzeln oder in kleinen Gruppen auf altem Pferdedung, v.a. in Gebieten, wo die Pferde auf ungedüngten Wiesen grasen

Der Pilz ist ein Verwandter der Holzkeulen (S. 280). Die Fruchtkörper sind so groß wie Reißzwecken und erinnern auch in der Form an diese. Die flache Scheibe ist weißlich und mit schwarzen Punkten gesprenkelt. Sie sitzt einem schlanken schwärzlichen Stiel auf. Noch vor etwa 100 Jahren war der Pilz häufig; heute ist er vielerorts ausgestorben.

SPORENPULVER *Dunkelbraun*
ZEIT *Herbst*
VORKOMMEN *In Deutschland nahezu ausgestorben*
WERT *Ungenießbar*
ÄHNLICHE ARTEN Poronia erici: *auf Kaninchendung, v.a. in Dünen, Ostsee- und Nordseeinseln*

Zedern-Sandborstling

Geopora sumneriana (Pyronemataceae)

Die Fruchtkörper dieses Frühlingsbecherlings entwickeln sich knapp unter der Erdoberfläche. Bei der Reife brechen sie aus dem Boden hervor und reißen auf, sodass die Fruchtschicht auf der Bercherinnenseite freigelegt wird. Die Außenseite ist braunfilzig und bildet einen scharfen Kontrast zur graulichen oder gelblichweißen Innenseite.

Truppweise im Gras oder auf nackter Erde, stets unter Zedern in Parks, auf Friedhöfen und in Gärten

SPORENPULVER *Weiß*
ZEIT *Frühjahr*
VORKOMMEN *Süd- und Westeuropa, unter angepflanzten Zedern auch nördlich der Alpen*
WERT *Ungenießbar*
ÄHNLICHE ARTEN *Es gibt noch andere Sandborstlinge, von denen aber keiner an die Zeder gebunden ist.*

Blasenbecherling

Peziza vesiculosa (Pezizaceae)

Die großen Fruchtkörper sind blasenartig geformt; nur wenige breiten sich völlig aus. Die Fruchtschicht im Inneren ist glatt und blass gelbbraun, die Außenseite feinkörnig und blassocker bis braun. Das blassgelbe Fleisch ist dick, aber brüchig.

In dicht gedrängten Büscheln auf Misthaufen und stark gedüngten Böden, auf Stallabfällen, Komposthaufen und in Beeten.

SPORENPULVER *Weiß*
ZEIT *Frühjahr bis Herbst*
VORKOMMEN *Weit verbreitet und oft häufig*
WERT *Ungenießbar*
ÄHNLICHE ARTEN *Kellerbecherling (S. 254): meist in Häusern; Kastanienbrauner Becherling (S. 258): in Wäldern auf sauren Böden, dunkler braun*

Im Freien auf dem Erdboden und Holz wachsend, meist jedoch in und um menschliche Behausungen, z.B. auf altem Mörtel, im Freien liegenden Teppichen und ähnlichen Gegenständen

Kellerbecherling (Wachsbecherling)

Peziza cerea (Pezizaceae)

Wegen seiner besonderen Vorliebe für menschliche Behausungen kann man den Kellerbecherling an Standorten finden, an denen man eigentlich nicht mit Pilzen rechnet. Die oft recht große Art hat blassgelbe bis braune Fruchtkörper, eine glatte Becherinnen- und eine kleiige Außenseite. Man findet den Pilz an feuchten Stellen innerhalb von Gebäuden sowie an Außenwänden, insbesondere in Kellern. Er wächst aber auch an vielen anderen Standorten rund ums Haus, darunter im Bad, an Pappkartons, in Garagen, zwischen Pflastersteinen und sogar auf Autopolstern. Wie bei allen Becherlingen werden die Sporen aktiv ausgeschleudert; sie fallen also nicht aufgrund der Schwerkraft aus der Fruchtschicht heraus wie bei Lamellen- und Röhrenpilzen. Bei reifen Fruchtkörpern der Becherlinge kann man gelegentlich das explosionsartige Ausstoßen ganzer Sporenstaubwolken beobachten.

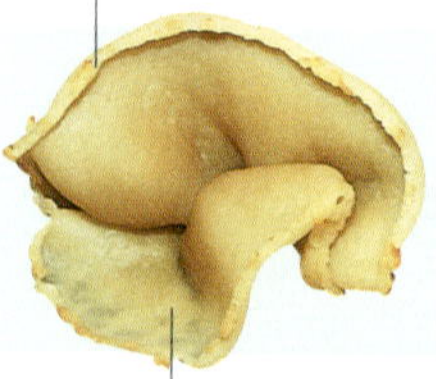

SPORENPULVER *Weiß*
ZEIT *Frühjahr bis Spätherbst*
VORKOMMEN *Weit verbreitet, an feuchten Standorten häufig*
WERT *Ungenießbar*
ÄHNLICHE ARTEN *Blasenbecherling (S. 253): ähnlich gefärbt, aber auf Stallmist und gedüngtem Boden. Die meisten anderen Becherlinge aus der Gattung* Peziza *sind anders gefärbt oder kleiner und wachsen an Totholz, auf Brandstellen oder auf dem Erdboden in Wäldern.*

ANMERKUNG

Wenn Sie den »Kellerbecherling« in Ihrem Haus finden, so ist das stets ein Zeichen von extremer Feuchtigkeit und kann sogar auf undichte Stellen hindeuten.

Einzeln oder in Gruppen im Falllaub, oft an gestörten Stellen entlang von Wegen und Straßen, auch in Gärten, gern unter Hasel

Herbstlorchel

Helvella crispa (Helvellaceae)

Die Herbstlorchel ist wahrscheinlich die häufigste und auffälligste Lorchel. Sie ist in der Form variabel, meist aber ziemlich groß. Der weiße Stiel hat tiefe, unregelmäßige Rippen und Furchen, vergleichbar mit einem Selleriestiel. Der Hut, auf dessen unregelmäßigen Lappen die Sporen erzeugt werden, ist creme- bis blassockerfarben. Sie ist mit den Morcheln (S. 283, 288) verwandt, doch, anders als diese, ein Herbstpilz. Die Art gilt in manchen Teilen Europas getrocknet oder mehrfach gekocht als essbar, doch ist sie giftig und sollte gemieden werden.

SPORENPULVER *Weiß*
ZEIT *Spätsommer bis Spätherbst*
VORKOMMEN *Weit verbreitet und vielerorts häufig*
WERT *Giftig*
ÄHNLICHE ARTEN *Die Grubenlorchel (S. 265) hat einen schwarzgrauen Hut; bei der Bischofsmütze* (Gyromitra infula) *ist der Stiel glatter und der Hut rotbraun.*

ANMERKUNG

Die meisten Lorcheln (Helvella *und* Gyromitra) *wachsen im Herbst, während die echten Morcheln im Frühjahr gedeihen. Morcheln sind durch ihre bienenwabenartigen Hüte gekennzeichnet.*

Tiegelteuerling

Crucibulum laeve (Nidulariaceae)

Meist in Scharen an humusreichen Standorten, z.B. in Falllaub, Rindenmulch, auf Sägemehl, in Wäldern, Parks und Gärten

Die an kleine Vogelnester erinnernden Pilze enthalten bis zu 20 linsenförmige weiße »Eier« (Peridiolen), in denen die Sporen enthalten sind. Der tiegelförmige oder zylindrische, gelbe bis ockerbraune Fruchtkörper ist außen feinsamtig, wird im Alter jedoch glatt. Anfangs ist die Öffnung mit einer Membran verschlossen. Die Peridiolen sind durch kurze Fäden an der Innenseite der Tiegel befestigt. Bei der Reife reißt die Membran auf und ermöglicht es den Peridiolen, von Regentropfen hinausgeschleudert zu werden.

SPORENPULVER *Weiß*
ZEIT *Sommer bis Herbst*
VORKOMMEN *Ziemlich häufig, aber leicht zu übersehen*
WERT *Ungenießbar*
ÄHNLICHE ARTEN Cyathus-*Arten wie der Topfteuerling (rechts) haben eher kreiselförmige Fruchtkörper; Nestlinge* (Nidularia) *sind kleiner und gelatinöser.*

ANMERKUNG

Geschlossene Exemplare sind bestimmbar, wenn man einen Fruchtkörper halbiert, um die linsenförmigen Peridiolen zu erkennen.

Topfteuerling

Cyathus olla (Nidulariaceae)

An humusreichen Stellen, zwischen pflanzlichen Resten, sogar auf Dung, an offenen Standorten, Waldrändern, Gärten und Parks

Die konischen »Nester« haben eine braune bis fast schwarze Außenseite. Die Innenseite ist bleigrau, glatt und glänzend. Auch die linsenförmigen »Eier« (Peridiolen) sind grau bis schwärzlich und mit Fädchen an der Innenwand befestigt. Bei jungen, unreifen Fruchtkörpern sind die Peridiolen durch eine Membran geschützt; später werden sie durch Regentropfen aus den Fruchtkörpern geschleudert.

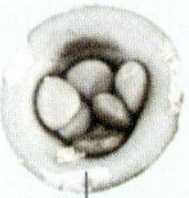

SPORENPULVER *Weiß*
ZEIT *Sommer bis Herbst*
VORKOMMEN *Seltener als der Tiegelteuerling und der Striegelige Teuerling*
WERT *Ungenießbar*
ÄHNLICHE ARTEN *Striegeliger Teuerling* (Cyathus striatus): *mit braunfilziger Außen- und deutlich gestreifter Innenseite*

Morchelbecherling (Chlorbecherling)

Disciotis venosa (Morchellaceae)

Einzeln oder in Gruppen, in Wäldern, Gebüschen und Gärten, auf kalkhaltigen Böden, gern an Wegrändern

Dieser dunkelbraune, unregelmäßig schalenförmige Becherling riecht bei der Reife stark nach Chlor. Die Innenseite ist oft stark gerunzelt oder geadert und erinnert darin an eine Morchel (S. 283). Dagegen ist die Außenseite blass cremefarben und kleiig, an Schneckenfraßstellen oft durchscheinend. Der Stiel ist dick, aber meist nur rudimentär vorhanden.

SPORENPULVER *Cremefarben*
ZEIT *Frühjahr*
VORKOMMEN *Nicht überall, mancherorts in großer Zahl*
WERT *Essbar*
ÄHNLICHE ARTEN *Die Wurzellorchel* (Rhizina undulata) *ist auch gerunzelt, riecht aber nicht nach Chlor, ebenso mehrere* Peziza-*Arten.*

Kastanienbrauner Becherling

Peziza badia (Pezizaceae)

Einzeln oder in kleinen Gruppen auf nacktem Boden, an Wegrändern usw., in Wäldern auf sauren Böden

Auf sauren Böden ist dieser dunkelbraune Becherling eine der häufigsten größeren *Peziza*-Arten. Die glatte Innenseite mit der Fruchtschicht, in der die Sporen erzeugt werden, ist dunkel rotbraun, kann aber im Alter olivgrüne Töne aufweisen. Die Außenseite ist ähnlich gefärbt und feinkörnig. Der Pilz ist essbar, aber nicht empfehlenswert.

SPORENPULVER *Weiß*
ZEIT *Spätsommer bis Herbst*
VORKOMMEN *Ziemlich häufig, auf Kalk selten*
WERT *Gut gekocht essbar*
ÄHNLICHE ARTEN *Gelbmilchender Becherling* (P. succosa)*: an Bruchstellen gelblichen Milchsaft absondernd, andere braune Becherlinge sind nur mikroskopisch unterscheidbar.*

Fingerhut-Verpel

Verpa conica (Morchellaceae)

Einzeln oder in Gruppen in Auwäldern, Gebüschen, Heckenlandschaften und Weinbergen, mit Vorliebe auf Kalkboden

Dieser Pilz hat einen unregelmäßigen, aber glatten Hut von der Größe und Form eines Fingerhutes. Der Hut ist nur an der Spitze des Stieles festgewachsen. Der Stiel kann unterschiedlich lang sein. Das Auftreten des Pilzes ist recht merkwürdig: In Jahren, die einem sehr heißen Sommer folgen, kann er zu Tausenden erscheinen, während es in normalen Jahren schwer ist, überhaupt Verpeln zu finden.

SPORENPULVER *Weiß*
ZEIT *Frühjahr*
VORKOMMEN *Selten bis sehr selten, am ehesten in Auwäldern*
WERT *Gekocht essbar, aber zu schonen*
ÄHNLICHE ARTEN *Böhmische Verpel* (Verpa bohemica)*: mit gerunzeltem Hut, ebenfalls ziemlich selten*

Eselsohr

Otidea onotica (Otideaceae)

In dichten Gruppen im Falllaub und auf dem Boden in Laubwäldern

Der Pilz gehört zur Gattung der Öhrlinge, die sich durch gespaltene, eingerollte und an Tierohren erinnernde Fruchtkörper von anderen Becherlingen unterscheiden. Das große Eselsohr ist auffällig ockergelb gefärbt. Die Fruchtschicht im Inneren des Bechers entwickelt manchmal sogar orange oder rosa Farbtöne. Wie bei allen Becherlingen werden die Sporen von so genannten Schläuchen (Asci) ausgeschleudert.

SPORENPULVER *Weiß*
ZEIT *Meist erst im Herbst*
VORKOMMEN *In Deutschland sehr zerstreut und vielerorts selten*
WERT *Essbar, aber als Seltenheit zu schonen*
ÄHNLICHE ARTEN *Andere braune und gelbe Öhrlinge sind nur mikroskopisch zu unterscheiden.*

Kronenbecherling

Sarcosphaera coronaria (Pezizaceae)

Einzeln oder in dicht gedrängten Gruppen, in Laub- und Nadelwäldern, auf Kalkböden

Die giftige Frühjahrsart entwickelt sich aus unterirdisch heranwachsenden Hohlkugeln, die bei der Reife aus dem Boden hervorbrechen und sich unregelmäßig sternförmig öffnen. Die Außenseite ist weißlich, die Innenseite der Becher jung oft lebhaft violett gefärbt.

SPORENPULVER *Weiß*
ZEIT *Frühjahr bis Frühsommer*
VORKOMMEN *Nur in Kalkgebieten örtlich häufiger, anderswo selten oder fehlend*
WERT *Giftig*
ÄHNLICHE ARTEN *Keine anderen Becherlinge dieser Größe sind violett und haben sternförmig aufbrechende Fruchtkörper.*

In Gruppen, oft scharenweise auf nacktem Boden, im Gras, besonders häufig an Wegrändern oder direkt auf Kieswegen

Orangebecherling

Aleuria aurantia (Otideaceae)

Dieser auffällige, leuchtend orangefarbene Becherling erinnert aus der Distanz an weggeworfene Orangenschalen. Die Unterseite ist viel blasser und mit kurzen, flaumigen weißen Härchen bedeckt. Bei jungen Exemplaren ist der Rand eingerollt, später breitet er sich aus und wird wellig oder lappig. Bei alten Pilzen kann die lebhafte Farbe ausblassen. Das Fleisch ist dünn, zerbrechlich und blass. Eine kurze stielartige Basis, die oft etwas exzentrisch ansitzt, verbindet den Fruchtkörper mit dem Erdboden.

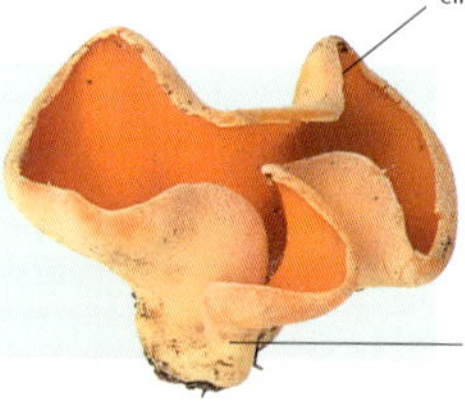

ANMERKUNG

Ein sehr attraktiver Becherling, der nicht als eigenes Pilzgericht, sondern als Garnierung Verwendung findet. Gelegentlich wird er auch als Salat serviert.

SPORENPULVER *Weiß*
ZEIT *Spätsommer bis Spätherbst*
VORKOMMEN *Weit verbreitet und ziemlich häufig.*
WERT *Essbar*
ÄHNLICHE ARTEN *Der rote Kurzhaarborstling* (Melastiza chateri) *ist kleiner, der Rand mit schwärzlichen Borsten gesprenkelt, die aber nur mit der Lupe sichtbar sind. Schildborstlinge* (Scutellina) *haben deutlich bewimperte Ränder.*

Kleinsporiger Grünspanbecherling

Chlorociboria aeruginascens (Leotiaceae)

Trotz der Winzigkeit sind diese Becherlinge leicht zu entdekken, da sie sich durch lebhaft blaugrüne Farben auszeichnen. Sie wachsen büschelig oder zerstreut auf totem, feuchtem Holz. Die Innenseite des Bechers, auf der die Sporen entstehen, ist glatt und grünspanfarben, der Rand oft gewellt. Die Außenseite ist blasser blaugrün, während der kurze, zähe, nach unten verjüngte Stiel grünlich braun ist. Der Pilz kann sogar entdeckt werden, wenn gar keine Fruchtkörper vorhanden sind, denn das befallene Holz ist grün verfärbt.

Normalerweise in Scharen auf am Boden liegendem Totholz aller Größen, v.a. aber auf Ästen. Es scheint eine Vorliebe für Eichen zu bestehen, es werden aber auch viele andere Laubhölzer befallen.

ANMERKUNG

Das vom Grünspanbecherling verfärbte Holz ist bei Künstlern beliebt, die es zu farbigen Intarsienarbeiten verwenden.

SPORENPULVER *Weiß*
ZEIT *Frühjahr bis Herbst und milde Winter*
VORKOMMEN *Selten, am ehesten in Au- und Bergwäldern*
WERT *Ungenießbar*
ÄHNLICHE ARTEN *Der Großsporige Grünspanbecherling* (Chlorociboria aeruginosa) *färbt das Holz ebenfalls grün, ist aber oft mehr gelbgrün gefärbt und hat größere Sporen.*

Auf dem Erdboden in schattigen, feuchten Nadelwäldern, meist auf oder in der Nähe von morschem Holz; gelegentlich auch im Laubwald

Fleischroter Gallertbecher

Tremiscus helvelloides (Tremellaceae)

Der leuchtend korallenrote Pilz ist kaum verwechselbar. Allerdings kommt er nicht überall vor und gilt daher mancherorts als botanische Seltenheit. Die ungewöhnlichen, gelappten oder blütenblattartigen Fruchtkörper wachsen büschelig. Jeder einzelne ist tüten- oder trompetenförmig und einseitig bis zum Boden gespalten. Die Sporen entstehen auf der gerunzelten Unterseite. Das Fleisch ist gelatinös und elastisch; ein typischer Geruch oder Geschmack fehlt.

SPORENPULVER *Weiß*
ZEIT *Sommer bis Herbst*
VORKOMMEN *Selten in Norddeutschland, im Süden und im Gebirge häufiger*
WERT *Essbar*
ÄHNLICHE ARTEN *Das Eselsohr (S. 259) ist ein Becherling, der ähnlich geformt ist. Er ist jedoch gelblicher und hat brüchiges Fleisch.*

ANMERKUNG

Das gummiartige Fleisch ist das wichtigste Merkmal für Gallertpilze, eine sehr variable Gruppe, zu der auch der Fleischrote Gallertbecher gehört.

Scharlachroter Kelchbecherling

Sarcoscypha austriaca (Sarcoscyphaceae)

Auf schon stark vermorschten, abgefallenen Zweigen und kleineren Stämmen in Laubwäldern; auf feuchten Standorten

Der Scharlachrote Kelchbecherling macht seinem Namen alle Ehre. Die becherförmigen Fruchtkörper sind auf der Außenseite mit winzigen, verdrehten weißen Haaren bedeckt, während die glatte Innenseite leuchtend scharlachrot gefärbt ist. Der Pilz hat einen mehr oder weniger langen, zentralen Stiel und festes, aber brüchiges blassrotes Fleisch.

SPORENPULVER *Weiß*
ZEIT *Winter und Frühjahr*
VORKOMMEN *Vor allem in Süddeutschland in Flusstälern verbreitet, nördlich seltener*
WERT *Ungenießbar*
ÄHNLICHE ARTEN S. coccinea: *äußerlich identisch, jedoch unter dem Mikroskop mit geraden (nicht verdrehten) Haaren*

Schmutzbecherling

Bulgaria inquinans (Leotiaceae)

Auf der Rinde frisch gefällter Eichen, selten auch an anderen Laubbäumen

Der Pilz bildet anfangs eine kleine braune Kugel mit rauer Außenseite und gummiartiger Konsistenz. Im Laufe der Reife öffnet sich die Kugel am Scheitel und verbreitert sich zu einer Schale. Dabei wird die vertiefte schwarze Innenseite sichtbar, die sich später aufwölben kann. Die schwarzen Sporen, die sich in den mikroskopisch kleinen Schläuchen auf der Innenseite entwickeln, »beschmutzen« die Finger, wenn man den Pilz berührt.

SCHNITT

SPORENPULVER *Schwarz*
ZEIT *Sommer bis Herbst*
VORKOMMEN *In Gebieten, in denen die Eiche verbreitet ist, häufig*
WERT *Ungenießbar*
ÄHNLICHE ARTEN *Blassroter Gallertbecher* (Neobulgaria pura): *Form ähnlich, Fruchtkörper jedoch blass, durchscheinend rosa*

Oft in großen Scharen in Laubwäldern auf besseren, neutralen bis kalkhaltigen Böden, gern an Hängen und Böschungen in tiefem Falllaub unter Buchen

Totentrompete (Herbsttrompete)

Craterellus cornucopioides (Cantharellaceae)

Der hochbegehrte Speisepilz ist kaum mit einer anderen Art zu verwechseln. Die trompetenförmigen Fruchtkörper sind hohl, die Innenseite dunkelgraubraun bis fast schwarz, die Außenseite blass weißlichgrau bereift und fein gerunzelt. Das dünne Fleisch schmeckt etwas pfeffrig und riecht aromatisch. Manchmal ist es nicht leicht, die Totentrompete im herbstlichen Falllaub zu finden, doch tritt sie in großen Scharen auf. Der Pilz lässt sich leicht trocknen und ergibt zu Pulver zermahlen eine hervorragende Würze.

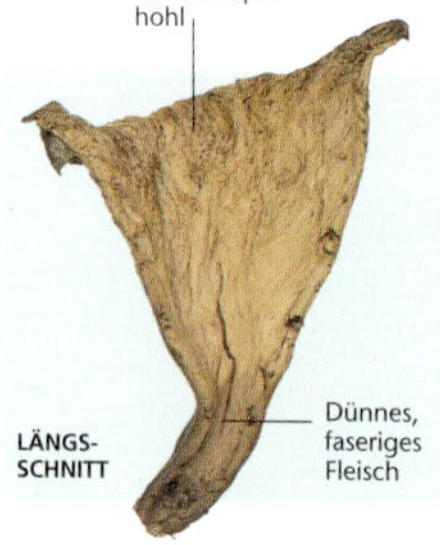

SPORENPULVER *Weiß*
ZEIT *Spätsommer bis Spätherbst*
VORKOMMEN *In Buchenwaldgebieten weit verbreitet und mancherorts sehr häufig*
WERT *Essbar, guter Speisepilz*
ÄHNLICHE ARTEN *Grauer Pfifferling (S. 165): mit deutlich ausgeprägten lamellenartigen Leisten oder Runzeln auf der Außenseite*

Vorwiegend in Laub-, aber auch in Nadelwäldern, in Gärten, gern an Wegrändern, Straßenböschungen und auf kiesigen Böden

Grubenlorchel

Helvella lacunosa (Helvellaceae)

Die mit den Becherlingen verwandte Grubenlorchel hat einen mehrfach gelappten, dünnen schwarzen Hut, auf dessen Außenseite die Sporen produziert werden. Die Unterseite der Lappen ist blasser und am Stielansatz gefurcht. Der relativ hohe Stiel ist grob gerippt und gekammert. Der gesamte Pilz ist sehr zerbrechlich.

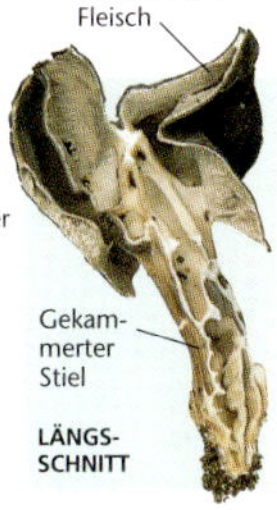

SPORENPULVER *Weiß*
ZEIT *Frühsommer bis Herbst*
VORKOMMEN *In Mitteleuropa weit verbreitet, aber selten häufig*
WERT *Ungenießbar*
ÄHNLICHE ARTEN *Herbstlorchel (S. 255): in Größe und Form fast identisch, aber Hut und Stiel weiß*

Meist in der Nähe von Totholz in Laub- und Nadelwäldern, zwischen Laub und Streu, manchmal in Büscheln

Hundsrute

Mutinus caninus (Phallaceae)

Der Pilz hat einen schlanken, schwammigen weißlichen bis orangefarbenen Stiel mit rötlicher Spitze, auf der der olivschwarze Sporenschleim haftet. Der Geruch zieht Insekten an, die den Sporenschleim fressen und ihn über ihre Exkremente verbreiten. Der Fruchtkörper entspringt einem weißen »Hexenei«.

SPORENPULVER *Olivschwarz*
ZEIT *Sommer bis Herbst*
VORKOMMEN *In Deutschland zerstreut, v. a. in warmen Gegenden*
WERT *Ungenießbar*
ÄHNLICHE ARTEN *Himbeerrote Hundsrute* (Mutinus ravenelii): *eine nordamerikanische Art mit kräftig karminroten Farben*

In Laub- und Nadelwäldern, im Falllaub und in der Streu, auch in Parks und großen Gärten

Stinkmorchel

Phallus impudicus (Phallaceae)

Die Stinkmorchel, die mit den echten Morcheln (S. 283) nicht verwandt ist, ist der bekannteste und häufigste der Blumen- und Rutenpilze *(Phallaceae)* in Mitteleuropa. Der üble Geruch der Stinkmorchel ist mitunter über viele Meter hinweg wahrnehmbar; in solchen Fällen ist es schwierig, den Fruchtkörper überhaupt zu finden. Das Jugendstadium ist ein großes weißes »Hexenei«, das mit einer gelatinösen Schicht umgeben ist. Aus ihm heraus entwickelt sich der poröse weiße, schwammige und hohle Stiel, der von einem fingerhutförmigen, wabenartig gekammerten, mit grünem bis schwarzem Sporenschleim bedeckten Hut gekrönt ist.

ANMERKUNG

In gemäßigten Breiten findet man selten auch Stinkmorcheln mit kurzem netzartigem Schleier unterhalb des Hütchens. In den Tropen gibt es Arten mit ausgeprägtem Schleier.

SPOREN *Olivbraun*
ZEIT *Sommer bis Herbst*
VORKOMMEN *In den meisten Gegenden Mitteleuropas weit verbreitet und häufig*
WERT *Das »Hexenei« kann gegessen werden.*
ÄHNLICHE ARTEN *Dünen-Stinkmorchel* (Phallus hadriani): *in Sanddünen an der Küste, »Hexenei« rosalila, Hut im Verhältnis zum Stiel etwas größer*

Zungenkeule

In der Streu unter Nadelbäumen, v.a. in höheren Lagen

Clavariadelphus ligula (Clavariadelphaceae)

Der Pilz gehört zu einer Gruppe mit den denkbar einfachsten Fruchtkörperstrukturen: eine einheitlich glatte, schlanke Keule. Verglichen mit anderen Keulenpilzen ist dieser Pilz klein. Er ist zylindrisch, blass ockerfarben und hat einen abgerundeten Scheitel, das Fleisch ist weiß und schwammig. Das Exemplar rechts außen zeigt die verwandte Abgestutzte Keule *(C. truncatus)*.

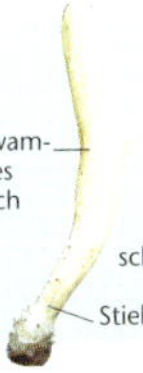

SPORENPULVER *Weiß*
ZEIT *Sommer bis Herbst*
VORKOMMEN *Im süddeutschen Bergland und den Alpen zerstreut, sonst selten*
WERT *Ungenießbar*
ÄHNLICHE ARTEN *Röhrige Keule* (Macrotyphula fistulosa): *viel höher (bis 20 cm) und schlanker, auf Holzresten im Laubwald*

Herkuleskeule

In Buchenwäldern, gerne zwischen abgefallenem Laub, vorwiegend auf Kalkböden, meist in kleinen Gruppen

Clavariadelphus pistillaris (Clavariadelphaceae)

Die große Herkuleskeule ist an ihrem keulenförmig angeschwollenen Fruchtkörper zu erkennen. Die Oberfläche ist glatt bis leicht gerunzelt oder rissig. Die Farbe variiert zwischen ockergelb, rötlichocker oder lila, an verletzten Stellen bräunt die Oberfläche.

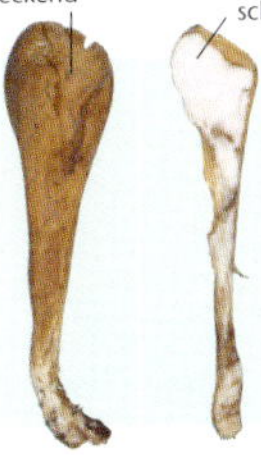

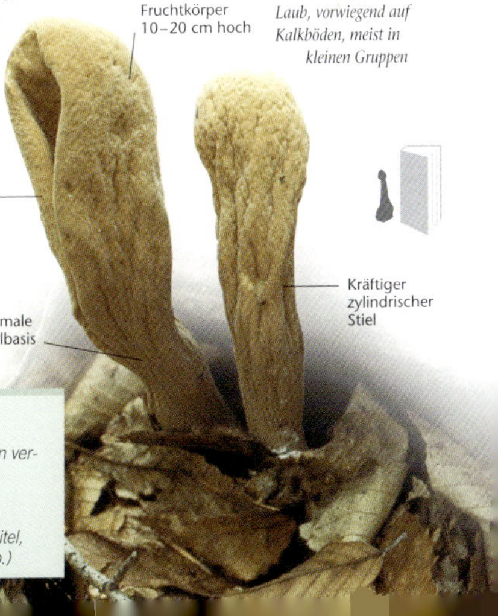

SPORENPULVER *Blassgelb*
ZEIT *Sommer bis Herbst*
VORKOMMEN *In Buchenwaldgebieten verbreitet, aber nur stellenweise häufig*
WERT *Ungenießbar*
ÄHNLICHE ARTEN *Abgestutzte Keule* (C. truncatus): *mit abgeflachtem Scheitel, in Nadelwäldern, v.a. unter Tanne (s.o.)*

Kammkoralle

Clavulina coralloides (Clavulinaceae)

In kleinen Gruppen, z. T. auch büschelig in Laub- und Nadelwäldern, oft an feuchten Stellen wie Weg- und Grabenrändern

Die brüchigen Fruchtkörper sehen aus wie winzige Meereskorallen. Sie sind reinweiß bis blass cremefarben oder grau, die Äste haben mehrfach geteilte, zugespitzte Enden. Die Kammkoralle wird oft von einem schimmelartigen Pilz befallen; in diesen Fällen können die Astenden abstumpfen.

SPORENPULVER *Weiß*
ZEIT *Sommer bis Herbst*
VORKOMMEN *Einer der häufigsten Korallenpilze in Mitteleuropa*
WERT *Ungenießbar*
ÄHNLICHE ARTEN *Graue Koralle* (Clavulina cinerea): *größer, mit stumpferen Astenden, oft mit graulila Tönen*

Steife Koralle

Ramaria stricta (Ramariaceae)

In der Nähe von totem, teilweise vergrabenem Holz in Laubwäldern, manchmal auch auf Sägemehlhaufen

Diese große Koralle wächst häufig an Totholz oder in dessen Nähe. Junge Fruchtkörper sind lebhaft gelb, jedoch nehmen die Äste später einen stumpf ockergelben bis bräunlichen Ton an, während die Astenden blassgelb werden. Die meist aufrechten Äste haben stumpfe, geteilte Spitzen und sind an der Basis in einem gemeinsamen Strunk zusammengefasst. Das Fleisch ist fest und gelb; es schmeckt bitter. An verletzten Stellen färbt es weinrötlich.

SPORENPULVER *Ocker*
ZEIT *Sommer bis Herbst*
VORKOMMEN *In Mitteleuropa weit verbreitet und in Laubwaldgebieten häufig*
WERT *Ungenießbar*
ÄHNLICHE ARTEN *Zierliche Koralle* (Ramaria gracilis): *blasser, mit feinem Anisgeruch, in Nadelwäldern*

Hahnenkamm

Ramaria botrytis (Ramariaceae)

Einer der schönsten größeren Korallenpilze mit einem sehr kräftigen, manchmal massiv-klumpigen, zentralen Strunk und dicken, kurzen Ästen, die mehrfach unterteilt sind und sehr kleine Enden haben. Der Strunk und die Äste sind cremeweißlich bis blassbraun und werden im Alter creme-ockerfarben. Die Astenden sind dagegen tief weinrot. Der große Fruchtkörper sieht wie ein bunter Blumenkohl aus. Das dicke weiße Fleisch hat einen süßlichen, fruchtigen Geruch. Der Hahnenkamm ist eine seltene, gefährdete Art, die nicht gesammelt werden sollte. Außerdem sind nach seinem Genuss schon Magenverstimmungen aufgetreten. Generell gilt, dass einige Korallenarten zwar essbar sind, die genaue Bestimmung aber schwierig ist und es zahlreiche giftige Arten gibt. Es ist deshalb besser, sie nicht zu Speisezwecken zu sammeln.

In Laubwäldern, v. a. in älteren Buchenbeständen. Unter günstigen Bedingungen können Korallenpilze in großer Zahl auftreten.

ANMERKUNG

Korallenpilze gehören zu den am schwersten bestimmbaren Arten; in vielen Fällen gelingt das nur mit Hilfe des Mikroskops. Die Familie ist sehr artenreich; viele Arten sind selten und wenig bekannt.

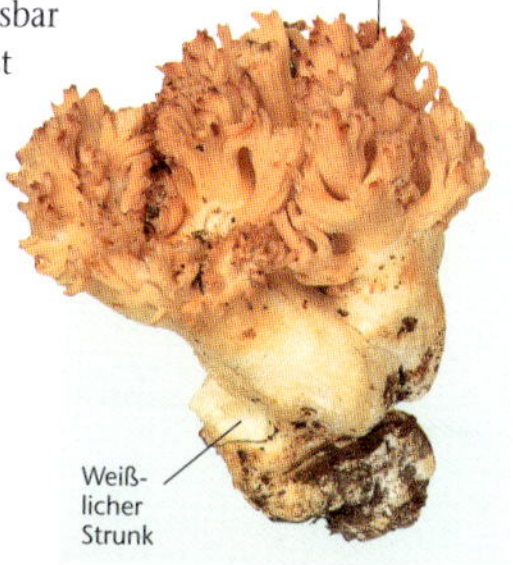

SPORENPULVER *Ocker*
ZEIT *Sommer bis Herbst*
VORKOMMEN *Ziemlich selten und wegen Umweltbelastungen deutlich rückläufig, südlich der Alpen häufiger*
WERT *Essbar, als Seltenheit zu schonen*
ÄHNLICHE ARTEN *Dreifarbige Koralle* (Ramaria formosa): *ist lebhafter rosa-orange, Astenden gleichfarbig; giftig*

Einzeln oder in kleinen Gruppen auf trockenen, sandigen Böden, an Straßenböschungen, unter Felsen, manchmal in der Nähe von Totholz

Stelzenstäubling

Battarrea phalloides (Tulostomataceae)

Der Stelzenstäubling ist an trockene, sandige, arme Böden angepasst. Sein Lebenszyklus beginnt als festes bräunliches, eiförmiges Gebilde, dessen Innenseite zunächst gelatinös ist und später austrocknet. Im weiteren Verlauf reißt die lederige Eihülle auf, und es schiebt sich aus ihr ein hoher, trockener, rissig-fetziger Stiel empor. Auf der Spitze des Stiels befindet sich eine rotbraune, abgerundete oder gewölbte Sporenmasse, die einem Pilzhut täuschend ähnlich sieht. Die nördliche Verbreitungsgrenze der wärmeliebenden Steppenart verläuft durch England, Belgien und Deutschland. In diesen Ländern gehört der Pilz zu den schützenswerten Seltenheiten.

ANMERKUNG

In Teilen Griechenlands und Zyperns benutzt man die trockenen Sporen zur Behandlung von durch Halsbänder wund geriebenen Hälsen bei Haustieren.

SPORENPULVER *Braun*
ZEIT *Frühjahr bis Herbst*
VORKOMMEN *In Deutschland bisher nur im mitteldeutschen Trockengebiet in der Nähe von Halberstadt und Bernburg, sehr selten*
WERT *Ungenießbar*
ÄHNLICHE ARTEN *Die Art ist völlig unverwechselbar. Kein anderer Bauchpilz hat einen hohen, harten Stiel mit fetzig-zerrissener Oberfläche und einer dicken, klebrigen Volva an der Basis.*

Pfriemlicher Hörnling

Calocera cornea (Dacrymycetaceae)

Die leuchtend gelben bis safranorangen Pilzchen wachsen wie gummiartige Finger auf altem Holz. Meist sind die Fruchtkörper ungeteilt, selten auch gegabelt. Bei Feuchtigkeit sind sie etwas klebrig, trocken verfärben sie dunkler orange und werden sehr hart und brüchig.

Meist in großen Scharen auf totem Laub- und Nadelholz, z.B. an abgefallenen Ästen, gefällten Stämmen, Stümpfen und verarbeitetem Holz.

SPORENPULVER *Weiß*
ZEIT *Sommer bis Winter*
VORKOMMEN *Weit verbreitet und häufig*
WERT *Ungenießbar*
ÄHNLICHE ARTEN *Zungenhörnling* (C. glossoides): *mit deutlichem Köpfchen;* C. furcata: *meist gegabelt, an Nadelholz, verbreitet*

Klebriger Hörnling

Calocera viscosa (Dacrymycetaceae)

Der korallenförmige, aus mehreren Ästen zusammengesetzte gelborangefarbene Pilz ist feucht recht glitschig. Beim Eintrocknen wird er jedoch fest und lederig-zäh und nimmt einen dunklen Orangeton an. Die einzelnen Äste sind an der weißlichen Basis miteinander verwachsen und im Holz verwurzelt.

Einzeln oder in kleinen Gruppen an schon relativ stark vermorschtem Nadelholz, besonders an alten Stümpfen

SPORENPULVER *Weiß*
ZEIT *Sommer bis Spätherbst*
VORKOMMEN *Weit verbreitet und häufig*
WERT *Ungenießbar*
ÄHNLICHE ARTEN *Andere Hörnlinge sind kleiner und weniger stark verzweigt; echte Keulenpilze* (Clavaria) *sind nicht gummiartig-zäh.*

Sumpf-Haubenpilz

Mitrula paludosa (Helotiaceae)

An sumpfigen Stellen, z.B. in wasserführenden Wagenspuren, in Gräben und an Teichrändern

Der relativ kleine Pilz hat einen zylindrischen, gefurchten leuchtend gelben »Kopf« und einen weißen Stiel, die mit einiger Phantasie an eine brennende Kerze erinnern. Das Köpfchen kann 1/3 bis 2/3 der Gesamthöhe ausmachen. Sumpfhaubenpilze wachsen im Frühjahr und Frühsommer auf Blättern, Nadeln und Pflanzenresten an sehr nassen Standorten in Mooren, Gräben und Tümpeln.

SPOREN *Weiß*
ZEIT *Frühjahr bis Frühsommer*
VORKOMMEN *Weit verbreitet, in Nord-, West- und Mitteldeutschland, seltener im Südosten*
WERT *Ungenießbar*
ÄHNLICHE ARTEN *Moos-Haubenpilz* (M. gracilis): *auf feuchtem Moos, selten; Tentakelkeulchen* (V. truncorum): *Köpfchen linsenförmig*

Gelber Spatelpilz

Spathularia flavida (Cudoniaceae)

In der Nadelstreu, in Ringen oder großen Gruppen, nur bei Koniferen

Der Pilz ist eine charakteristische Nadelwaldart. Er hat einen trockenen, fächerförmigen gelben Hut, der meist etwas gefurcht oder gelappt ist. Der schmale Stiel, der oft etwas kleiig wirkt, ist weißlich und scharf vom Hut abgesetzt. Zur Basis hin wird er schmaler, oft ist er abgeflacht oder zusammengedrückt.

SPORENPULVER *Weiß*
ZEIT *Sommer bis Herbst*
VORKOMMEN *In süddeutschen Gebirgswäldern zerstreut, sonst selten oder fehlend*
WERT *Ungenießbar*
ÄHNLICHE ARTEN *Grüngelbes Gallertköpfchen* (Leotia lubrica): *mit grünlichgelbem Köpfchen und gelbem Stiel, weit verbreitet*

Gelbe Wiesenkoralle

Clavulinopsis corniculata (Clavariaceae)

Einzeln oder in Gruppen auf ungedüngten Wiesen, v.a. an moosreichen Stellen

Der Pilz variiert sehr in Abhängigkeit von den örtlichen Lebensbedingungen, u.a. der Graslänge. Er kann ziemlich hoch und locker verzweigt sein, aber auch kompakt und eng verzweigt. Die Farbe variiert zwischen dottergelb und ockerlich braun. Die gebogenen Astenden sind meist geweihförmig gespalten, die Basis ist weißlich und feinfilzig. Das dünne Fleisch riecht mehlig.

SPORENPULVER *Weiß*
ZEIT *Sommer bis Spätherbst*
VORKOMMEN *Früher weit verbreitet, heute wegen Überdüngung rückläufig*
WERT *Ungenießbar*
ÄHNLICHE ARTEN *Die Safrangelbe Wiesenkoralle* (Ramariopsis crocea) *ist kleiner und mehr goldgelb; ihr fehlt der Mehlgeruch.*

Spindelförmige Keule

Clavulinopsis fusiformis (Clavariaceae)

Wächst v.a. auf ungedüngten Wiesen und Rasenflächen, in Parks und auf Friedhöfen

Die Spindelförmige Keule ist eine Wiesenart, die in dicht gedrängten Büscheln wächst. Der reife Fruchtkörper ist leuchtend goldgelb, bräunt aber im Alter von den Spitzen herab. Die glatte, trockene Oberfläche ist oft seitlich zusammengedrückt und mit einer Längsfurche versehen. Die Basis ist leicht verjüngt und – oft unter der Erdoberfläche – mit anderen Keulen verwachsen.

SPORENPULVER *Weiß*
ZEIT *Spätsommer bis Spätherbst*
VORKOMMEN *Ziemlich selten, v.a. wegen der Überdüngung von Wiesen*
WERT *Ungenießbar*
ÄHNLICHE ARTEN *Andere gelbe* Clavulinopsis-*Arten lassen sich meist nur anhand mikroskopischer Merkmale bestimmen.*

Einzeln, häufiger jedoch in Reihen oder Halbringen, in Laubwäldern, fast nur unter Buche

Goldgelbe Koralle

Ramaria aurea (Ramariaceae)

Dieser leuchtend goldgelbe Korallenpilz gehört zu einer Gruppe von mehreren einander sehr ähnlichen Arten, die sich in ihren Standortsansprüchen zwar unterscheiden, ansonsten aber nur mikroskopisch bestimmbar sind. Die Goldkoralle hat einen kurzen, kräftigen Strunk mit einer weißlichen Basis und goldgelbe Äste mit geteilten Spitzen. Das weiße Fleisch verfärbt sich nicht und hat keinen arttypischen Geruch.

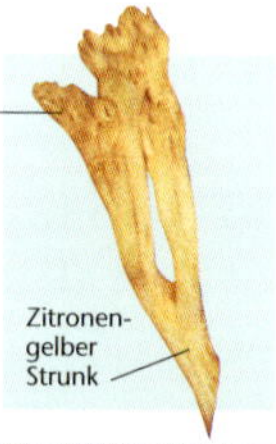

SPORENPULVER *Ockergelb*
ZEIT *Sommer bis Herbst*
VORKOMMEN *Zerstreut, im Bergland häufiger*
WERT *Essbar*
ÄHNLICHE ARTEN *Blutrotfleckende Koralle (rechts) verfärbt an verletzten Stellen rötlich;* Ramaria flavobrunnescens: *braunfleckend*

Auf dem Erdboden unter Laub- und Nadelbäumen, v.a. bei Zedern

Sparrige Koralle

Ramaria decurrens (Ramariaceae)

Diese Art ist gekennzeichnet durch ihre Größe sowie einen orangefarbenen Schimmer in ihren Ästen. Der dünne Strunk ist blassgelb an der Basis und etwas dunkler darüber. Wie die Äste verfärbt sich auch der Strunk im Alter purpurbräunlich. Die Sparrige Koralle kann an der Basis weißliche Myzelfasern oder -stränge haben. Frisch ist sie geruchlos, beim Trocknen entwickelt sich jedoch ein fenchel- oder curryartiger Geruch.

SPORENPULVER *Ocker*
ZEIT *Spätsommer bis Herbst*
VORKOMMEN *In Mitteleuropa sehr selten und noch kaum bekannt*
WERT *Ungenießbar, zu schonen*
ÄHNLICHE ARTEN *Grünfleckende Koralle* (R. abietina): *kleiner, Äste an Druckstellen grünblau, in Nadelwäldern weit verbreitet*

Puppen-Kernkeule

Cordyceps militaris (Clavicipitaceae)

Mit ihrem lebhaft orange- bis scharlachroten Köpfchen ist diese Art im kurzen Gras leicht zu erkennen, obwohl sie nicht sehr groß ist. Wie viele andere Kernkeulen wächst sie parasitisch auf im Boden vergrabenen Insekten, in diesem Fall auf Schmetterlingspuppen oder -raupen. Der orangerötliche Kopfteil ist mit winzigen pickelartigen Höckern versehen und leicht angeschwollen; der glatte, dünne Stiel ist blasser, orange bis rot.

Einzeln oder in kleinen Gruppen, in Wäldern, Gärten und auf Wiesen

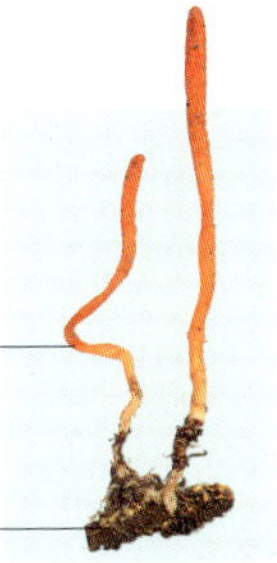

SPORENPULVER *Weiß*
ZEIT *Sommer bis Spätherbst*
VORKOMMEN *In ganz Deutschland vorhanden, aber nur zerstreut*
WERT *Ungenießbar*
ÄHNLICHE ARTEN *Keulen aus der Gattung* Clavulinopsis *sind auch orange, aber nicht punktiert; sie wachsen nicht auf Insekten.*

Blutrotfleckende Koralle

Ramaria sanguinea (Ramariaceae)

An verletzten Stellen verfärbt dieser primelgelbe Korallenpilz von der Basis ausgehend rosarot, blutrot oder rötlichviolett. Die Verfärbung kann den gesamten Fruchtkörper betreffen, ist aber am stärksten am Strunk. Bei zunehmender Reife werden die blass cremefarbenen Äste immer gelber bis intensiv primelgelb an den stumpfen Enden. Der dicke, kräftige Strunk hat eine weißliche Basis.

Einzeln oder in kleinen Gruppen in Laub- und Nadelwäldern, v.a. unter Buchen an geschützten Standorten

SPORENPULVER *Gelb*
ZEIT *Sommer bis Herbst*
VORKOMMEN *Ziemlich selten, nur in Buchenwaldgebieten etwas häufiger*
WERT *Ungenießbar*
ÄHNLICHE ARTEN *Die Goldgelbe Koralle (links) und andere gelbe Korallen verfärben sich an verletzten Stellen nicht rot.*

Einzeln oder in Gruppen, manchmal auch in Reihen oder Kreisen auf ungedüngten Wiesen, z.B. in Parkanlagen, auf Almen und auf Friedhöfen

Amethystfarbene Koralle

Clavaria zollingeri (Clavariaceae)

Diese spektakuläre und kaum verwechselbare, vielfach verzweigte violette Koralle hat abgerundete oder zugespitzte Astenden. An der Basis sind die Äste in einem Strunk vereint. Alte Exemplare blassen stark aus und sind mitunter sogar gelblich, oft mit weißlicher Basis. Der Pilz ist in Mitteleuropa sehr selten und kann als Indikator für qualitativ hochwertiges Grasland gelten. An ähnlichen Stellen wachsen oft Saftlinge *(Hygrocybe)*, Rötlinge *(Entoloma)*, Keulen *(Clavaria)* und Erdzungen *(Geoglossum)*, allesamt Arten, die als Zeigerpflanzen für einen hohen Schutzwert des Wiesenstandortes gelten. Manchmal sind Amethystfarbene Korallen bei Kriechweiden in Heiden zu finden, ältere gelblich verblasste Fruchtkörper können für andere Korallen gehalten werden.

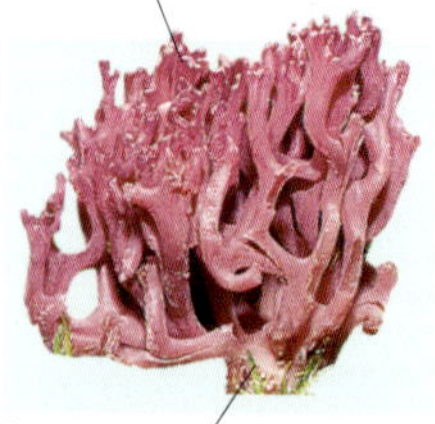

SPORENPULVER *Weiß*
ZEIT *Sommer bis Herbst*
VORKOMMEN *In Deutschland sehr selten, vom Aussterben bedroht*
WERT *Ungenießbar*
ÄHNLICHE ARTEN *Gelbe Wiesenkoralle (S. 273): Fruchtkörper gelb; Rosa Koralle (rechts) und Fleischrote Koralle* (Clavaria incarnata) *sind viel kleiner und bestehen nur aus einzelnen Fruchtkörpern, die nicht an der Basis verwachsen sind.*

ANMERKUNG

Obwohl die Mehrzahl der Pilze in Wäldern wächst, lohnt es sich durchaus, auch auf Wiesen und Weiden nach Korallen zu suchen. Viele Arten sind lebhaft gefärbt und sehr attraktiv.

Einzeln, häufiger jedoch in kleinen Scharen, auf ungedüngten Wiesen, aber auch in Au- und Hangwäldern

Rosa Koralle

Clavaria rosea (Clavariaceae)

Der sehr attraktive rosa bis rosalila gefärbte Pilz ist wegen seiner Kleinheit leicht zu übersehen. Bei alten Fruchtkörpern blasst die Farbe oft aus. Die Spitzen sind meist abgerundet, die Oberfläche kann glatt oder leicht gerunzelt sein. Obwohl ein deutlich abgesetzter Stiel nicht erkennbar ist, verschmälert sich der Fruchtkörper zur bisweilen weißlichen Basis. Die kleinen Keulen sind dünnfleischig, oft hohl und sehr fragil.

SPORENPULVER *Weiß*
ZEIT *Sommer bis Herbst*
VORKOMMEN *In Deutschland sehr selten, vom Aussterben bedroht*
WERT *Ungenießbar*
ÄHNLICHE ARTEN *Amethystfarbene Koralle (links): verästelte Fruchtkörper; Purpurkeule* (C. purpurea): *mehr lilabraun oder -grau*

Rauchgraue Keule

Clavaria fumosa (Clavariaceae)

Auf dem Erdboden in ungedüngten Wiesen, Trockenrasen und Weiden

Eine nicht verzweigte, keulenförmige, ockergraue Art, deren schmale Fruchtkörper oben spitz zulaufen. Das dünne, fragile Fleisch bricht beim Einsammeln leicht durch. Alte Fruchtkörper sind oft hohl. Manchmal findet man einzelne Exemplare, doch meist wachsen die Pilze dicht büschelig und sind an der Basis verbunden.

SPORENPULVER *Weiß*
ZEIT *Sommer bis Herbst*
VORKOMMEN *In Deutschland sehr selten, vom Aussterben bedroht*
WERT *Ungenießbar*
ÄHNLICHE ARTEN *Heidekeulchen* (C. argillacea): *blass cremegelb. Das Zerbrechliche Keulchen* (C. fragilis) *ist weiß.*

An den verschiedensten Gras- und Getreidearten, v.a. in Feldern, die nicht gepflegt werden

Mutterkorn

Claviceps purpurea (Clavicipitaceae)

Der winzige Pilz wächst an verschiedenen Gräsern und verwildertem Getreide. Er bildet im Sommer und Herbst purpurschwarze bananenförmige »Sklerotien« in den Blütenständen der Gräser. Im Winter fallen sie zu Boden, und im Frühjahr entwickeln sich aus ihnen trommelschlägelartige, kleine Fruchtkörper, deren Sporen die nächste Generation der Wirtspflanze befallen. Mutterkorn kann tödlich giftig sein. Es ruft schmerzhafte, brennende Entzündungen hervor, auch Halluzinationen und, sofern es gegessen wird, Gangräne.

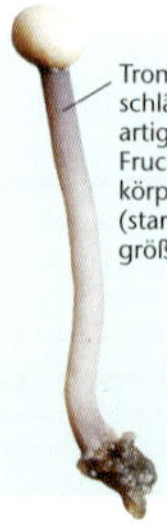

SPORENPULVER *Farblos (hyalin)*
ZEIT *Frühjahr bis Frühsommer*
VORKOMMEN *Ziemlich häufig, aber leicht zu übersehen*
WERT *Sehr giftig*
ÄHNLICHE ARTEN Acrospermum compressum *erinnert an die Sklerotien, ist aber kleiner und wächst an toten Brennnesselstengeln.*

Selten einzeln, meist in Scharen in Laub- und Nadelwäldern, gern in der Streu an Wegrändern und Böschungen

Runzelige Keule

Clavulina rugosa (Clavulinaceae)

Die normalerweise einfache keulenförmige, weiße bis cremefarbene Art entwickelt z. T. geweihförmige Verästelungen. Der deutlich gerunzelte, unregelmäßige Fruchtkörper kann sich zur Basis hin leicht verjüngen. Allerdings gibt es keine klare Trennlinie zwischen einem Hut- und einem Stielteil. Das kompakte Fleisch ist weich, aber wenig brüchig und einheitlich weißlich gefärbt.

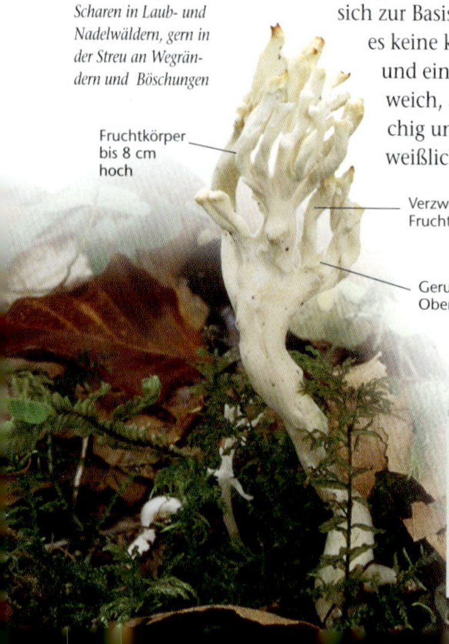

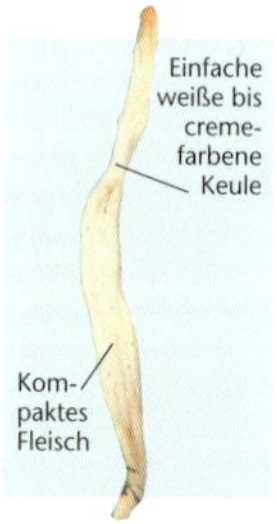

SPORENPULVER *Weiß*
ZEIT *Spätsommer bis Herbst*
VORKOMMEN *Mit der häufigste Keulenpilz*
WERT *Essbar, aber nicht besonders gut*
ÄHNLICHE ARTEN *Heidekeulchen* (Clavulina argillacea)*: Auf Heiden und in Mooren, niemals verzweigt; Kammkoralle* (Clavulina cristata)*: einheitlich weiß und glatt*

Grüne Erdzunge

Microglossum viride (Geoglossaceae)

Meist in kleinen Gruppen zwischen Falllaub und Nadelstreu in Laub- und Nadelwäldern, oft an moosigen Stellen

Der ungewöhnlich grün gefärbte Pilz ist gut getarnt, vor allem, weil er oft zwischen Moosen wächst. Die zungenartigen Fruchtkörper haben ein keulenförmiges blaugrünes bis grünliches Köpfchen, das meist zusammengedrückt und längsgefurcht ist. Der Stiel ist ähnlich gefärbt, aber mit winzigen Flockenschüppchen bedeckt.

SPORENPULVER *Weiß*
ZEIT *Spätsommer bis Herbst*
VORKOMMEN *In Deutschland ziemlich selten, schützenswert*
WERT *Ungenießbar*
ÄHNLICHE ARTEN *Olivgrüne Erdzunge* (M. olivaceum): *an grasigen Standorten, Fruchtkörper olivbraun oder grünrosa, selten*

Gemeine Haarzunge

Trichoglossum hirsutum (Geoglossaceae)

Einzeln oder in kleinen Gruppen auf ungedüngten Wiesen, in Parkanlagen, auf Rasen, aber auch zwischen Torfmoosen im Moor

Die meisten der zahlreichen Erdzungen kann man nur anhand ihrer mikroskopischen Merkmale sicher bestimmen. Diese Art ist jedoch eine Ausnahme. Ihr Stiel ist, wie man unter der Lupe gut sehen kann, mit schwarzen Haaren bedeckt. Der glatte, keulige oder spatelförmige schwarze Kopfteil ist deutlich vom Rest des Fruchtkörpers abgesetzt und meist zusammengedrückt und gefurcht.

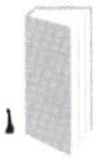

SPORENPULVER *Braun*
ZEIT *Meist erst im Herbst*
VORKOMMEN *In Deutschland selten, obwohl weit verbreitet*
WERT *Ungenießbar*
ÄHNLICHE ARTEN *Andere Erdzungen* (Geoglossaceae) *kommen an ähnlichen Standorten vor, haben aber keine Stielhaare.*

Geweihförmige Holzkeule

Xylaria hypoxylon (Xylariaceae)

Auf toten Stümpfen und Stämmen und abgefallenen Ästen in Laubwäldern, meist in großer Zahl

Der Pilz hat zwei Entwicklungsstadien. Zunächst erinnert er an einen Kerzendocht mit schlanker schwarzer Basis und geweihartig verzweigten Enden, die mit asexuellen Sporen (Konidien) weiß bepudert sind. Später sieht er aus wie eine zugespitzte Keule und hat eine raue, warzige Oberfläche, in der die sporenbildenden Strukturen (Perithecien) eingelassen sind.

SPORENPULVER *Schwarz*
ZEIT *Ganzjährig*
VORKOMMEN *Einer der häufigsten holzbewohnenden Pilze in Mitteleuropa*
WERT *Ungenießbar*
ÄHNLICHE ARTEN *Andere Holzkeulen sind größer und mehr keulenförmig; Korallenpilze wachsen auf dem Erdboden und sind brüchig.*

Vielgestaltige Holzkeule

Xylaria polymorpha (Xylariaceae)

In kleinen Büscheln, die wie Finger aus totem Laubholz, z.B. von Buchen und Birken, hervorragen.

Der Pilz hat einen großen schwarzen, keulenförmigen Sammelfruchtkörper, der Stroma genannt wird. Die harte schwarze Oberfläche besteht aus Hunderten von winzigen schwarzen Perithecien, die in das darunterliegende Fleisch eingebettet sind. Die Sporen werden aktiv ausgeschleudert. Die Keule hat einen kurzen, zylindrischen, spröden Stiel.

SPORENPULVER *Schwarz*
ZEIT *Ganzjährig*
VORKOMMEN *Weit verbreitet und häufig in ganz Europa*
WERT *Ungenießbar*
Ähnliche Arten Langstielige Holzkeule (Xylaria longipes)*: schlanker, mit längerem Stiel, meist an Ahorn*

Nur auf Waldfreund- und Butterrüblingen (S. 73), zwei sehr häufigen Arten in Laub- und Nadelwäldern

Rüblingsgalle

Syzygospora tumefaciens (Syzygosporaceae)

Dieser Gallertpilz bildet gelatinöse, gehirnartig gewundene Gallen oder Auswüchse auf den Hüten und Stielen des Waldfreundrüblings *(Collybia dryophila)* und des Butterrüblings (S. 73). Man hielt ihn ursprünglich lediglich für einen Auswuchs des Wirts, doch stellte sich bei der mikroskopischen Untersuchung heraus, dass er seine eigenen Sporen ausbildet. In den meisten Fällen ist der Wirtspilz gut sichtbar, während die Gallen des Gallertpilzes einzeln oder zusammenfließend über der Hutoberfläche verteilt sind.

SPOREN *Farblos (hyalin)*
ZEIT *Sommer bis Herbst*
VORKOMMEN *Selten, aber oft übersehen*
WERT *Ungenießbar*
ÄHNLICHE ARTEN *Es gibt noch andere Syzygospora-Arten, die Gallen auf den gleichen Wirten entwickeln, doch nur unter dem Mikroskop unterscheidbar sind.*

An totem Laub- und seltener auch Nadelholz, normalerweise an liegenden Stämmen und Ästen, aber auch an noch stehenden Stämmen

Orangefarbener Kammpilz

Phlebia radiata (Meruliaceae)

Am Anfang bildet der Pilz kleine rundliche Flecken auf der Holzoberfläche, später kann er ganze Stämme krustenförmig überziehen, ohne Hutkanten auszubilden. Die fein gerunzelte und/oder radial gefurchte Oberfläche ist lebhaft orange bis rosaorange, am fransig-faserigen Rand meistens blasser. Das Hymenium überzieht die gesamte Oberfläche.

SPORENPULVER *Weiß*
ZEIT *Spätherbst und milde Winter*
VORKOMMEN *In ganz Europa weit verbreitet und häufig*
WERT *Ungenießbar*
ÄHNLICHE ARTEN *Braunroter Kammpilz* (Phlebia rufa): *blassocker bis rotbraun mit weißem Rand, niemals radial gefurcht*

Frühjahrslorchel

Gyromitra esculenta (Helvellaceae)

Meist unter Kiefern auf Sandböden, vereinzelt auch unter anderen Nadelbäumen und auf Holzschnitzel- und Sägemehldeponien

Die Frühjahrslorchel wird häufig gegessen, ist jedoch ein gefährlicher Giftpilz, der schon viele tödliche Vergiftungen hervorgerufen hat. Der charakteristisch hirnartig gewundene, rotbraune Hut wölbt sich über einem kurzen, oft etwas gefurchten, innen hohlen bis gekammerten Stiel. Das sehr dünne Hutfleisch ist unregelmäßig an mehreren Stellen mit dem Stiel verwachsen. Noch immer werden Frühjahrslorcheln z. T. in Konserven verkauft. Obwohl das Gift durch Kochen und Trocknen zerstört wird, besteht Vergiftungsgefahr u.a. durch das Einatmen der beim Kochen entstehenden Dämpfe. Deshalb sollte man Frühjahrslorcheln generell nicht zu Speisezwecken verwenden.

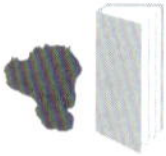

LÄNGSSCHNITT

SPORENPULVER *Weiß*
ZEIT *Frühjahr und Frühsommer*
VORKOMMEN *In Kiefernwäldern auf Sand verbreitet, sonst selten*
WERT *Roh oder ungenügend gekocht lebensgefährlich giftig, zu meiden*
ÄHNLICHE ARTEN *Bischofsmütze* (Gyromitra infula): *Hut einfacher, sattelförmig, Stiel schlank, weißlich bis blass lavendelfarben; Herbstart*

ANMERKUNG

Viele Pilze sind nur gekocht essbar und roh giftig. Bei diesen Arten kommt es nicht nur auf die genaue Bestimmung, sondern auch auf die richtige Zubereitung an.

In der Krautschicht lichter Wälder, v.a. in Flussauen unter Eschen und Ulmen, aber auch unter alten Apfelbäumen

Speisemorchel

Morchella esculenta (Morchellaceae)

Die Speisemorchel ist einer der bekanntesten essbaren Pilze. Der große schwamm- oder bienenwabenartige Hut ist lebhaft ockergelb bis rötlich braun, sehr spröde und brüchig. Unten ist der Hut mit dem keuligen weißen oder blassbraunen Stiel verwachsen. Im Längsschnitt erkennt man, dass Hut und Stiel hohl sind. Junge Fruchtkörper sind mitunter dunkler braun und haben hell gerandete Kammern. Je nach Witterung kann es zwei oder mehr Wochen dauern, bis die Fruchtkörper ausgereift sind.

SPORENPULVER *Ocker*
ZEIT *Frühjahr*
VORKOMMEN *An den geeigneten Standorten noch recht häufig*
WERT *Gut gekocht ausgezeichneter Speisepilz, roh unverträglich*
ÄHNLICHE ARTEN *Es sind sehr viele Morchelarten beschrieben worden, doch scheint es sich bei den meisten nur um Formen dieser sehr variablen Art zu handeln.*

ANMERKUNG

Man achte auf die wabenartigen Kammern im Vergleich zu den gehirnartigen Falten der giftigen Frühjahrslorchel (links).

In Nadelwäldern, meist einzeln am Stammgrund oder an Stümpfen von Kiefern

Krause Glucke

Sparassis crispa (Sparassidaceae)

Der Fund einer köstlichen Krausen Glucke ist ein aufregendes Erlebnis. Sie ist wie ein großer Blumenkohl geformt und setzt sich aus zahllosen dichtstehenden, krausen Lappen zusammen, die unten in einem dicken, wurzelartigen Stiel zusammenlaufen. Im Schnitt zeigt sich die ganze Komplexität der Art mit ihren vielen Kammern und Lappen. Wie bei allen Glucken überzieht das Hymenium nur die Unterseite. Die Farbe variiert zwischen blass cremefarben beim jungen Pilz und trüb ockerlich im Alter. Das Fleisch riecht käseartig und schmeckt nussig. Das Reinigen einer Krausen Glucke vor der Zubereitung kann mühsam sein, lohnt aber die Anstrengung. Die Fruchtkörper wiegen normalerweise zwischen 1 bis 9 kg, im Extremfall können sogar 14 kg erreicht werden.

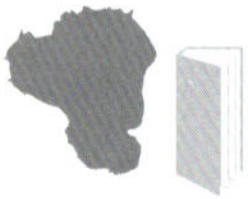

SPORENPULVER *Weiß*
ZEIT *Sommer bis Herbst*
VORKOMMEN *In weiten Teilen Deutschlands verbreitet oder zerstreut*
WERT *Guter Speisepilz*
ÄHNLICHE ARTEN *Breitblättrige Glucke* (Sparassis brevipes): *wesentlich seltener, in Gebirgswäldern an Tanne, vereinzelt auch an Laubbäumen, Äste breiter und flacher, als Seltenheit zu schonen*

ANMERKUNG

Oberflächlich ähnliche Klapperschwämme (S. 228) und Eichhasen haben Poren auf der Unterseite ihrer Einzelhüte.

Gallertfleischiger Fältling

Merulius tremellosus (Meruliaceae)

Wenn dieser Pilz auf der Unterseite von Stämmen wächst, ist er oft flach und rein krustenförmig. Auf den Seitenflächen kann er aber auch schmale, unregelmäßige Hutkanten von mehreren Zentimetern Breite bilden. Diese Hüte sind weich und gummiartig-zäh und oberseits mit einem weißlichen Haarfilz bedeckt. Die Unterseite ist gelborange und eng gefältelt. Trockene Fruchtkörper können sehr hart und lederig-zäh werden. Der Hutrand ist meist weiß und unregelmäßig verbogen.

An liegenden Stämmen und Stümpfen von Laub- und Nadelholz, vor allem an luftfeuchten Standorten

SPOREN *Weiß*
ZEIT *Meist im Herbst und in milden Wintern*
VORKOMMEN *In Mitteleuropa weit verbreitet und ziemlich häufig*
WERT *Ungenießbar*
ÄHNLICHE ARTEN *Enge, querverbundene Runzeln auf der Unterseite und zähe Konsistenz machen die Art fast unverwechselbar.*

Blattartiger Zitterling

Tremella foliaceae (Tremellaceae)

Der ungewöhnlich aussehende Gallertpilz hat einen gelatinösen Fruchtkörper, der sich aus runzeligen, glänzenden, dunkelbraunen Lappen zusammensetzt. Beim Eintrocknen schrumpft er, wird hart und spröde, nur um bei erneuter Befeuchtung aufzuleben und sein Wachstum und die Sporenproduktion fortzusetzen.

Parasitisch auf Rindenpilzen, meist auf totem Laubholz, sehr selten auch an Nadelholz

SPORENPULVER *Weiß*
ZEIT *Herbst und milde Winter*
VORKOMMEN *Weit verbreitet in Laubwaldgebieten und stellenweise häufig*
WERT *Ungenießbar*
ÄHNLICHE ARTEN *Hexenbutter* (Exidia glandulosa): *weniger lappig, gekröseartig auf abgefallenen Laubholzästen, sehr häufig*

An abgefallenen Ästen oder noch ansitzenden Zweigen von Laubholz, auch auf Reisig, parasitisch an Rindenpilzen

Goldgelber Zitterling

Tremella mesenterica (Tremellaceae)

Der Pilz erinnert an eine gelatinöse Blume. Der Fruchtkörper ist runzelig und gefaltet. Die Farbe variiert von nahezu weiß und durchscheinend zu leuchtend goldgelb. Beim Eintrocknen schrumpft der Pilz, wird hart und zäh, die Farbe dunkelt tief orange nach. Beim nächsten Regen lebt der Pilz wieder auf und setzt die Sporenproduktion fort. Das Hymenium überzieht die gesamte Außenfläche.

SPORENPULVER *Weiß*
ZEIT *Herbst und milde Winter*
VORKOMMEN *In feuchten Wäldern ziemlich häufig*
WERT *Ungenießbar, wenn auch nicht giftig*
ÄHNLICHE ARTEN *Gallerttränen* (Dacrymyces) *sind ähnlich gefärbt, aber kleiner, sehr häufig*

An noch ansitzenden toten Weidenästen, meist in Bachtälern

Roter Weiden-Schichtpilz

Cytidia salicina (Corticiaceae)

Ein auffälliger, sehr seltener Rindenpilz. Er bildet zunächst unregelmäßig kreisförmige, später zusammenfließende Flecken an abgestorbenen Weidenzweigen. Die Oberfläche ist glatt bis höckerig, der Randbereich löst sich leicht ab. Frische Fruchtkörper sind leicht gallertig, werden aber beim Eintrocknen hart.

SPORENPULVER *Weiß*
ZEIT *Meist im Herbst und in milden Wintern*
VORKOMMEN *In Deutschland nur sehr zerstreut, v.a. im Südwesten*
WERT *Ungenießbar*
ÄHNLICHE ARTEN *Fleischroter Zystiden-Rindenpilz* (Peniophora incarnata): *fleischrosa Krusten auf Laubholzrinde, häufig*

Blauer Rindenpilz

Pulcherricium caeruleum (Corticiaceae)

Viele Rindenpilze sind weiß und haben auf den ersten Blick keine besonderen Kennzeichen. Der Blaue Rindenpilz mit seinen lebhaft violettblauen Farben ist eine Ausnahme. Die Oberfläche ist uneben und von wachsartig-weicher Konsistenz, die Zuwachskante ist weiß gesäumt. Im Alter wird der Pilz blaugrau bis blaubräunlich.

Auf der Unterseite abgefallener Äste und Stämme von Laubbäumen, v.a. an Esche und Hasel in Auwäldern

SPORENPULVER *Bläulich*
ZEIT *Ganzjährig*
VORKOMMEN *In Deutschland fast nur im Südwesten, wärmeliebend*
WERT *Ungenießbar*
ÄHNLICHE ARTEN *Grünschwarzer Filzrindenpilz* (Byssocorticium pulchrum): *mehr grau- bis grünblau oder schiefergrau, selten*

Violetter Rindenpilz

Chondrostereum purpureum (Meruliaceae)

Der Pilz bildet zunächst flache, lederig-zähe dunkelviolette oder lilafarbene, weißlich berandete Flecken. Später breiten sich die Flecken oft aus und entwickeln kleine überstehende Hütchen mit haarig-filziger Oberfläche und glatter Unterseite, die vom Hymenium überzogen ist. Das Fleisch ist etwas schmierig und wachsartig.

Meist parasitisch an verschiedenen Laubbäumen und Verursacher der Silberblatt-Krankheit an Kirsch- und Pflaumenbäumen; Weißfäule-Erreger – auch an Totholz nicht selten

SPORENPULVER *Weiß*
ZEIT *Ganzjährig*
VORKOMMEN *Weit verbreitet und häufig*
WERT *Ungenießbar*
ÄHNLICHE ARTEN *Ausgeblasste Formen können dem Zottigen Schichtpilz (S. 221) ähneln, doch ist dieser stärker filzig und auf der Unterseite gelb.*

Hohe Morchel

Morchella elata (Morchellaceae)

Auf dem Erdboden in Laub- und Nadelwäldern sowie auf Holzabfällen, besonders Rindenmulch

Im Gegensatz zur Speisemorchel (S. 283) hat die Hohe Morchel einen konischen oder zugespitzten Hut, der mit parallelen, vertikal angeordneten Rippen und Kammern durchzogen ist. Junge Hüte sind schwarzgrau, graubraun oder sogar purpurbraun, mit normalerweise dunkleren Rippenkanten. Später hellen die Farben etwas auf, die Rippen werden dünner und scharfkantiger. Der Stiel des guten Speisepilzes ist hohl und außen stark kleiig.

SPORENPULVER *Cremefarben*
ZEIT *Frühjahr*
VORKOMMEN *In Mitteleuropa weit verbreitet, auf Rindenmulch häufig, sonst zerstreut*
WERT *Guter Speisepilz*
ÄHNLICHE ARTEN *Wurde verschiedentlich in mehrere Arten aufgeteilt, deren Berechtigung jedoch zweifelhaft ist; sehr variabel*

Erdwarzenpilz

Thelephora terrestris (Thelephoraceae)

In Laub- und Nadelwäldern, v.a. auf sauren Böden, gern an Wegrändern und in feuchten Schluchten

Der auf dem Erdboden wachsende dunkelbraune Pilz bildet unregelmäßige, einander überlappende, fächer- bis rosettenförmige Hüte aus. Die Oberfläche ist haarig-filzig, der blassere Rand fransig. Die Fruchtschicht auf der Unterseite ist dunkelockerbraun bis holzbraun und höckerig. Der Fruchtkörper überzieht Erdboden, Steine und Holz.

SPORENPULVER *Braun*
ZEIT *Frühjahr bis Herbst*
VORKOMMEN *Weit verbreitet und häufig, aber kalkmeidend*
WERT *Ungenießbar*
ÄHNLICHE ARTEN *Stinkende Lederkoralle* (Th. palmata): *höher, mit korallenartigen Verästelungen, Geruch nach faulem Knoblauch*

Glossar

Die *kursiv* gekennzeichneten Begriffe werden im Glossar unter einem separaten Stichwort erläutert.

ANGEHEFTET Lamellenansatz am Stiel (s. S. 12)

ANGEWACHSEN Lamellenansatz am Stiel (s. S. 12)

ASCI Mikroskopisch kleine Zellen, in denen die Sporen der Ascomyceten (Schlauchpilze) erzeugt werden (bei Morcheln, Becherlingen, Erdzungen, Holzkeulen)

AUSGEBUCHTET Lamellenansatz am Stiel (s. S. 12)

BASIDIEN Mikroskopisch kleine Sporenständer der Basidiomyceten (Ständerpilze, z.B. Röhrlinge, Porlinge, Lamellen-, Stachel- und Korallenpilze)

CORTINA Spinnwebartiges *Velum* bei den Schleierlingsverwandten (Cortinariaceae), verbindet beim jungen Pilz Hutrand und Stiel

ENGSTEHEND s. entferntstehend

ENTFERNTSTEHEND Bezeichnet den Abstand der *Lamellen* untereinander (s. S. 12); Gegensatz: eng- oder dichtstehend

EXZENTRISCH Stiel sitzt nicht in der Hutmitte an.

FREI Lamellenansatz am Stiel (s. S. 12)

FRUCHTKÖRPER Allgemeiner Begriff für den die Sporen produzierenden (meist oberirdirschen) Teil des Pilzes im Gegensatz zum *Myzel*

FRUCHTSCHICHT s. Hymenium

GATTUNG Systematische Gliederungskategorie unterhalb der Familie und oberhalb der Art, in der verwandte Arten zusammengefasst werden (z.B. Gattung *Amanita* = Wulstlinge, Art *Amanita muscaria* = Fliegenpilz)

GEGÜRTELT In Kreisen oder Zickzackbändern angeordnete Velumreste auf dem Stiel oder der Stielknolle

GESAMTHÜLLE (VELUM UNIVERSALE) Schließt junge Fruchtkörper vieler Pilzarten ein und bleibt oft als *Volva* am Stielgrund und fleckigen oder pustelartigen Hüllresten auf dem Hut erhalten (z.B. bei *Amanita*-Arten)

HERABLAUFEND Lamellenansatz am Stiel (s. S. 12)

HÜLLRESTE Reste der *Teil-* oder *Gesamthülle* auf dem Hut, am Stiel oder an der Stielbasis

HYMENIUM Fruchtschicht auf dem *Hymenophor*, je nach Pilzklasse aus mikroskopisch kleinen *Basidien* oder *Asci* bestehend, an bzw. in denen die Sporen produziert werden

HYMENOPHOR Die vom *Hymenium* überzogenen Teile des *Fruchtkörpers* (z.B. *Lamellen, Röhren, Stacheln*). Im Sprachgebrauch wird auch Hymenium oft im Sinne von Hymenophor benutzt

HYPHEN Fädige Grundstruktur des Pilzes, aus denen sich *Myzel* und *Fruchtkörper* zusammensetzen

LAMELLEN Dünne, blattartige, strahlenförmig auf der Hutunterseite angeordnete Strukturen, die vom *Hymenophor* überzogen sind

MYZEL (PILZGEFLECHT) Der vegetative, meist unterirdische Teil des Pilzes, gebildet aus fadenartigen Zellen (*Hyphen*)

MYKORRHIZA Symbiotische Lebensgemeinschaft zwischen Pilz und höheren Pflanzen, z.B. Bäumen. Das Pilzymzel und die Wurzeln der Partnerpflanze sind miteinander verbunden und tauschen Wasser und Nährstoffe aus (z.B. Goldröhrling: Mykorrhizapilz der Lärche, S. 206).

NETZ Netzartige Struktur auf der Stieloberfläche (z.B. beim Netzstieligen Hexenröhrling, S. 196)

NEUROTOXINE Starke Gifte, die auf das menschliche Zentralnervensystem wirken

PARASIT Organismus, der sich von einem anderen lebenden Organismus ernährt und diesen dabei schädigt

POREN Die Mündungen der *Röhren* bei den Porlingen und Röhrlingen

RHIZOMORPHEN Dicke *Myzel*stränge, die fast an echte Wurzeln erinnern

RING Häutige oder spinnwebartige kreisförmige Zone am Stiel; Rest der *Teilhülle*

RÖHREN Fleischige oder holzartig-harte, zylindrische oder röhrenartige Strukturen, die vom *Hymenophor* überzogen sind

SCHEIDE s. Volva

SCHLÄUCHE s. Asci

SCHLEIER s. Cortina

SPOREN Die mikroskopisch kleinen Fortpflanzungsorgane der Pilze, bilden in Masse das *Sporenpulver*

SPORENPULVER Ausgefallene *Sporen* in Masse; die Farbe ist ein wichtiges Bestimmungsmerkmal (vgl. S. 12 unten).

STACHELN *Hymenophor* der Stachel- und Stoppelpilze (vgl. Semmelstoppelpilz, S. 180)

STROMA Meist zähe oder holzartig-harte Schicht, in die bei manchen Schlauchpilzen das *Hymenium* eingebettet ist (vgl. Holzkeulen, S. 280)

SUBSTRAT Das Material oder der Wirt, von dem sich ein Pilz ernährt

TEILHÜLLE (VELUM PARTIALE) Verbindet bei vielen Pilzen jung den Hutrand mit dem Stiel und schützt das *Hymenium*. Bleibt alt oft als *Ring* am Stiel zurück

VELUM s. Gesamthülle und Teilhülle

VOLVA Unterer Teil der Gesamthülle, am Stielgrund als abstehende oder angedrückte Scheide erkennbar (z.B. bei Knollenblätterpilzen und Scheidlingen)

Register

Bildnachweis

Bildredaktion und Verwaltung: Bridget Lloyd-Jones
Bildarchiv: Richard Dabb, Claire Bowers

Schlüssel: o = oben, u = unten, m = Mitte, g = ganz, l = links, r = rechts

Alan Hills: 114 mor; 31 mor; 187 mu. Alan Outen: 16 mro, 17 mru, 31 ur, mlo, 37 ur, 43, 69 ur, 101 mor, 104 uml, 112 mro, 114 mor, 128 mlo, 131, 136 mu, 137 mor, 151 mol, 154 ur, mlu, 156 mlo, 181 mor, 206 mor, 239 mru, 246 mru, 253 mlo, 254 mol, 276 mol, 279 mlu. Barry Hughes: 10 ol, oml, mlo, mro, mul, mur, mru, um, ur; 11 om, mgr, mlu, mul; 12 mru, ul, umr, um; 13 omr, mro, m, mr, mru, mru, uml, um, ur; 14 ul; 15 ur, mol; 16 mu; 17 ul; 20 mu; 19 ur, mol; 21 ur; 22 mo; 23 mu; 24 mor; 25 mo; 26 ul; 27 mu, 28 ul, uml, mor; 29 mo; 30 mu; 32 mo; 33 mu; 34 um, mol; 35 ur; 38 ur; 40 mu; 41 mol, mur; 42 mu; 43 ul, mor; 44 ul, mor; 45 ur, mor; 46 mol; 47 mo; 48 ul; 49 ur, mol; 50 mol; 51 mr; 53 umr; 54 umr; 55 mol; 56 ur, mol; 57 mlo; 58 mo; 60 mo; 61 ul; 62 uml; 63 mor, mu; 64 ur; 65 mu; 66 mu; 67 ur, mo; 68 uml, mor; 70 mor; 72 mo; 73 ur, mor; 74 umr; 76 mro; 77 mor; 79 mu; 80 mo; 82 mu; 83 mol, mu; 84 uml; 85 mor; 86 uml, mro; 87 mo; 89 ur, mlo; 90 mur; 91 mlo; 92 mo; 93 ur, mor; 94 mu; 95 ur, mor; 97 ul, mol; 98 mol; 99 mur ; 100 ul, ; 102 uml, mor; 104 mor; 105 mu; 107 mo; 108 umr; 109 mol; 111 mor; 112 mol, mru; 113 umr, mol; 114 ul; 115 mor; 116 uml, mor; 117 ur, mol; 119 ur, mol; 120 uor; 121 mol, umr; 122 mor, ur; 123 or, mul; 125 mor, mur, mlu; 127 mol; 128 mor; 129 ul, mor; 130 mo; 131 umr; 132 umr, mol; 134 uml; 135 mu; 138 ur, mol; 14 uml, ur, ur; 140 ur, mol; 141 mu; 142 ul; 143 umr, mo; 144 ul, mor; 146 mu; 147 mu; 148 ur, mol; 149 ur, mol; 151 umr; 152 mu; 153 mu; 154 mo; 156 uml, mro; 157 mor, mu; 158 mo; 159 ul; 160 mu; 161 mol, mu; 162 mu; 163 umr, mol; 164 ur, mol; 165 ur, mol; 166 mol; 168 ul, mor; 169 ul, mor; 170 ul; 171 mu; 172 uml, mor; 174 ul, mor; 175 mu; 176 ul; 177 ul, mor; 178 mor; 179 umr, mol, mlu; 18 mo; 180 mu; 181 ul, mlo; 182 ul; 182 mor; 183 mor, mu; 184 mu; 185 mu; 186 ul, mor; 187 mu; 188 mu; 189 mo; 190 ur; 190 mol; 192 mu; 193 mr; 194 mo; 195 mu; 196 ur; 197 mur; 198 uml, mor; 199 ur, mor; 200 uml, mor; 201 ur; 202 ul, mor; 203 mor, mu; 204 mo; 205 ur, mol; 206 ul; 207 mor; 208 uml, mor; 210 ul; 212 mu, mlo; 213 umr, ul; 214 mo; 215 mo; 216 ul, mor; 217 mu; 219 mor; 220 mo; 221 ur, mor; 222 ml; 226 ur, mor; 227 mo; 228 mu; 229 umr, mol; 232 mu; 233 mor; 234 mo; 236 mu; 237 mu; 238 umr, ur; 239 ul; 241 ul, mor; 242 ur, mol; 243 mor, mu, mlo; 244 mo; 245 mu, mlo; 247 mor, mu; 249 ul, mor; 251 mu; 253 mor; 254 mu; 255 mr; 257 mor; 259 mo; 260 mo; 261 mr; 263 ur; 264 mu; 265 ur, mol; 268 ul, mor; 269 mu; 271 ur, mro; 272 mor, mul; 273 ur; 274 ur; 275 ur, mol; 276 mu; 277 ur, mol; 278 ul; 279 ur; 280 mor, mu; 284 mo; 285 mor, mu; 286 mor; 287 mo; 288 ur, mol. Di Hall: 281 mor. E. Farquharson: 8 mru; 50 mro; 64 mul; 157 ur; 169 mur, mlo; 185 mlo; 200 mlo; 201 mlo; 257 mlo; 288 mro. FLPA: B. Bobrrell Casals: 70 uml; Franz Meindl: 64 mol; 97 ul. W. Meinderts: 57 mu. Geoffrey Kibby: 10 omr; 13 mgr; 21 mlu; 24 uml; 28 ol; 42 ur; 53 mlo; 63 ur; 81 mu; 84 uml; 103 mor, mu, mro; 106 mu, mo, mol; 124 mo; 128 mor; 131 mol, or; 132 mlu; 134 mlo; 138 umr, ul; 139 mu; 159 mol, mro; 178 mru; 186 mru; 188 mol; 198 mor; 200 uml; 207 mlo; 211 mu, mo, mor; 228; 234 mu; 243 mu; 209 ur; 258 ur; 262 m; 266 mu; 270 mlo; 274 mol; 281 mor. Gordon Dickson: 184 mu. J. Benn: 21 mol; 207 mu, uml. Jens Petersen: 13 mor, ml, mu; 62 mol; 62 mor; 66 mol; 91 ur; 91 mlu; 109 umr; 117 mor; 136 mor; 145 mu; 145 mgl; 165 mor, mro; 166 ul; 170 mor; 173 mor; 173 mul, mru; 182 mlo; 188 mor; 188 mro; 196 mor, mlo; 201 mor; 210 ur; 210 mru; 215 ul; 219 ur; 231 mor; 233 mol; 233 mlo; 259 mul; 262 mol; 263 mol; 267 mo; 273 mor; 278 mlo; 278 mro; 286 mu. Jose Ruiz Fernandez: 209 mor, mlo. Jordi Vila: 118 mol, mor, mu. Karl Soop: 15 mro; 16 ur; 17 mro; 22 mul; 23 mor, mro; 24 mol, mru; 26 mru; 31 ul; 34 mro; 37 mlu; 62 mru; 68 mlo; 69 mlo; 70 ur, mru; 72 mlu; 75 mlu, mro; 76 mol, mru; 77 mlo, mlu; 83 mro; 86 mlo, mol; 88 ml; 89 mor; 91 mro; 99 mlo; 102 mlo, mru; 103 mro; 104 mlo, mru; 106 mol; 111 um, ur; 113 mor; 114 mur; 115 mur; 116 mru; 119 umr; 120 mr, mlu; 121 mlu, mul; 127 mlu; 128 mru; 131 mlu; 136 umr; 137 mlu; 138 mul; 148 mlu; 151 mro; 167 mor; 170 ur, mru, mlo, mol; 172 mol; 174 mlo; 179 mro; 184 mo, mor; 186 mlo, mol; 187 mor; 190 mlu; 196 mlu; 197 mlu; 200 mru; 208 mru; 212 mor; 219 ul; 226 mlo; 242 mro; 247 mlo; 248 mol; 272 mru. Malcolm Storey: 9 um; 53 mol; 139 mor, mro; 277 mlu. Mark Wright: 139 mu. Mirek Junek: 12 mu; 17 mlo; 77 ur; 81 mu; 124 mur, mru; 127 umr; 128 uml; 142 mor, mlo. N.W. Legon: 1 m; 10 mgr; 12 mgr; 13 omr; 26 mor; 26 mlo; 31 mro, mor; 35 mol; 38 mol; 43 mlo; 48 mol; 49 mlu; 53 mor; 55 ur, mlu; 59 mu, mlo; 64 mro; 71 mu; 81 mlo, mo; 85 mu, ur; 92 ur; 98 ul; 117 ul; 133 mo; 137 mlo; 146 mol, mro; 150 ml; 166 mur; 225 ul; 233 ul; 235 mr; 238 ul; 252 ul, mor; 256 mu; 271 mlo; 281 mu; 287 ul. Neil Fletcher: Umschlag, 2–3; 4; 5; 13 mgl, mul, mur, ul, um, umr; 14 umr, mo, mo; 15 mgr, or; 16 mgl, ol; 17 ogr, or; 21 mgr, or; 22 ol; 24 ol; 26 mgl; 36 ol; 38 ol; 39 mu; 41 mgr; 44 mgl, ol; 48 ol; 50 ur; 61 mo, or; 62 mgl; 65 or; 68 ol; 69 mgr; 75 mgr; 85 mgr; 93 or; 96 mu; 99 or; 110 mo; 115 mgr; 137 ur; 144 mgl; 155 mu; 176 mor; 191 mo; 197 mlo; 203 ul, 20 or; mor; 213 uml, ur, mo; 218 mo; 223 mo; 224 mr; 225 mor; 230 ml; 238 uml, mo; 240 mo; 250 mul; 251 mo; 253 ur; 257 ur; 258 mo; 266 mu; 272 ol; 282 mo; 283 mu. Neil Harris: 245 mor. Nick Legon: 28 mlo; 46 ur; 143 mro. OSF: Harry Fox: 126 m; Overseas Press Agency: 75 mol. Owen L. McConnell: 210 mol, mro. Peter Walker: 16 mol; 126 mo; 173 mlo. Pierre-Arthur Moreau: 36 mu, mlo. Shelley Evans: 11 (mr); 52 mo, mu; 52 mul; ur; 75 ur; 84 mor, mlo; 115 ul; 140 umr; 186 mur, mru; 209 umr; 231 ml 200 uml; 246 ul, mor; 248 mu; 274 mro, umr; 275 mlu; 277 mro, 279 m Thomas Jeppesen: 76 ul; 108 mor; 120 mol. Thomas Læssøe: 37; 43; 78 mlo; 97 umr; 101 umr; 167 mu; 225 mru; 274 mlu. Till R. Lohmeyer: 111 Tobias Frøslev: 75 mol; 88 mu, mol; 134 mor.